FUNCTIONAL APPLICATIONS OF SOYBEAN PEPTIDES

大豆肽的功能性应用

李赫　刘新旗　等著

化学工业出版社
·北京·

内 容 简 介

随着人口老龄化的加剧和人们健康意识的提升，大豆肽作为一种新兴的营养补充剂，受到了越来越多人的关注。《大豆肽的功能性应用》全面探讨了大豆肽在调节多种疾病方面的积极作用，如在免疫系统、炎症反应、慢性焦虑、睡眠质量、肌肉萎缩、伤口愈合、心血管健康、益生菌活性、热应激反应以及肺部感染等方面的积极影响。

本书旨在通过对大豆肽基本理论和最新实验成果的深入分析，为读者提供一个全面的视角，使读者更好地了解大豆肽的潜在价值。书中不仅介绍了大豆肽的相关科学原理，还提供了丰富的实证数据，为预防和治疗退行性疾病提供科学依据和相关参考解决方案，希望能够促进大豆肽在营养补充和疾病预防领域的应用与发展。

本书适合食品行业的研究人员及企业相关技术人员、食品专业的研究生及教育工作者阅读参考。

图书在版编目（CIP）数据

大豆肽的功能性应用 / 李赫等著. -- 北京 ：化学工业出版社，2025. 5(2025. 10重印). -- ISBN 978-7-122-47719-4

Ⅰ. S565. 1；Q591. 2

中国国家版本馆 CIP 数据核字第 2025WS1930 号

责任编辑：尤彩霞　　文字编辑：刘洋洋
责任校对：李　爽　　装帧设计：韩　飞

出版发行：化学工业出版社
（北京市东城区青年湖南街 13 号　邮政编码 100011）
印　　装：涿州市般润文化传播有限公司
787mm×1092mm　1/16　印张 11¼　字数 262 千字
2025 年 10月北京第 1 版第 2 次印刷

购书咨询：010-64518888　　售后服务：010-64518899
网　　址：http://www.cip.com.cn
凡购买本书，如有缺损质量问题，本社销售中心负责调换。

定　　价：58.00 元

本书著作者名单

主要著者：李　赫　刘新旗

其他著者（按姓氏拼音排序）：

陈林峰　顾文涛　何耐铭　侯　焘　胡素梅　李　璐
李胜娟　李雯晖　凌秀伟　刘　军　刘国旗　刘晶鑫
刘婉璐　宁　浩　王　蒙　王　振　王中江　奚　宇
应　欣　于江江　张　弛　张　健　张连慧　张明振
张义智　朱力杰

前言

蛋白质是生命的物质基础，人体可通过直接摄入蛋白质或补充肽和氨基酸来补充蛋白质。消化功能受限的肠道疾病患者和老年人往往难以充分吸收蛋白质。氨基酸虽然能被人体利用，但其溶解性不一，吸收效率不高，且在吸收过程中可能相互竞争。相比之下，人体能够同时吸收多个肽分子，且不存在吸收竞争，为特定人群提供了一种理想的蛋白质补充方式。21世纪随着人们健康意识的不断提升，保健品领域逐渐成为研究的热点。大豆肽因其多种优异的性能，尤其受到专业人士的广泛关注和深入研究。在20世纪70年代初，美国率先从大豆中提炼出大豆肽这一新型营养补充剂，并成功地将其应用于食品工业。随后，日本于20世纪80年代开始研究大豆肽，一些企业还联合开发了多种大豆肽功能性饮料。美、日等国家民众的服用效果已充分证实了大豆肽全面的营养特性和优越的保健功能。目前，大豆肽已成为国际市场上功能保健食品的主要配料之一。

目前中国市场上的蛋白肽主要有大豆蛋白肽、玉米蛋白肽、豌豆蛋白肽、小麦蛋白肽、大米蛋白肽、核桃蛋白肽、胶原蛋白肽、乳清蛋白肽、海参肽和牡蛎肽等，但是具有工业化产能且优质的蛋白肽原料很少。在必需氨基酸的平衡性方面，市场上的蛋白肽原料普遍存在不足。必需氨基酸指人体不能合成或合成速度远不能适应机体需要，必须从食物中直接获得的氨基酸。这些氨基酸对于维持机体的氮平衡和健康至关重要。因此，开发和利用氨基酸平衡性更好的蛋白肽原料，对于促进人体健康具有重要意义。大豆蛋白和乳清蛋白是8种必需氨基酸全面的原料，在正确的酶解工艺下，其酶解产物蛋白肽同样能够保持必需氨基酸的全面性。乳清蛋白是奶酪加工工艺中的副产物，我国奶酪产量相对较低，因此乳清蛋白及其蛋白肽产能很小，无法作为改善老年人及特定人群蛋白质补充的主要来源。中国是大豆的故乡，大豆约含40%的蛋白质和20%的油脂，经过浸出法提取油脂后，豆粕在低温条件下脱除溶剂，大豆蛋白质基本不发生变性。利用此低温脱溶工艺产出的豆粕，俗称白豆片，可以进一步生产为大豆蛋白粉、大豆浓缩蛋白和大豆分离蛋白等产品。我国大豆分离蛋白的产能和高性价比能够保障大豆肽的供应优势。

近期，国内在大豆肽的生产加工技术上也有了显著进步。优质的大豆肽原料特征：必需氨基酸平衡性好、分子量低、肽含量高和无异味。生产工艺上的难点是既要保证大豆蛋白原有的氨基酸平衡，还要保证肽分子量小、分子量分布集中和游离氨基酸含量少，进而保证食用后的吸收效率，为人体提供大豆蛋白应有的氨基酸营养。北京工商大学联合乳山市华隆生物科技股份有限公司等创建了多酶分步定向酶解技术，根据各种内切酶和外切酶的作用机制，建立了6种酶的特定酶解顺序，创新性地构建了酶解体系pH值自动梯度变化，实现了各种酶在其最适pH值下高效定向酶解及特定末端氨基酸的切除技术。该技术突破了高酶低效及酶切位点随机性大的技术瓶颈，显著提升了酶解度与得率。同时也开发了无污染一次性分离浓缩连续化生产工艺技术，解决了无法连续化生产的难题，突破了高温浓缩能耗大、产品褐变严重的技术瓶颈，实现无产业废弃物排放。在大豆肽的口味问题上苦味和涩味也一直是生产上需要解决的技术问题，由于肽分子中疏水性的必需氨基酸含量比较高，常用的活性炭、硅藻土或树脂脱苦脱臭处理会很大程度上降低大豆肽本身的营养价值，很多疏水性氨基酸比例高的肽段会被脱除，在生产大豆肽时会破坏必需氨基酸平衡性。多酶分步定向酶解技术可以定向修饰低分子肽链的 C 末端和 N 末端，将苦味氨基酸从肽链上敲除，减少大豆肽的苦味。

大豆肽是以大豆蛋白为主要原料，经蛋白酶酶解，再经过分离和精制等特殊处理得到的低聚肽混合物，一般由 3～10 个氨基酸组成，大部分肽段分子量低于 1000。与大豆蛋白相比，大豆肽不仅具有营养丰富、蛋白含量高和氨基酸平衡等优点，同时由于大豆肽的分子量低，其具有易溶解、易吸收、利用率高和稳定性强等理化性质，这些特性使得它在营养补充和疾病防治方面具有潜在的应用价值。大豆肽具有多样的功能活性，其营养干预作用已被证实能有效缓解免疫力低下、炎症、高血糖等常见病症，同时对于调节益生菌平衡也具有积极影响。大豆肽还能减轻焦虑情绪、预防热应激损伤，并保护肺部免受环境污染的伤害，显示出其在应对现代健康挑战中的潜力。这些功能活性的发现为大豆肽在慢性病防治领域的应用提供了理论基础。

我国已进入老龄化社会，预计到 2030 年前后，老年人口将超过 4 亿，面临着人口老龄化带来的严峻挑战。老年人基础代谢、咀嚼、吞咽、消化能力下降，几乎所有的老年人都会发生蛋白质营养缺乏问题。体内蛋白质缺少就要分解消耗自身的肌肉来维持代谢，导致负氮平衡，进一步加速了多种老年退行性疾病的发生，给家庭、社会及国家带来巨大的经济和社会负担。加强重点地区、重点人群健康服务，实施营养综合干预，是目前国家和整个社会面临的一个重要任务。低分子大豆肽作为老年人蛋白补充食品在预防和改善老年人退行性疾病、提高老年人健康状况方面的作用已被国内外广泛认可。

本书深入探讨了大豆肽作为营养补充剂在调节多种疾病方面的积极作用。从基础理论到最新的实验研究成果，旨在为读者提供一个更全面的视角了解大豆肽，并为解决和防治老年人退行性疾病这一重要社会问题提供解决方案。

书中的实验数据汇集了编写团队近五年 50 余人的科研成果，感谢本团队科研人员的辛勤付出；感谢著作者们在书稿编写过程中的严谨态度和辛勤工作；最后感谢化学工业出版社所有工作人员对本书出版所付出的辛勤劳动。

著　者

2025 年 3 月

目录

第1章 大豆肽对免疫力的调节作用

1.1 引言

1.1.1 免疫调节对人体健康的重要性

人体的免疫系统主要通过细胞免疫和体液免疫来预防和控制感染[1]。细胞免疫主要涉及 T 淋巴细胞和 B 淋巴细胞，而体液免疫主要是由 B 淋巴细胞接受抗原呈递后产生特异性抗体。免疫功能可能受到许多因素的干扰，包括营养不良、氧化应激、外源性病原体和抗原[2]。近年来，通过膳食途径增强人体免疫力的研究越来越受到关注。一些活性营养物质不仅能防治营养缺乏，而且能以特定方式刺激免疫细胞增强免疫应答功能，维持正常、适度的免疫反应[3]。因此，开发功能性食品或营养补充剂是调节免疫功能的重要方法。

1.1.2 肽对免疫力调节作用的研究现状

大豆肽具有免疫调节活性，可以增强免疫细胞功能，如促进淋巴细胞增殖，增强自然杀伤细胞活性、抗体合成和细胞因子调节作用。研究表明大豆蛋白水解得到的特定大豆肽片段具有刺激细胞吞噬和免疫调节能力[4]。从大豆蛋白水解产物中分离出的两种大豆肽 His-Cys-Gln-Arg-Pro-Arg 和 Gln-Arg-Pro-Arg，显示出刺激吞噬的作用[5]。使用碱性蛋白酶从大豆蛋白中制备的大豆蛋白水解产物对小鼠脾淋巴细胞的增殖和腹腔巨噬细胞的吞噬作用具有很高的免疫调节活性[6]。

1.1.3 本章研究内容与意义

微生物感染是人们在生活中常见的损伤，负氮平衡老年人遇到此类创伤时，其体内免疫功能受抑制，造成过度的炎症反应，引起体内组织器官的损伤。本章研究以大豆蛋白为原料，制备大豆肽，并探索大豆肽的营养干预对负氮平衡老年小鼠背部表皮创伤感染金黄色葡萄球菌后的免疫功能的调节作用。通过测定小鼠创伤感染后免疫器官指数、体液免疫水平、炎症抑制水平等指标，分析大豆肽在细菌感染下对免疫功能的调节作用。本研究为大豆肽作为膳食免疫补充剂的开发利用提供理论科学依据，为满足老年人对蛋白质的营养需求，改善老年人免疫力提供新的途径。

本实验方案符合动物福利和伦理要求，得到谱尼测试集团股份有限公司动物实验伦理审查委员会批准（PONY-2017-FL-69）。

1.2 研究方法

1.2.1 大豆肽的制备

将大豆蛋白溶于蒸馏水中，使其充分溶解，配制成8%的蛋白溶液，将pH值调至7.0。加入1000U/g的中性蛋白酶和碱性蛋白酶各0.1%，在50℃水浴条件下，水解4h。水解结束后立即85℃灭活酶15min得到多肽酶解液。冷却后40℃，0.6bar（1bar=10^5Pa）通过复合膜（陶瓷微滤膜与超滤膜）过滤提纯，得到大豆肽溶液。通过真空冷冻干燥得到冻干大豆肽。

1.2.2 大豆肽的SDS-PAGE分析

分离胶浓度为12%，浓缩胶浓度为5%，样品浓度约1μg/μL，上样量10μL/孔，电压80V条件下进行SDS-PAGE电泳，以三色预染蛋白标志物（分子质量为10～180kDa）为标准蛋白。电泳结束后，使用考马斯亮蓝将凝胶染色，脱色后使用蛋白成像分析系统扫描凝胶进行分析。

1.2.3 大豆肽的分子量分布

取大豆肽冻干粉配制成大豆肽溶液，浓度10mg/mL，过0.22μm微滤膜。将标准品与大豆肽溶液在蛋白质层析纯化系统中通过Superdex peptide 10/300 GL柱，用10mmol/L Tris-HCl缓冲液作为流动相，控制恒定流速0.5mL/min，波长220nm处检测，得到大豆肽相对分子质量分布。

1.2.4 大豆肽的氨基酸组成分析

将大豆肽样品置于水解管中，加入6mol/L盐酸，110℃恒温水解24h后冷却、混匀、过滤、定容，于旋转蒸发仪中蒸干，用pH 2.2的稀释液4mL溶解，混匀后过0.45μm滤膜，在氨基酸自动分析仪上测定大豆肽的氨基酸组成。

1.2.5 负氮平衡老年小鼠模型的制备

SPF级8月龄雄性ICR小鼠60只，体重40～50g，由北京维通利华实验动物技术有限公司提供。置于温度25℃，湿度60%，灯光控制12h昼夜节律环境下饲养。小鼠单笼饲养，自由摄食、饮水，适应性饲养一周后，随机分为两组：①普通饲料组（$n=12$）；②低蛋白饲料组（$n=48$）。普通饲料组饲喂蛋白质含量为20%的普通饲料（北京华阜康AIN-93G标准饲料），低蛋白饲料组饲喂蛋白质含量为1.5%的低蛋白饲料（北京华阜康AIN-93G标准饲料更改蛋白含量），自由摄食、饮水，饲喂2周，制备负氮平衡老年小鼠模型。实验期间，每周称量并记录小鼠体重。

1.2.6 小鼠氮代谢的测定

每组各取6只小鼠放入代谢笼中，收集小鼠24h的粪便和尿液样品，并记录摄食量。利用全自动凯氏定氮仪测定小鼠粪便和尿液以及摄入食物中的氮含量。按下列公式计算每只小鼠的氮平衡。

$$氮平衡(mg)=摄入氮质量(mg)-[粪氮质量(mg)+尿氮质量(mg)]$$

1.2.7　小鼠血清蛋白含量的测定

两组小鼠饲喂两周后，每组各取 8 只小鼠进行尾尖采血，收集血液样本于灭菌离心管，室温放置约 30min 后，3000r/min 离心 15min，分离上清液得到血清，按照 ELISA 试剂盒说明书测定小鼠血清总蛋白（TP）与血清白蛋白（ALB）含量。

1.2.8　金黄色葡萄球菌的培养

将金黄色葡萄球菌划线接种于营养琼脂培养基上，37℃培养过夜，挑取单个菌落，接种至新鲜营养肉汤培养基中，37℃恒温摇床 100r/min 培养 20h 后，通过平板计数法计算金黄色葡萄球菌菌液浓度，用营养肉汤系列稀释至菌液浓度约 1×10^{8}CFU/mL，离心收集菌体，用生理盐水洗涤悬浮，用于小鼠感染模型制备。

1.2.9　小鼠分组与处理

将 1.2.5 中构建的正氮平衡老年小鼠 12 只，负氮平衡老年小鼠 48 只单笼饲养，自由摄食、饮水，随机分为 5 组，每组 12 只。

① 空白组：正氮平衡老年小鼠灌胃生理盐水；

② 对照组：负氮平衡老年小鼠灌胃生理盐水；

③ 高剂量肽组：负氮平衡老年小鼠灌胃 1300mg/kg（以体重计）大豆肽；

④ 低剂量肽组：负氮平衡老年小鼠灌胃 650mg/kg（以体重计）大豆肽；

⑤ 蛋白组：负氮平衡老年小鼠灌胃 650mg/kg（以体重计）大豆蛋白。

根据体表面积折算的等效剂量比值，按照人服用大豆肽剂量 10g/(70kg・d)，乘以等效剂量倍数 9.1 倍，计算得出高剂量肽组的干预剂量。

建立金黄色葡萄球菌感染小鼠模型。各组小鼠均于感染前 12h 禁食，自由饮水。经腹腔注射 1%戊巴比妥钠（80mg/kg）麻醉小鼠后固定，使用剃毛器剃去其背部毛发，然后用纱布蘸取 8%硫化钠涂抹于剃毛部位脱毛。在所有小鼠背部脊柱位置，利用打孔器切除直径 1cm 大小的全层皮肤组织，并破坏肌膜，取金黄色葡萄球菌菌液 0.1mL 均匀涂抹于整个创面，观察小鼠创面感染情况。对小鼠进行保温直至所有小鼠苏醒后，单笼常规饲养。对小鼠按分组进行灌胃，每组于灌胃第 3 天与第 7 天分别处死 6 只小鼠。

1.2.10　小鼠免疫器官指数的测定

在灌胃第 3 天、第 7 天，先称量小鼠体重，之后无菌剥取小鼠脾脏和胸腺，去除其周围的脂肪和结缔组织，将其用生理盐水冲洗干净，吸水纸吸干表面水分，在天平上称量，按下式计算脾脏指数和胸腺指数：

$$胸腺指数=\frac{胸腺质量(mg)}{小鼠体质量(g)}$$

$$脾脏指数=\frac{脾脏质量(mg)}{小鼠体质量(g)}$$

1.2.11　小鼠血清免疫球蛋白含量的测定

在灌胃第3天、第7天，各组取6只小鼠摘眼球取血，收集血液，分离血清。按照ELISA试剂盒说明书测定小鼠血清免疫球蛋白（IgM、IgG、IgA）含量。

1.2.12　小鼠促炎性细胞因子含量的测定

在灌胃第3天、第7天，各组取6只小鼠摘眼球取血，收集血液，分离血清。按照ELISA试剂盒说明书测定小鼠血清促炎性细胞因子（IL-1β、IL-6、TNF-α）含量。

1.2.13　小鼠血清趋化因子的测定

在灌胃第3天、第7天，各组取6只小鼠摘眼球取血，收集血液，分离血清。按照ELISA试剂盒说明书测定小鼠血清趋化因子（MIP-2、RANTES）含量。

1.3　研究结果

1.3.1　大豆肽的SDS-PAGE分析

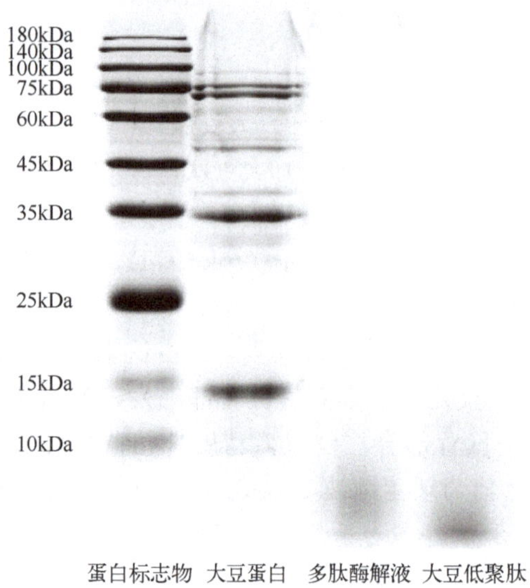

图1-1　大豆肽SDS-PAGE图谱

对大豆蛋白、多肽酶解液以及大豆肽进行电泳分析。如图1-1所示，大豆蛋白经复合酶水解后，酶解产物分子量远低于大豆蛋白，酶解产物中主要肽段分子质量低于10kDa，表明大豆蛋白大部分已被酶解为小分子肽。SDS-PAGE凝胶电泳不容易分离分子质量在4kDa以下的小肽，所以酶解液中低于10kDa的肽段没有得到明显的分离。酶解产物经过复合膜分离提纯后，减少了大分子肽和未酶解蛋白的混入，得到纯度更高的大豆肽。由于大豆肽集中在低分子量区间，需要通过凝胶过滤色谱进一步分析其分子质量大小。

1.3.2　大豆肽的分子质量分布

大豆肽通常由3～6个氨基酸组成，分子质量一般低于1000Da。大豆肽的分子质量大小影响着其生理功能特性。如表1-1所示，大豆肽的分子质量分布在150～1500Da之间的约为85.59%，平均分子质量约为720Da，由3～5个氨基酸组成。

表1-1　大豆肽的分子质量分布

序号	分子质量范围/Da	积分面积/%	综合比例/%	平均分子质量/Da
1	＞1500	1.82	1.82	720
2	150～1500	85.59	85.59	
3	＜150	0.48	0.48	

1.3.3　大豆肽的氨基酸分析

在自然界中具有生物活性的肽很短，一般有 2～10 个残基，其活性依赖于氨基酸组成、序列、肽分子的结构等因素。测定大豆肽中的氨基酸组成来评估大豆肽的营养价值，结果如表 1-2 所示，大豆肽中含量最高的为谷氨酸，其次为天冬氨酸，必需氨基酸苏氨酸、缬氨酸、甲硫氨酸、赖氨酸、异亮氨酸、亮氨酸和苯丙氨酸含量均衡。

表 1-2　大豆肽的氨基酸组成

氨基酸	含量/(g/100g)	氨基酸	含量/(g/100g)
天冬氨酸(Asp)	11.1	异亮氨酸(Ile)	2.2
苏氨酸(Thr)	3.3	亮氨酸(Leu)	6.5
丝氨酸(Ser)	5.4	酪氨酸(Tyr)	2.2
谷氨酸(Glu)	23.7	苯丙氨酸(Phe)	4.3
甘氨酸(Gly)	3.4	组氨酸(His)	1.9
丙氨酸(Ala)	2.8	赖氨酸(Lys)	6.3
胱氨酸(Cys)	1.5	精氨酸(Arg)	6.9
缬氨酸(Val)	2.1	脯氨酸(Pro)	4.7
甲硫氨酸(Met)	0.8		

1.3.4　负氮平衡老年小鼠模型的构建

体重变化是负氮平衡状态的重要生理指标之一，通过对小鼠体重变化的分析，可以验证小鼠体内氮平衡的状态。小鼠体重变化如图 1-2 所示，与普通饲料组相比，低蛋白饲料组小鼠的体重呈显著下降趋势，在第 7 天时，低蛋白饲料组小鼠体重显著低于普通饲料组（$P<0.05$），且随饲养时间延长差异逐渐增大。实验结果表明，低蛋白饲料饲喂小鼠可影响其正常的生长发育，造成体重降低。原因可能是蛋白质摄入不足导致小鼠体内正常代谢活动受到影响，通过消耗自身营养物质达到维持生命活动的目的，导致体重的降低。其他研究也表明通过对饲料蛋白质含量进行调整，饲喂低蛋白饲料大鼠体重显著低于饲喂正常饲料大鼠[7]。

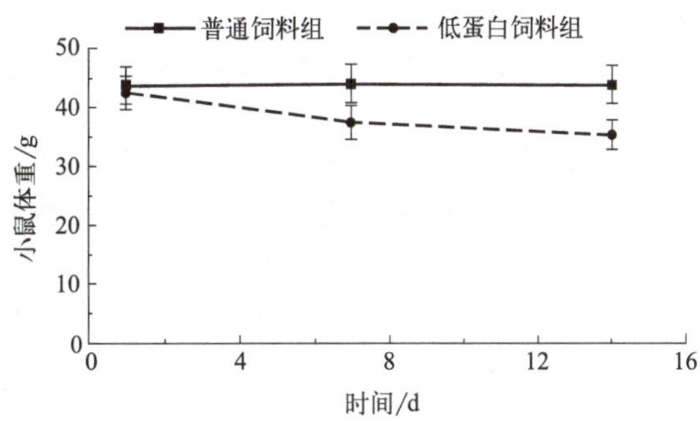

图 1-2　负氮平衡老年小鼠模型构建期间小鼠体重变化

机体摄入食物中的含氮营养物质经消化、吸收与代谢，一部分沉积在体内或被机体利用合成机体内的蛋白物质，另一部分代谢为废物随尿等排出体外，构成机体的氮代谢。氮平衡是评估蛋白质代谢状况最常用和最有效的指标[8]。本研究中，普通饲料组与低蛋白饲料组小鼠的饲料摄入总量无显著差异（$P>0.05$）。在负氮平衡老年小鼠模型构建第 14 天，小鼠的氮代谢情况如表 1-3 所示，低蛋白饲料组摄入氮含量显著低于普通饲料组（$P<0.05$），低蛋白饲料组小鼠排泄物中的粪氮含量与尿氮含量均显著低于普通饲料组（$P<0.05$）。普通饲料组小鼠氮代谢为（119.4 ± 49.5）mg/d，呈正氮平衡状态。而低蛋白饲料组小鼠氮代谢为（-4.7 ± 2.5）mg/d，呈负氮平衡状态。低蛋白饲料组小鼠的排泄氮量多于摄入氮量，表明其消耗了自身体内营养物质，使体蛋白降解率大于合成率，造成体内氮平衡处于负值，并引起体重的降低。

表 1-3 不同饲料对小鼠氮代谢的影响

分组	摄入氮/(mg/d)	粪氮/(mg/d)	尿氮/(mg/d)	氮平衡/(mg/d)
普通饲料组	200.4±42.0[a]	35.2±7.7[c]	45.8±24.8[e]	119.4±49.5[g]
低蛋白饲料组	14.5±3.2[b]	6.9±1.2[d]	12.2±3.5[f]	−4.7±2.5[h]

注：不同字母代表数据有显著差异（$P<0.05$），后同。

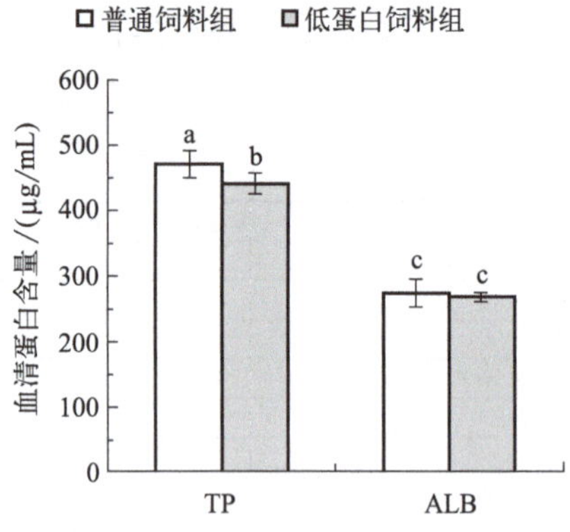

图 1-3 不同饲料对小鼠血清蛋白水平的影响

血清总蛋白（TP）反映机体的蛋白质营养状况，血清白蛋白（ALB）是血清总蛋白的主要蛋白质成分。TP、ALB 可代表体内蛋白质代谢及营养状况[8]。在负氮平衡老年小鼠模型构建第 14 天，小鼠血清蛋白含量如图 1-3 所示，低蛋白饲料组小鼠血清 TP 含量显著低于普通饲料组（$P<0.05$），低蛋白饲料组小鼠血清 ALB 含量低于普通饲料组但差异不显著（$P>0.05$）。实验结果表明低蛋白饲料饲养的小鼠由于含氮营养物质摄入不足，体内蛋白质合成率降低，消耗体内的含氮营养物质，使体内血清蛋白含量降低，氮代谢发生改变。

综上所述，通过对老年小鼠饲喂 2 周低蛋白饲料制备负氮平衡老年小鼠模型，对小鼠的体重、体内氮代谢及血清蛋白含量进行分析，结果表明低蛋白饲料组小鼠体重呈显著下降，氮平衡处于负值，血清总蛋白含量显著下降，可判断负氮平衡老年小鼠模型构建成功。

1.3.5 大豆肽对小鼠免疫器官指数的影响

免疫器官是免疫细胞增殖和发育的重要场所，也是发挥免疫功能的重要结构，免疫器官的生长发育与机体的免疫功能联系紧密[9]。胸腺作为生物体最重要的中枢免疫器官，脾脏作为最大的外周免疫器官，为淋巴细胞的成熟、分化、增殖提供场所，并在免疫调节过程起着非常重要的作用。机体整体的免疫功能可以在一定程度上由免疫器官指数所反映。如图 1-4A 所示，在感染后第 3 天与第 7 天，各组小鼠脾脏指数无显著差异（$P>0.05$）。如图 1-4B 所示，在感染后第 3 天与第 7 天，对照组小鼠胸腺指数显著低于空白组（$P<0.05$），可见负氮平衡导致小鼠胸腺生长发育受到抑制。在感染后第 3 天，高剂量肽组小鼠胸腺指数显著高于对照组（$P<0.05$），表明大豆肽对胸腺的发育有显著的促进作用。富校轶研究大豆蛋白肽对正常小鼠免疫功能的调节作用发现，经口给予小鼠大豆蛋白肽对脾脏指数影响没有显著差异，与本实验结果一致[10]。

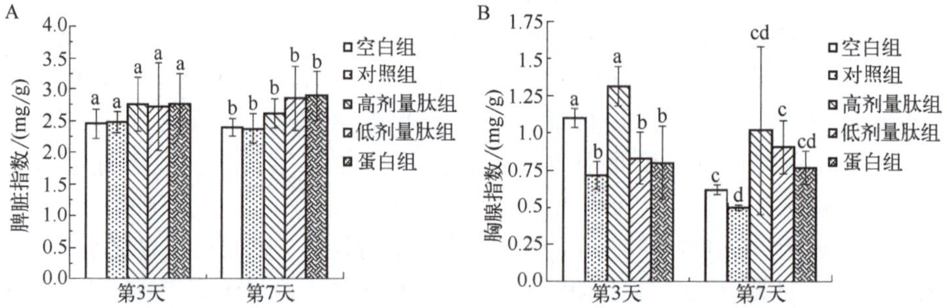

图 1-4 大豆肽对小鼠脾脏指数（A）和胸腺指数（B）的影响

1.3.6　大豆肽对小鼠血清免疫球蛋白水平的影响

血清免疫球蛋白是介导体液免疫的主要抗体，在体液免疫中发挥着重要作用，可在一定程度上反映体液免疫水平[11]。IgM 占血清抗体总量的 5%～10%，因为其分子量极大，所以只能在血管内运行，是初次体液免疫应答早期阶段产生的主要抗体，具有较强的抗感染作用。IgG 是血液中含量最高的一种抗体，占血清抗体总量的 80%～85%，是机体再次体液免疫应答产生的主要抗体，具有重要的免疫效应，在机体防御机制中发挥抗感染作用。IgA 分血清型与分泌型，在血液中的含量仅次于 IgG，占血清抗体总量的 10%～15%，是少数在消化道中不被消化的蛋白质之一。

通常检测血清中 IgM、IgG、IgA 这 3 类免疫球蛋白就可以代表血清免疫球蛋白的总体水平。如图 1-5A 所示，在感染后第 3 天，对照组血清 IgM 水平显著低于空白组（$P<0.05$），在感染第 7 天，对照组血清 IgM 水平低于空白组，但差异不显著（$P>0.05$），说明负氮平衡可导致小鼠 IgM 生成受到抑制。与对照组相比较，高剂量肽组、低剂量肽组以及蛋白组血清 IgM 水平在感染后第 3 天与第 7 天均显著提高（$P<0.05$），表明大豆肽营养干预可促进 IgM 的生成。

如图 1-5B 所示，在感染后第 3 天，对照组血清 IgG 水平低于空白组，但差异不显著（$P>0.05$），在感染后第 7 天，对照组血清 IgG 水平显著低于空白组（$P<0.05$），说明负氮平衡可导致小鼠 IgG 生成受到抑制，由于 IgG 为再次体液免疫应答产生的主要抗体，所以在感染前期，空白组 IgG 生成较少，与对照组差异不显著。与对照组相比较，高剂量肽组、低剂量肽组以及蛋白组血清 IgG 水平在感染后第 3 天与第 7 天均显著提高（$P<0.05$），表明大豆肽营养干预可促进 IgG 的生成。

如图 1-5C 所示，在感染后第 3 天，对照组血清 IgA 水平显著低于空白组（$P<0.05$），在感染后第 7 天，对照组血清 IgA 水平低于空白组，但差异不显著（$P>0.05$），说明负氮

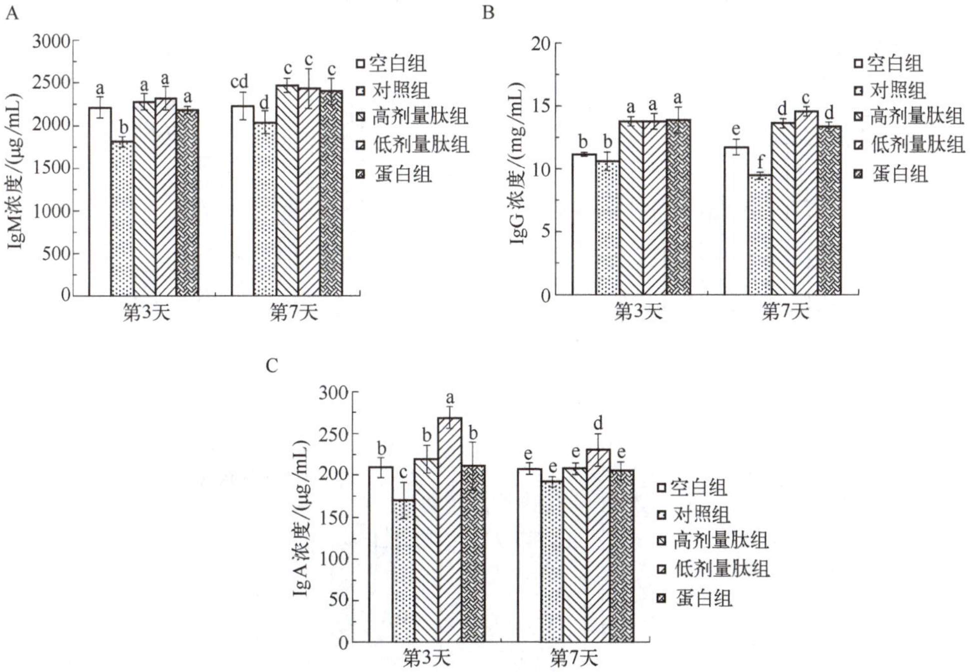

图 1-5　大豆肽对小鼠血清 IgM（A）、血清 IgG（B）和血清 IgA（C）水平的影响

平衡可导致小鼠 IgA 生成受到抑制。与对照组相比，高剂量肽组、低剂量肽组以及蛋白组血清 IgA 水平在感染后第 3 天均显著提高（$P<0.05$），低剂量肽组血清 IgA 水平在感染第 7 天显著提高（$P<0.05$），高剂量肽组与蛋白组在第 7 天血清 IgA 水平高于对照组，但无显著性差异（$P>0.05$），表明大豆肽营养干预可促进 IgA 的生成。

结果表明，大豆肽对负氮平衡老年小鼠感染后血清中 IgM、IgG、IgA 的生成有显著的促进作用。B 细胞在抗原刺激下可分化为浆细胞，合成和分泌免疫球蛋白，血清免疫球蛋白的变化能及时反应 B 细胞的数量及活性。B 细胞表面有很多受体，肽可能作为 B 细胞刺激因子刺激 B 细胞或作为活化辅助受体，使 B 细胞发生增殖、分化，进入激活状态，转化为浆细胞，产生抗体[12]。本研究中大豆肽也可能通过作用于 B 细胞膜表面受体，调节细胞活性，促进免疫球蛋白的合成，从而提高小鼠体液免疫水平。

1.3.7 大豆肽对小鼠血清促炎性细胞因子水平的影响

微生物感染导致的炎症反应的一个主要特征就是促炎性细胞因子的释放，这些因子在宿主对抗感染和炎症的免疫应答中起着重要的作用。IL-1β 在宿主免疫系统抵抗金黄色葡萄球菌感染时有显著的调节作用[13]。如图 1-6A 所示，在感染后第 3 天，对照组血清 IL-1β 水平高于空白组，但差异不显著（$P>0.05$），在感染后第 7 天，对照组血清 IL-1β 水平显著高于空白组（$P<0.05$），说明负氮平衡可导致小鼠在感染后生成大量 IL-1β，使炎症水平显著升高。在感染第 3 天，高剂量肽组、低剂量肽组以及蛋白组血清 IL-1β 水平与对照组相比有所降低，但差异不显著（$P>0.05$），在感染第 7 天，高剂量肽组、低剂量肽组以及蛋白组血清 IL-1β 水平显著低于对照组（$P<0.05$）。结果表明大豆肽营养干预可抑制因感染导致的 IL-1β 的过度生成。

IL-6 在机体感染时是一种重要的促炎性细胞因子，它与炎症反应中的多种生物效应有关。如图 1-6B 所示，在感染后第 3 天与第 7 天，对照组血清 IL-6 水平显著高于空白组

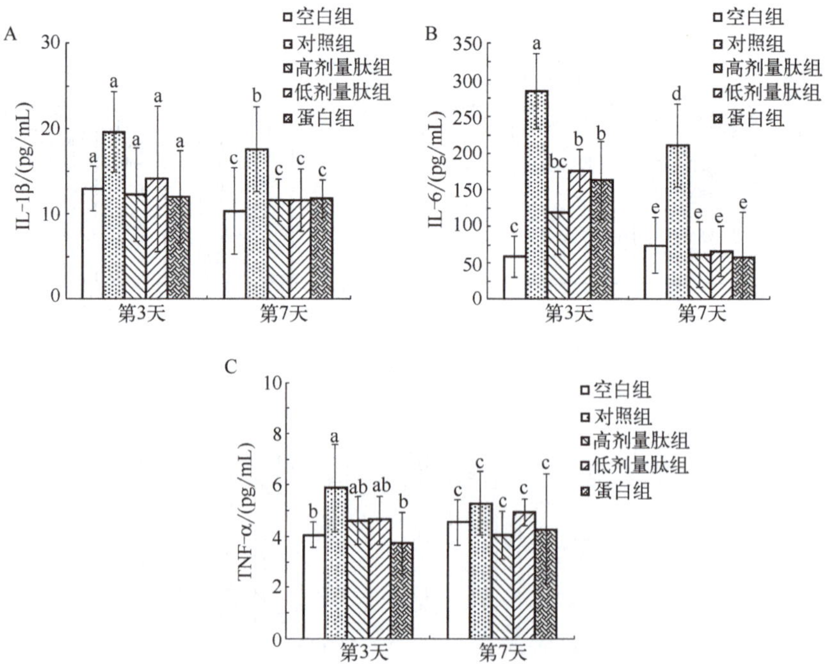

图 1-6 大豆肽对小鼠血清 IL-1β（A）、血清 IL-6（B）和血清 TNF-α（C）水平的影响

($P<0.05$)，说明负氮平衡可导致小鼠在感染后大量生成 IL-6，使炎症水平显著升高。在感染第 3 天与第 7 天，高剂量肽组、低剂量肽组以及蛋白组血清 IL-6 水平显著低于对照组($P<0.05$)。结果表明大豆肽营养干预可抑制因感染导致的 IL-6 的过度生成。

TNF-α 被认为是炎症过程中的一个主要细胞因子指标。如图 1-6C 所示，在感染后第 3 天，对照组血清 TNF-α 水平显著高于空白组($P<0.05$)，在感染后第 7 天，对照组血清 TNF-α 水平高于空白组，但差异不显著($P>0.05$)，说明负氮平衡可导致小鼠在感染后大量生成 TNF-α，使炎症水平显著升高。在感染后第 3 天，高剂量肽组、低剂量肽组血清 TNF-α 水平与对照组相比有所降低，但差异不显著($P>0.05$)，在感染第 7 天，高剂量肽组、低剂量肽组以及蛋白组血清 TNF-α 水平与对照组相比有所降低，但差异不显著($P>0.05$)。结果表明大豆肽可抑制因感染导致的 TNF-α 的生成。

结果表明，大豆肽对负氮平衡老年小鼠感染后血清中 IL-1β、IL-6 的过度生成有显著的抑制作用，对 TNF-α 的生成有一定程度的抑制作用，表明大豆肽对过度炎症水平的抑制有积极作用。研究表明 Toll 样受体 2（TLR2）可由金黄色葡萄球菌激活，然后由 NF-κB 和 MAPK 通路调节炎症反应[14]。大豆肽可能通过影响 TLR2 在宿主中的表达，参与介导 NF-κB 和 MAPK 通路的激活来控制对金黄色葡萄球菌感染的清除，诱导参与促炎性细胞因子的生成，抑制过度的炎症反应。

1.3.8　大豆肽对小鼠血清趋化因子水平的影响

MIP-2 是炎症早期的促炎性细胞因子，其在炎症早期的短期急剧释放可趋化和激活多种炎症细胞，当机体局部有炎症时能够趋化单核细胞向炎症部位聚集[15]。如图 1-7A 所示，在感染后第 3 天，对照组血清 MIP-2 水平显著高于空白组($P<0.05$)，在感染后第 7 天，对照组血清 MIP-2 水平高于空白组，但差异不显著($P>0.05$)，说明负氮平衡可导致小鼠感染后 MIP-2 水平过度升高，使炎症水平升高。在感染后第 3 天，高剂量肽组、低剂量肽组以及蛋白组血清 MIP-2 水平与对照组相比均显著降低($P<0.05$)，在感染后第 7 天，高剂量肽组、低剂量肽组以及蛋白组血清 MIP-2 水平与对照组相比有所降低，但差异不显著($P>0.05$)。大豆肽可在炎症发生时，对 MIP-2 的过度生成起到抑制作用。

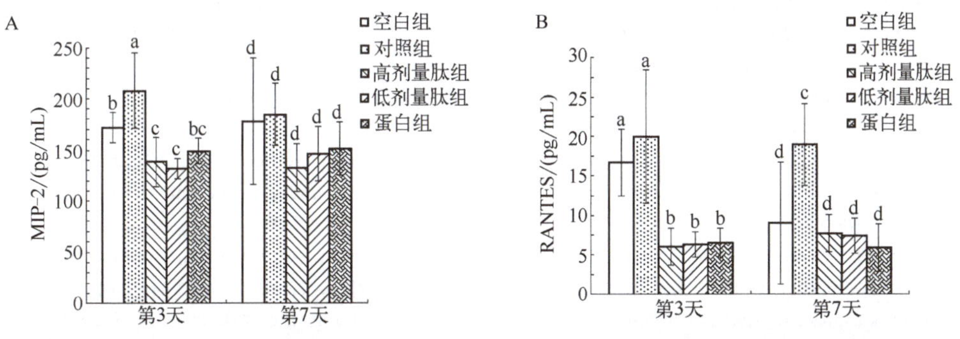

图 1-7　大豆肽对小鼠血清 MIP-2（A）和血清 RANTES（B）水平的影响

RANTES 具有迁移细胞的作用，对活化 T 淋巴细胞、粒细胞、单核细胞、NK 细胞具有趋化和刺激作用，可诱导其向炎症部位浸润，发挥杀伤作用[16]。如图 1-7B 所示，在感染后第 3 天，对照组血清 RANTES 水平高于空白组，但差异不显著($P>0.05$)，在感染后第 7 天，对照组血清 RANTES 水平显著高于空白组($P<0.05$)，说明负氮平衡可导致小鼠感

染后 RANTES 水平升高，使炎症水平升高。在感染后第 3 天与第 7 天，高剂量肽组、低剂量肽组以及蛋白组血清 RANTES 水平与对照组相比均显著降低（$P<0.05$）。结果表明，大豆肽营养干预可显著抑制因感染导致的 RANTES 的生成。

1.4 研究结论

本章研究证实了大豆肽对负氮平衡老年小鼠背部创伤感染金黄色葡萄球菌后的免疫应答具有显著的调节作用。灌胃大豆肽提高了小鼠脾脏指数与胸腺指数，对免疫功能的提高有一定促进作用。还通过提高小鼠血清免疫球蛋白 IgM、IgG、IgA 含量，降低血清促炎性细胞因子 IL-1β、IL-6、TNF-α 的含量，降低血清 RANTES、MIP-2 含量，显著提高金黄色葡萄球菌感染下负氮平衡老年小鼠体液免疫水平，降低炎症水平。

参考文献

[1] Parkin J, Cohen B.An overview of the immune system [J]. Lancet, 2001, 357 (9270): 1777-1789.

[2] De la Fuente M. Effects of antioxidants on immune system ageing [J]. European Journal of Clinical Nutrition, 2002, 56: 5-8.

[3] 李宁. 临床营养的新概念：免疫营养 [J]. 中国实用外科杂志, 2001, (01): 9-11.

[4] Fukushima D. Recent progress in research and technology on soybeans [J]. Food Science and Technology Research, 2001, 7 (1): 8-16.

[5] Chalamaiah M, Yu W, Wu J. Immunomodulatory and anticancer protein hydrolysates (peptides) from food proteins: A review [J]. Food Chemistry, 2018, 245: 205-222.

[6] Kong X, Guo M, Hua Y, et al. Enzymatic preparation of immunomodulating hydrolysates from soy proteins [J]. Bioresource Technology, 2008, 99 (18): 8873-8879.

[7] 侯聪玲. 高碘低蛋白对大鼠生长代谢、细胞凋亡的影响及甲状腺的病理形态学变化的研究 [J]. 中国地方病防治杂志, 2016, 31 (06): 648-649, 710.

[8] 陈敏, 孙建琴, 孙建设, 等. 老年肾衰病人透析治疗氮平衡和营养状况的研究 [J]. 老年医学与保健, 2008, (02): 103-106.

[9] Mallet J F, Duarte J, Vinderola G, et al. The immunopotentiating effects of shark-derived protein hydrolysate [J]. Nutrition, 2014, 30 (6): 706-712.

[10] 富校轶, 李博群, 张时莹, 等. 超滤大豆蛋白肽对小鼠免疫功能的影响 [J]. 食品工业科技, 2012, 33 (07): 375-378.

[11] Ehrenstein M R, Notley C A. The importance of natural IgM: scavenger, protector and regulator [J]. Nature Reviews Immunology, 2010, 10 (11): 778-786.

[12] Maestri E, Marmiroli M, Marmiroli N. Bioactive peptides in plant-derived foodstuffs [J]. Journal of Proteomics, 2016, 147 (16): 140-155.

[13] Peng Y, Zhang H, Liu R, et al. Antioxidant and anti-inflammatory activities of pyranoanthocyanins and other polyphenols from staghorn sumac (*Rhus hirta* L.) in Caco-2 cell models [J]. Journal of Functional Foods, 2016, 20: 139-147.

[14] Yadav P N, Liu Z, Rafi M M. A diarylheptanoid from lesser galangal (*Alpinia officinarum*) inhibits proinflammatory mediators via inhibition of mitogen-activated protein kinase, p44/42, and transcription factor nuclear factor-κB [J]. Journal of Pharmacology and Experimental Therapeutics, 2003, 305 (3): 925-931.

[15] 肖敏, 范红, 文富强, 等. 巨噬细胞炎症蛋白-2 和细胞凋亡在内毒素诱导急性肺损伤发病中的作用探讨 [J]. 中国现代医学杂志, 2007, (11): 1304-1308.

[16] Schmid A, Bala M, Leszczak S, et al. Pro-inflammatory chemokines CCL2, chemerin, IP-10 and RANTES in human serum during an oral lipid tolerance test [J]. Cytokine, 2016, 80: 56-63.

第2章

大豆肽对炎症的预防作用

2.1 引言

2.1.1 炎症预防对人体健康的重要性

炎症是一种复杂的生理反应，旨在保护机体免受外界毒素和刺激引起的损伤，并促进受损组织的修复与愈合[1]。根据持续时间，炎症可分为急性和慢性两种类型。急性炎症是机体在受到伤害或感染时的迅速反应，通常持续几分钟至几天，有助于抵御微生物感染和促进伤口愈合。然而，当炎症反应过度并持续发展为慢性炎症时，可能持续数周甚至数年，导致慢性疾病的发生。

在炎症过程中，机体会释放大量炎症因子，这些炎症因子可能导致细胞坏死、新陈代谢下降和免疫功能异常，最终引发组织损伤和器官功能障碍。研究表明，肥胖、神经退行性疾病等多种慢性疾病均与炎症密切相关[2,3]。炎症引起的损伤已成为 21 世纪人类健康面临的重大挑战之一，也是全球范围内导致人类死亡的主要原因之一。因此，寻找有效的抗炎手段已成为生命科学和食品科学领域的研究热点。

2.1.2 肽对炎症预防作用的研究现状

肽可以通过调控炎症信号通路中的级联反应，抑制通路下游炎症因子的分泌从而减轻机体损伤。He 等人发现小米糠肽可以抑制细胞外信号调节激酶（ERK）、c-Jun 氨基末端激酶（JNK）和 p38 丝裂原活化蛋白激酶（p38）三种蛋白的磷酸化[4]。大米肽通过抑制核因子 κB（NF-κB）通路中转录因子 p65（p65）的核易位减少了炎症因子的释放[5]。Feng 等人发现玉米寡肽通过减少磷脂酰肌醇 3-激酶/蛋白激酶 B 通路（PI3K/Akt 通路）中 Akt 蛋白的磷酸化，减少了 NF-κB 通路中抑制性 kappa B 激酶 beta（IKKβ）的磷酸化[6]。Wen 等人发现大豆肽可以促进细胞增殖，减少肿瘤坏死因子 α（TNF-α）、白细胞介素-1β（IL-1β）和白细胞介素-6（IL-6）等炎症因子的产生[7]。

然而，大豆肽通常作为营养补充剂，通过提升机体抵抗力起到炎症预防作用。大豆肽制备过程中通常以获得分子量低的肽为目标，然而，结构决定功能，大豆肽的序列组成是决定其抗炎能力的关键。目前研究中缺少对相同来源的混合大豆肽序列进行系统对比以及序列差异对炎症预防差异的研究。部分单肽的序列特征与抗炎活性已经明确，但单肽制备成本高，工业化不具可行性，缺少混合大豆肽序列组成与炎症的构效关系。

2.1.3 本章研究内容与意义

本章研究以大豆分离蛋白为原料，选取 4 种蛋白酶（碱性蛋白酶、木瓜蛋白酶、菠萝蛋白酶和风味蛋白酶），结合蛋白酶的酶切特性制备具有不同序列组成的大豆肽。利用脂多糖（LPS）诱导的 RAW264.7 炎症模型，探究不同酶解方案下大豆肽序列组成及序列组成差异对炎症预防效果的影响。提出了混合物大豆肽序列组成的分析方法，分析了大豆肽序列组成与抗炎活性的关系，明确了抗炎肽的特征序列以及特异性作用位点。本研究旨在为具有抗炎功能的食源性混合肽的制备提供方法，为炎症预防大豆肽的应用提供理论依据。

2.2 研究方法

2.2.1 不同序列组成大豆肽的制备

酶解采用不同内切酶和外切酶组合的顺序酶解方式，分别为碱性蛋白酶-风味蛋白酶组（AF 组）、木瓜蛋白酶-风味蛋白酶组（PF 组）和菠萝蛋白酶-风味蛋白酶组（BF 组），酶的选择如表 2-1 所示。不同酶解工艺的大豆肽制备过程如图 2-1 酶解流程图所示。大豆分离蛋白购自山东御鑫生物科技有限公司（中国山东，蛋白含量 91.2%，水分含量 4.6%）。将大豆分离蛋白溶解制成 5%的大豆分离蛋白溶液，调节温度和 pH 至内切酶 A 的最适条件，加入 4000U/g 的内切酶 A，酶解 3h。调节温度和 pH 至外切酶 B 的最适条件，加入 2000U/g 的外切酶 B，继续酶解 3h。然后，调节温度至 95℃，灭酶 15min。溶液冻干后的大豆肽用于水解度、分子量和蛋白含量的测定。溶液经超滤冻干得到的大豆肽用于抗炎活性、抗炎机制和质谱的测定。

表 2-1 不同酶解工艺下的蛋白酶选择、酶解条件及蛋白酶特性

蛋白酶		pH	加酶量/(U/g)	温度/℃	时间/h	酶切特性	酶切位点
A	碱性蛋白酶	8	4000	50	3	疏水性氨基酸	内切酶
	木瓜蛋白酶	7	4000	50	3	碱性氨基酸	内切酶
	菠萝蛋白酶	7	4000	50	3	无特异性	内切酶
B	风味蛋白酶	7	2000	50	3	无特异性	外切酶

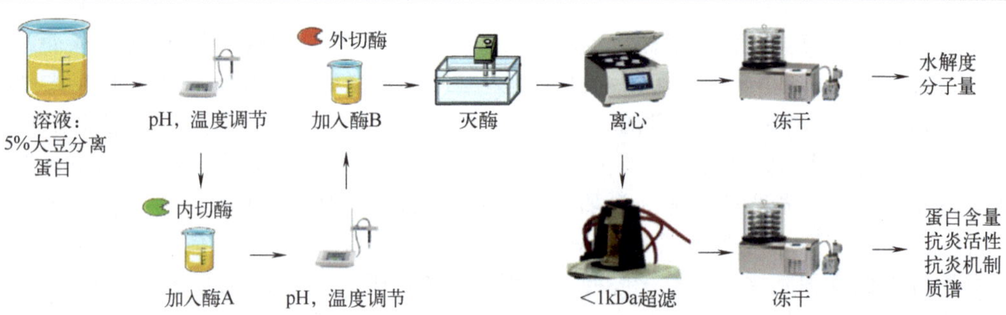

图 2-1 酶解流程图

2.2.2 蛋白含量测定

采用凯氏定氮法，对不同酶解工艺下大豆肽（AF 组、PF 组和 BF 组）的蛋白质含量进

行测定，转换系数设置 6.25。AF 组蛋白含量为（80.06±0.85）%，PF 组蛋白含量为（85.69±0.39）%，BF 组蛋白含量为（84.90±0.28）%。大豆肽的蛋白含量用于后续实验中蛋白浓度的统一。

2.2.3　水解度测定

采用甲醛滴定法测定不同酶解方案下的大豆肽（AF 组、PF 组和 BF 组）的游离氨基酸含量。

$$\text{水解度}=\frac{\text{游离氨基氮}}{\text{总氮}}\times 100\%$$

2.2.4　分子量测定

采用高效液相色谱法检测不同酶解工艺下的大豆肽（AF 组、PF 组和 BF 组）的分子量，使用 Agilent 1260 Infinity Ⅱ HPLC-DAD 系统和 TSKgel G2000SW_{XL} 色谱柱（5μm，7.8mm×300mm）。

2.2.5　不同序列组成大豆肽质谱测定

采用液相色谱串联质谱联用（LC-MS/MS）进行大豆肽（AF 组、PF 组和 BF 组）的质谱鉴定。下游蛋白质鉴定分析选择可信度大于 150 的肽段。

2.2.6　细胞培养

小鼠单核巨噬细胞白血病细胞 RAW264.7 购自中国医学科学院基础医学研究所。RAW264.7 细胞在补充有 10%胎牛血清（FBS）、1%磷脂酰丝氨酸（PS）和 1%非必需氨基酸（NEAA）的 Dulbecco 改良 Eagle 培养基（DMEM）中培养，培养箱为 37℃，含 5% CO_2。细胞每两天传代一次。处于指数生长期的细胞用于后续实验。

2.2.7　脂多糖诱导浓度选择和肽预防浓度的选择

使用 CCK-8 试剂测定脂多糖（LPS）诱导浓度和不同酶解方案下大豆肽（AF 组、PF 组和 BF 组）的细胞毒性。

2.2.8　不同酶解方案下大豆肽营养干预的保护作用

将 RAW264.7 细胞悬液接种于 24 孔板。置于 37℃、5%的 CO_2 培养箱中孵育 24h 后，对照组（Control）与 LPS 模型组（LPS）加入等量的不含血清的 DMEM 培养基，实验组加入 1mg/mL 的 AF 组、PF 组和 BF 组的大豆肽预防干预 2h。然后加入 10μg/mL LPS 溶液诱导 24h，对照组加入等量的不含血清的 DMEM 培养基。收集细胞和上清液进行后续测定。

2.2.9　炎症因子和趋化因子的测定

根据制造商的说明，使用商业试剂盒（杭州联科生物技术股份有限公司）测量 RAW264.7 细胞上清液中 IL-1β、IL-6、TNF-α 和单核细胞趋化蛋白-1（MCP-1）浓度。参照 ELISA 试剂盒说明书进行测定。

2.2.10 蛋白免疫印迹

经 LPS 暴露后的 RAW264.7 细胞，进行细胞前处理。蛋白在 10% SDS-PAGE 中分离并转移到 PVDF 膜上，QuickBlock^{TM} 封闭液在室温下封闭 20min，于 4℃与所选一抗孵育过夜。用 TBST 缓冲液冲洗 5 次，室温下与二抗孵育 1h。清洗膜后，用甘油醛-3-磷酸脱氢酶（GAPDH）对蛋白表达进行标准化，ECL 化学发光显示。用 Image-Pro Plus 软件分析蛋白条带的灰度值，根据相对灰度值公式计算目标蛋白的相对表达量。

2.3 研究结果

2.3.1 大豆蛋白在不同酶解工艺下的水解度分析

大豆分离蛋白是优质的蛋白，但其分子量大，不利于胃肠道功能弱的人体吸收。大豆肽具有分子量低和易吸收的优点，具有良好的抗炎效果。酶解是从大豆分离蛋白中释放大豆肽最常用的工艺。大量研究表明，双酶酶解效果优于单酶酶解，可以制备得到分子量更低的生物活性肽[8]。本研究采取双酶顺序酶解的工艺，对大豆分离蛋白进行酶解。先选用碱性蛋白酶、木瓜蛋白酶和菠萝蛋白酶三种内切酶（表 2-1），从大豆分离蛋白内部将肽键切断。后又选用具有外切酶特性的风味蛋白酶（表 2-1），从肽链末端进行切割，进一步降低大豆肽序列的长度。

水解度反映了蛋白质的酶解程度。AF 组水解度（64.86%）显著高于 PF 组水解度（51.88%），且显著高于 BF 组水解度（49.40%）（$P<0.05$）（表 2-2）。碱性蛋白酶、木瓜蛋白酶和菠萝蛋白酶三种内切酶具有不同的酶解能力，导致了不同酶解工艺下大豆分离蛋白的水解度差异。AF 组水解度最高，因为碱性蛋白酶的酶解能力优于木瓜蛋白酶和菠萝蛋白酶[9]。

表 2-2 不同酶解工艺下的大豆分离蛋白水解度

项目	AF 组	PF 组	BF 组
水解度/%	64.86±0.01^{a}	51.88±0.01^{b}	49.40±0.03^{c}

2.3.2 大豆分离蛋白在不同酶解工艺下的分子质量分布分析

分子质量是影响肽抗炎活性的重要因素。不同酶解工艺下，超过 88%的大豆肽分子质量均小于 1kDa（表 2-3）。AF 组分子质量小于等于 1kDa 的大豆肽为 97.13%，小于 500Da 的为 70.70%，含量均显著高于 PF 组、BF 组（$P<0.05$）。结果表明本实验中先使用内切酶后使用外切酶的三组顺序酶解工艺均具有高效的酶解效果。已有研究表明大豆分离蛋白水解物具有良好的抗炎效果，通常分子质量小于 1kDa 且在 500Da 左右的大豆肽具有强抗炎活性[10]。说明采用 AF 组、PF 组和 BF 组三种顺序酶解工艺，均可制备出具有潜在强抗炎活性的大豆肽。根据分子质量结果，推测 AF 组大豆肽具有最强的抗炎效果。本研究将三组酶解工艺下的大豆肽进行后续序列组成与抗炎活性的研究。

表 2-3 不同酶解工艺下的大豆肽分子质量分布

分子质量/Da	分子质量分布/%		
	AF 组	PF 组	BF 组
<500	70.70±0.42^{a}	55.71±0.13^{b}	47.96±0.11^{c}

续表

分子质量/Da	分子质量分布/%		
	AF 组	PF 组	BF 组
500～1000	26.43±0.35[c]	36.59±0.34[b]	40.80±0.24[a]
≤1000	97.13±0.14[a]	92.30±0.47[b]	88.75±0.13[c]
>1000	2.87±0.14[c]	7.70±0.47[b]	11.25±0.13[a]

2.3.3　大豆分离蛋白在不同酶解工艺下所得大豆肽的序列组成差异

采用不同酶解工艺获得的大豆肽除在分子量上有差异外，序列组成也不相同。本研究选取的三种内切酶除酶解效果具有差异外，在酶切位点上也具有差异（表 2-1）。通过选择三种具有不同酶切位点的内切酶，意图制备具有不同序列组成的大豆肽。先前研究表明疏水性氨基酸、碱性氨基酸等关键氨基酸对肽的抗炎活性具有贡献，但是以上氨基酸对于混合物大豆肽的抗炎贡献程度未知。本研究选择了可以特异性制备富含以上氨基酸的蛋白酶。碱性蛋白酶的酶切位点与疏水性氨基酸的生成相关。木瓜蛋白酶的酶切位点与碱性氨基酸的生成相关。与这两种酶相比，菠萝蛋白酶没有特异性酶切位点（表 2-1）。虽然以上三种内切酶具有一定的酶切特性，但不确定其与风味酶相结合对大豆分离蛋白进行顺序酶解是否会产生具有整体序列差异且具有特定氨基酸组成的大豆肽。为了探究不同酶解工艺下大豆肽的序列组成差异，以及序列组成差异对炎症预防效果的影响，对 1kDa 以下的三组大豆肽（AF 组、PF 组和 BF 组）进行了质谱测定。此外，对质谱数据进行了分类总结，包括总氨基酸组成，以及 C 末端、N 末端 P1 和 P1′位等氨基酸的统计（P1 位氨基酸代表肽键被切断后保留于肽段末端的氨基酸，P1′氨基酸代表与 P1 位氨基酸相连但被蛋白酶切掉的氨基酸）。对其中关键氨基酸的组成，如总疏水性氨基酸组成，总碱性氨基酸组成（图 2-2A），C 末端、N 末端 P1 和 P1′位关键氨基酸（图 2-2B）等数据转换为热图进行展示。

AF 组大豆肽总疏水性氨基酸含量为 59.26%，远高于 PF 组（52.33%）和 BF 组（53.58%）（图 2-2A）。同时，发现 AF 组 N 末端 P1′位疏水性氨基酸高达 40.56%，高于 PF 组（36.87%）和 BF 组（36.50%）（图 2-2B）。这与碱性蛋白酶可以特异性裂解疏水性氨基酸高度相关。结果表明采用碱性蛋白酶和风味蛋白酶的酶解工艺，可以特异性制备总体疏水性氨基酸含量高的大豆肽。PF 组大豆肽总碱性氨基酸含量为 7.37%，高于 AF 组（6.92%）和 BF 组（7.11%）（图 2-2A）。同时，发现 PF 组 N 末端 P1′位碱性氨基酸含量高达 14.53%，高于 AF 组（10.70%）和 BF 组（12.00%）（图 2-2B）。这与木瓜蛋白酶可以特异性裂解碱性氨基酸相关。结果表明：采用木瓜蛋白酶和风味蛋白酶顺序酶解的工艺，可以特异性制备总碱性氨基酸含量较高的大豆肽。疏水性氨基酸是组成大豆分离蛋白的主要氨基酸，碱性氨基酸被证明与抗炎活性高度相关，所以二者是我们的重点关注对象。BF 组总疏水性氨基酸、总碱性氨基酸以及 N 末端 P1′位疏水性氨基酸和碱性氨基酸含量介于 AF 组和 PF 组之间，这与菠萝蛋白酶的无特异性酶切位点相关。说明采用菠萝蛋白酶和风味蛋白酶顺序酶解的工艺，可以制备氨基酸组成特异性弱，但是总疏水性氨基酸和总碱性氨基酸较为均衡的大豆肽。

采用不同酶解工艺制备得到的三组大豆肽的序列组成不相同，序列组成与内切酶特性相关。风味蛋白酶因为具有外切酶特性，可以从肽段末端切断氨基酸，生成序列长度更短的小肽。但是风味蛋白酶不具有特异性酶切位点，会在顺序酶解过程中削弱具有特异性酶切位点的内切酶的酶切特性。然而，在总疏水性氨基酸和总碱性氨基酸组成等指标上，不同酶解工艺下

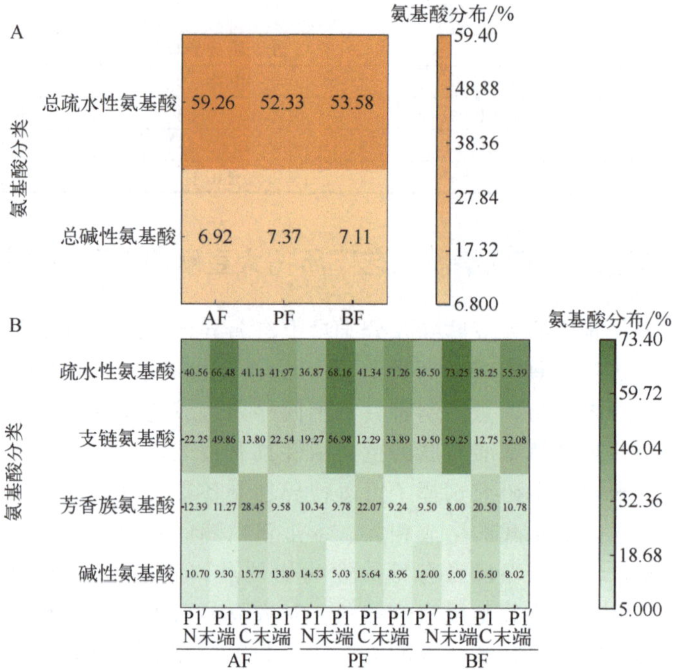

图 2-2　不同酶解工艺下大豆肽的氨基酸组成（A）和不同酶解工艺下肽段 C 末端和 N 末端 P1′、P1 位的氨基酸组成（B）

的大豆肽仍保留了与内切酶酶切位点相关的特性，制备得到了具有不同序列组成的大豆肽。结构与功能密切相关，本研究对不同序列组成的大豆肽抗炎预防效果进行了进一步探究。

2.3.4　大豆分离蛋白在不同酶解工艺下所得大豆肽的序列特征差异

为了明确 LPS 对 RAW264.7 细胞产生的毒性作用，采用 CCK-8 法检测不同浓度 LPS 暴露 24h 后的 RAW264.7 细胞活力（图 2-3A）。RAW264.7 细胞活力随着 LPS 暴露浓度的升高而降低。在浓度大于 10μg/mL 时，细胞活力小于 80%，显著低于空白组（$P<0.05$），说明 LPS 已经表现出了较强的毒性作用。选取 10μg/mL 的 LPS 作为诱导浓度进行后续实验。

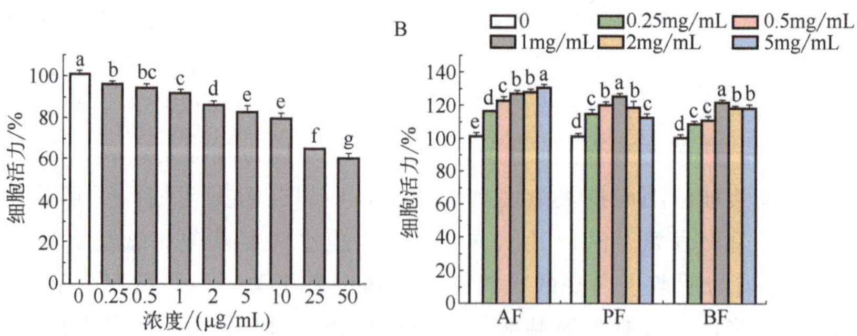

图 2-3　不同浓度 LPS 诱导后的 RAW264.7 细胞活力（A）和不同序列组成大豆肽暴露后的 RAW264.7 细胞活力（B）

为了排除不同酶解工艺下大豆肽对 RAW264.7 细胞的毒性，测定了不同浓度 AF 组、PF 组和 BF 组大豆肽对 RAW264.7 细胞活力的影响（图 2-3B）。相比于空白组，暴露在 0～5mg/mL 大豆肽中的 RAW264.7 细胞活力均显著上升（$P<0.05$），大豆肽对

RAW264.7 细胞无毒且能促进其生长。当大豆肽浓度为 1mg/mL 时，三组大豆肽中 RAW264.7 的细胞活力均在 120%左右。最终选取 1mg/mL 的大豆肽浓度进行后续炎症预防效果及机制探究。

2.3.5 不同酶解方案下大豆肽对 RAW264.7 细胞的炎症保护作用

2.3.5.1 不同酶解方案下大豆肽对 NO 生成和 iNOS 蛋白酶的抑制作用

LPS 诱导的 RAW264.7 细胞可使一氧化氮（NO）生成量增加，使诱导型一氧化氮合酶（iNOS）蛋白高表达，通常选用 NO 和 iNOS 作为炎症发生的标记。如图 2-4A～C 所示，与对照（Control）组相比，LPS 组的 NO 和 iNOS 蛋白水平显著升高（$P<0.05$）。与 LPS 组相比，三组大豆肽营养干预后的 NO 水平显著降低（$P<0.05$），三个实验组间无显著差异。与 LPS 组相比，三组大豆肽营养干预后的 iNOS 蛋白表达量降低，PF 组 iNOS 蛋白表达量最低。不同酶解工艺下的大豆肽营养干预均可减少炎症反应的发生。

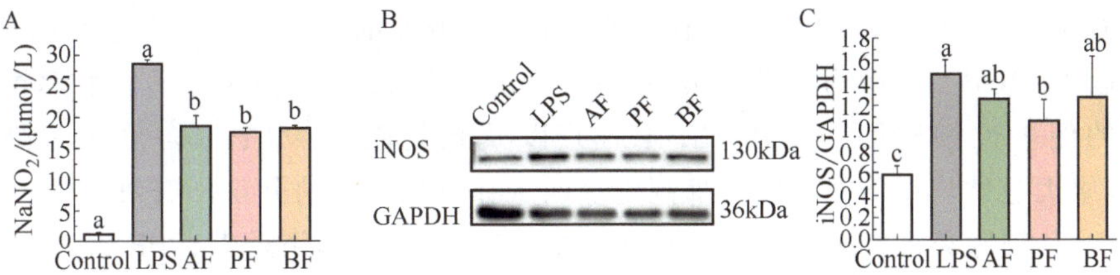

图 2-4　不同序列组成大豆肽对 RAW264.7 细胞炎症预防的影响

（A）NO 的生成量；（B）（C）iNOS 蛋白的表达量

2.3.5.2 不同酶解方案下大豆肽对 PI3K/Akt/NF-κB 通路的调节作用

PI3K/Akt/NF-κB 通路是细胞内参与炎症启动与反应的重要信号通路之一。如图 2-5A～G

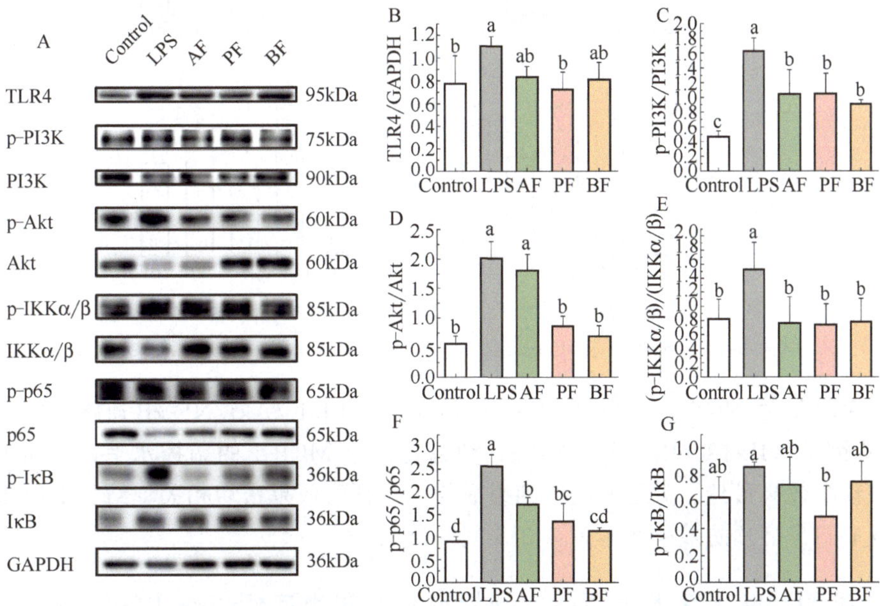

图 2-5　不同序列特征大豆肽对 RAW264.7 细胞炎症预防的影响：

（A）～（G）PI3K/Akt/NF-κB 通路蛋白的表达量

所示，与 Control 组相比，LPS 组的 TLR4 蛋白水平及 PI3K/Akt/NF-κB 通路中 PI3K、Akt、IKKα/β 和 p65 的磷酸化水平显著升高（$P<0.05$）。与 LPS 组相比，三组大豆肽营养干预均可降低 TLR4 蛋白水平，抑制 PI3K/Akt/NF-κB 通路活化，降低 p-PI3K、p-Akt、p-IKKα/β 和 p-p65 的水平（$P<0.05$）。结果表明不同酶解工艺下的大豆肽均通过抑制 TLR4 受体激活，降低 PI3K/Akt/NF-κB 通路中磷酸化蛋白的表达，减轻 LPS 诱导的 RAW264.7 细胞炎症。不同酶解工艺下大豆肽对 TLR4 受体和 PI3K/Akt/NF-κB 通路中蛋白的调控效果不同。PF 组对 TLR4 受体的抑制效果优于 AF 组和 BF 组，PF 组和 BF 组对 p-Akt 和 p-p65 的抑制效果显著好于 AF 两组（$P<0.05$）。PF 组在 p-IκB 磷酸化的抑制效果上优于其余两组。不同酶解工艺下大豆肽的调控效果差异与其序列组成密切相关，结合质谱结果在本章 2.3.6 讨论。

2.3.5.3 不同酶解方案下大豆肽对炎症因子及趋化因子的抑制作用

RAW264.7 细胞受到 LPS 诱导后会高表达促炎性细胞因子和趋化因子。如图 2-6A～D 所示，与 Control 组相比，LPS 组细胞上清液中的促炎性细胞因子（IL-1β、IL-6 和 TNF-α）以及趋化因子 MCP-1 含量均显著上升（$P<0.05$）。与 LPS 组相比，不同酶解组大豆肽营养干预后的促炎性细胞因子（IL-1β、IL-6）以及趋化因子 MCP-1 含量显著降低（$P<0.05$）。三组大豆肽均在不同程度上抑制炎症因子和趋化因子的分泌，有效干预了 LPS 诱导的 RAW264.7 细胞炎症。AF 组对趋化因子 MCP-1 的抑制作用最强，PF 组对 TNF-α 的抑制作用最强，BF 组对 IL-6 的抑制作用最强。

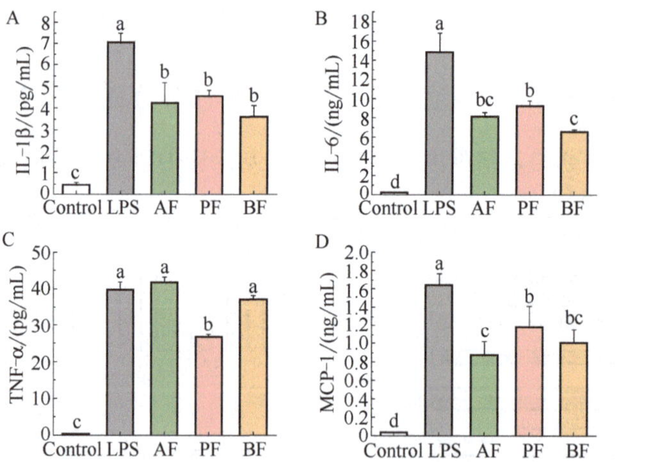

图 2-6 不同序列特征大豆肽对 RAW264.7 细胞炎症预防的影响：(A)～(D) 炎症因子 IL-1β、IL-6、TNF-α 和趋化因子 MCP-1 的表达量

综合大豆肽对 iNOS 蛋白和由 TLR4 受体介导的 PI3K/Akt/NF-κB 通路中的蛋白，以及 NO、炎症因子（IL-1β、IL-6 和 TNF-α）和趋化因子 MCP-1 的调控水平，表明 PF 组大豆肽的炎症预防效果最佳。大豆肽的序列组成与炎症预防效果密切相关，结合本章 2.3.3 大豆肽序列组成与炎症预防效果在本章 2.3.6 展开讨论。

2.3.6 不同酶解工艺下大豆肽序列特征差异对炎症预防作用的影响

本章 2.3.2 分子量分布分析结果显示，AF 组大豆肽分子量最低，具有最高的抗炎活性。但结合本章 2.3.5 介绍的炎症预防效果结果发现，AF 组的抗炎效果不如 PF 组和 BF 组。结果表明，分子量是影响大豆肽抗炎活性的因素，然而序列组成才是决定大豆肽抗炎活性的关键。本小节重点探讨了采用不同酶解工艺获得的具有特异性序列组成的大豆肽与抗炎活性的关系。

2.3.6.1　大豆肽序列中疏水性氨基酸的存在及位置对炎症预防作用的影响

质谱结果显示，三组大豆肽主要由疏水性氨基酸组成，疏水性氨基酸与抗炎活性的关系是我们关注的重点（图 2-2A）。研究表明，疏水性氨基酸含量高的生物活性肽具有更高的抗炎效果[11]。但 2.3.5 所述的结果显示，AF 组大豆肽的炎症预防效果不如 PF 组和 BF 组，这与疏水性氨基酸的存在位置相关。我们发现 PF 组和 BF 组的 N 末端疏水性氨基酸含量均超过 68.16%，BF 组 N 末端疏水性氨基酸含量高达 73.25%（图 2-2B）。AF 组总疏水性氨基酸含量高，但更倾向于存在于肽链中间。结果表明，大豆肽中总疏水性氨基酸的含量与抗炎活性非正相关，N 末端疏水性氨基酸的含量是决定大豆肽抗炎活性的关键因素。因为肽链末端氨基酸的暴露机会通常高于肽段中央氨基酸，末端氨基酸与目的蛋白的接触更多。先前的研究也表明，当 N 末端富含疏水性氨基酸时，有助于肽抗炎活性的发挥[12]。

2.3.6.2　大豆肽序列中支链氨基酸的存在及位置对炎症预防作用的影响

N 末端支链氨基酸和芳香族氨基酸的存在也对肽的抗炎作用具有贡献。支链氨基酸可以调节衰老过程中代谢和组织炎症的复杂反应[13]。芳香族氨基酸也被证明在抗炎等健康方面有益处[14]。AF 组 N 末端支链氨基酸含量为 49.86%，低于 PF 组（56.98%）和 BF 组（59.25%）（图 2-2B）。同时，AF 组 N 末端芳香族氨基酸含量为 11.27%，高于 PF 组（9.78%）和 BF 组（8.00%）（图 2-2B）。结果表明，大豆肽 N 末端存在较多支链氨基酸时的抗炎效果优于大量芳香族氨基酸存在时的抗炎效果。由本章 2.3.5.2 可知，p-Akt 蛋白为 PF 组和 BF 组大豆肽的特异性作用位点，这与两组大豆肽中 N 末端支链氨基酸的大量存在密切相关。已有研究发现当玉米寡肽中大量存在 Leu 和 Ile 时，可以显著下调 p-Akt 蛋白磷酸化缓解小鼠肝纤维化[6]。结果表明，N 末端支链氨基酸通过特异性减少 Akt 蛋白的磷酸化提升大豆肽抗炎效果。

2.3.6.3　大豆肽序列中碱性氨基酸的存在及位置对炎症预防作用的影响

除疏水性氨基酸之外，碱性氨基酸的含量及位置也是影响大豆肽抗炎活性的关键因素。与疏水性氨基酸性质相似，总碱性氨基酸含量不能决定肽的抗炎活性，碱性氨基酸在 C 末端的含量才是影响抗炎水平的关键。碱性氨基酸通过增强与细胞膜之间的静电相互作用增强肽的抗炎活性[15]。三组酶解工艺下大豆肽 C 末端的碱性氨基酸含量分别为 AF 组 15.77%，PF 组 15.64%和 BF 组 16.50%（图 2-2B）。我们发现无论是 N 末端疏水性氨基酸还是 C 末端碱性氨基酸，BF 组 C 末端、N 末端的关键氨基酸含量均高于 PF 组。但是本章 2.3.5 所述的抗炎活性表明，PF 组的抗炎效果更佳。PF 组大豆肽对于 iNOS 蛋白和由 TLR4 受体介导的 PI3K/Akt/NF-κB 通路中蛋白的调控效果更显著。进一步分析 PF 组的序列特征，我们发现在 PF 组 C 末端碱性氨基酸含量低于 BF 组的情况下，C 末端 PF 组 Arg 含量（7.54%）高于 BF 组 Arg 含量（6.25%）。结果表明，Arg 是碱性氨基酸中抗炎活性最强的氨基酸。C 末端高含量的 Arg 通过特异性调控 iNOS、TLR4 和 p-IκB 蛋白提升抗炎活性。Arg 作为半必需氨基酸可以与 iNOS 蛋白共同进入 Arg-NO 循环，从而抑制 iNOS 蛋白的表达[16]。Zhu 等人也证明富含 Arg 的沙棘肽逆转了 iNOS 蛋白的合成，缓解了 D-半乳糖诱导的小鼠衰老型记忆损伤[17]。此外，Arg 还通过与 TLR4 受体结合，抑制 TLR4 受体的激活，并特异性作用于由 TLR4 介导的 PI3K/Akt/NF-κB 通路中 p-IκB 的磷酸化，从而起到炎症预防效果[18]。我们还发现，PF 组的总芳香族氨基酸含量以及 C 末端、N 末端芳香族氨基酸含量均高于 BF 组（图 2-2B）。已有研究表明，芳香族氨基酸可以促进 His、Lys、Arg 和 Cys 的吸收与利用[19]。结果表明，芳香族氨基酸通过促进 Arg 等关键碱性氨基酸的吸收提高大豆肽的抗炎活性。除 Arg 外，我们发现 PF 组 C 末端 Gly 和 Gln 的含量高于 BF 组。先前的研究也表明二者可以特异性调控 TLR4/MAPK/NF-κB 通路，减缓由 LPS 诱导的小鼠急性肺损伤引起的炎症[20]。结合 2.3.5 所述 PF 组抗炎活性优于 BF 组，我们认为大豆肽 C 末端 Gly 和 Gln 的存在也对炎症预防作用具有贡献。

2.4 研究结论

本章研究证实了不同序列组成大豆肽具有抗炎效果差异，明确了最佳酶解方案及大豆肽的序列特征，潜在抗炎机制如图 2-7 所示。本章以大豆分离蛋白为原料，结合内切酶和外切酶的酶切特性进行顺序酶解。三组大豆肽（AF 组、PF 组和 BF 组）均可降低 LPS 诱导的 RAW264.7 细胞炎症水平。使用木瓜蛋白酶+风味蛋白酶（PF 组）的顺序酶解工艺可以制备具有最高抗炎活性的大豆肽。分子量是影响大豆肽抗炎活性的因素，但序列组成才是决定其抗炎活性的关键。我们确定了 PF 组大豆肽的序列组成，明确了末端氨基酸性质与抗炎作用密切相关。N 末端支链氨基酸可以特异性调控 p-Akt 蛋白。C 末端 Arg 的大量存在可以特异性抑制 iNOS、TLR4 和 p-IκB 蛋白。本章研究以单肽中的抗炎构效关系为理论依据，将其应用于混合物大豆肽的制备。研究通过质谱测定及分析证实了混合物大豆肽的序列组成与内切酶的酶切位点相关，证实了制备特异性序列组成大豆肽的可能性。研究为特异性制备抗炎大豆肽提供了实验基础。使大豆肽的制备从过去获得以分子量低为制备目标的营养补充剂向以特异性序列组成为制备目标的功能性食品转化。

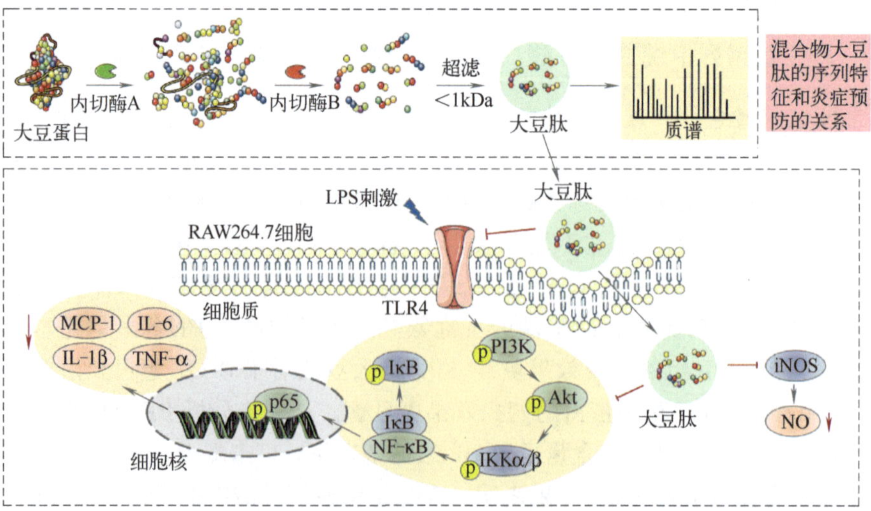

图 2-7　不同序列组成大豆肽对 RAW264.7 细胞炎症预防的作用机制图

参考文献

[1] Velnar T, Bailey T, Smrkoli V. The wound healing process: an overview of the cellular and molecular mechanisms [J]. Journal of International Medical Research, 2009, 37 (5): 1528-1542.

[2] Li W H, Fu X H, Zhang T Y, et al. Isolation and identification of an α-glucosidase inhibitory peptide from extruded soybean protein and its hypoglycemic activity in T2DM mice [J]. Food & Function, 2023, 14 (9): 4288-4301.

[3] Li W, Xi Y, Wang J, et al. Food-derived protein hydrolysates and peptides: anxiolytic and antidepressant activities, characteristics, and mechanisms [J]. Food Science and Human Wellness, 2024, 13 (3): 1168-1185.

[4] He R, Liu M T, Zou Z P, et al. Anti-inflammatory activity of peptides derived from millet bran in vitro and in vivo [J]. Food & Function, 2022, 13 (4): 1881-1889.

[5] Wen L, Chen Y H, Zhang L, et al. Rice protein hydrolysates (RPHs) inhibit the LPS-stimulated inflammatory response and phagocytosis in RAW264. 7 macrophages by regulating the NF-κB signaling pathway [J]. Rsc Advances, 2016, 6 (75): 71295-71304.

[6] Feng X W, Cheng Q L, Fang L, et al. Corn oligopeptides inhibit Akt/NF-κB signaling pathway and inflammatory factors to ameliorate CCl-induced hepatic fibrosis in mice [J]. Journal of Food Biochemistry, 2022, 46 (8): 14162.

[7] Wen L R, Bi H M, Zhou X S, et al. Structure characterization of soybean peptides and their protective activity against intestinal inflammation [J]. Food Chemistry, 2022, 387: 132868.

[8] Li Y, Yu J M, Goktepe I, et al. The potential of papain and alcalase enzymes and process optimizations to reduce allergenic gliadins in wheat flour [J]. Food Chemistry, 2016, 196: 1338-1345.

[9] López-Pedrouso M, Borrajo P, Pateiro M, et al. Antioxidant activity and peptidomic analysis of porcine liver hydrolysates using alcalase, bromelain, flavourzyme and papain enzymes[J]. Food Research International, 2020, 137: 109389.

[10] Liu W L, Chen X W, Li H, et al. Anti-inflammatory function of plant-derived bioactive peptides: a review[J]. Foods, 2022, 11(15): 2361.

[11] Kemp D C, Kwon J Y. Fish and shellfish-derived anti-inflammatory protein products: properties and mechanisms [J]. Molecules, 2021, 26(11): 3225.

[12] Jiang H F, Chen W J, Wang J, et al. Selective N-terminal modification of peptides and proteins: recent progresses and applications[J]. Chinese Chemical Letters, 2022, 33(1): 80-88.

[13] Mu W C, VanHoosier E, Elks C M, et al. Long-term effects of dietary protein and branched-chain amino acids on metabolism and inflammation in mice[J]. Nutrients, 2018, 10(7): 918.

[14] Hayes M. Bioactive peptides in preventative healthcare: an overview of bioactivities and suggested methods to assess potential applications[J]. Current Pharmaceutical Design, 2021, 27(11): 1332-1341.

[15] Chen X H, Sun L L, Li D L, et al. Green tea peptides ameliorate diabetic nephropathy by inhibiting the TGF-β/Smad signaling pathway in mice[J]. Food & Function, 2022, 13(6): 3258-3270.

[16] Li J Y, Guo Y C, Zhou H F, et al. Arginine metabolism regulates the pathogenesis of inflammatory bowel disease [J]. Nutrition Reviews, 2023, 81(5): 578-586.

[17] Zhu X P, Cai L, Liu J Q, et al. Effect of seed protein and its arginine-enriched peptides on combating memory impairment in mice[J]. International Journal of Biological Macromolecules, 2023, 232: 123409.

[18] Xu J R, Zhu C J, Zhang M Y, et al. Arginine reverses growth hormone resistance through the inhibition of toll-like receptor 4-mediated inflammatory pathway[J]. Metabolism-Clinical and Experimental, 2018, 79: 10-23.

[19] Duanmu Q, Tan B, Wang J, et al. The amino acids sensing and utilization in response to dietary aromatic amino acid supplementation in LPS-induced inflammation piglet model[J]. Frontiers in Nutrition, 2022, 8: 819835.

[20] Huang J, Liu J, Chang G J, et al. Glutamine supplementation attenuates the inflammation caused by LPS-induced acute lung injury in mice by regulating the TLR4/MAPK signaling pathway[J]. Inflammation, 2021, 44 (6): 2180-2192.

第3章

大豆肽对慢性焦虑的调控及作用机制

3.1 引言

3.1.1 抗焦虑对人体健康的重要性

焦虑症是指过度的恐惧和焦虑，或对持续存在且有害的感知威胁的回避[1]。如今，焦虑症已演化为一种严重危害人体心理和身体健康的全球性疾病。世界心理健康调查显示，大约 1/4 的人可能患有或曾经患有焦虑症，终生患病率约为 14%，年患病率高达 31%[2]。因其患病率高、病程长和共病多等特点，世界卫生组织已将焦虑症列为引发健康问题的第九大因素[1]。焦虑症的形势日益严峻，但大部分患者仍未能得到及时的发现和治疗。若忽视治疗，焦虑症将逐渐发展为一种严重的慢性疾病，患者主要表现为烦躁易怒、易受惊吓、失眠多梦、头晕头痛、胃部不适、心血管疾病等症状，严重干扰正常生活并导致生活质量大幅度下降[3,4]。目前，药物治疗和心理治疗是缓解焦虑症的主要手段，但是常伴随副作用频发、治疗效果不佳和患者抗拒治疗等问题[5]。相比之下，营养干预更易被患者接受，且有助于配合心理治疗，同时规避了药物副作用，是一种更为安全健康的预防和辅助治疗焦虑症的方式。

3.1.2 抗焦虑肽的研究现状

作为一种预防和治疗焦虑症的新兴手段，食源性抗焦虑肽正逐渐受到关注。与传统药物治疗相比，利用食源性抗焦虑肽进行营养干预，更加安全健康，无明显副作用，因此在临床上具有广阔的应用前景。目前，食源性抗焦虑蛋白水解物和肽主要来源于牛奶、鱼、鸡蛋、猪皮、菠菜和大豆等。抗焦虑机制研究主要集中在神经递质系统、神经营养功能、神经元和神经、下丘脑-垂体-肾上腺（HPA）轴四个方面（图 3-1）。

食源性抗焦虑肽通常分子量低，因含有 Trp 和 Tyr 而能够在 280nm 波长下表现出紫外线吸收特性，多呈现疏水性且结构稳定，有助于其在体内发挥抗焦虑活性时保持结构的完整性。另外，抗焦虑肽中包含 Leu、Tyr、Pro 和 Trp 等关键氨基酸，并且 N 端含有芳香族氨基酸、亮氨酸或具有 Y ＊＊Y 模式的序列。关于大豆肽的抗焦虑活性，目前有两项研究有所涉及。大豆吗啡-5（YPFVV）、-6（YPFVVN）和-7（YPFVNA）来源于大豆 β-球蛋白的 β 亚基，在给 ddY 小鼠口服后表现出抗焦虑作用[6]。大豆十一肽 βCGα 323-333

(FLSSTEAQQSY)，源自大豆 β-球蛋白的 α 亚基，给 ddY 小鼠口服后显示出抗焦虑作用[7]。然而，关于大豆肽作为膳食补充剂，通过营养干预发挥抗焦虑作用的研究仍较为匮乏，同时作用机制的研究不深入，尤其缺乏对肠脑轴作用的探讨。

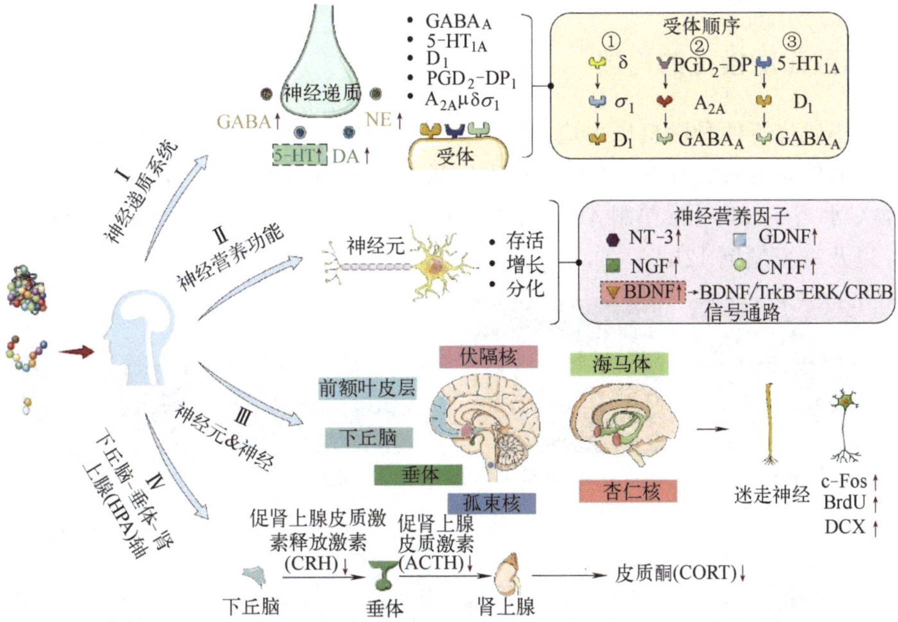

图 3-1　食源性抗焦虑蛋白水解物和肽的作用机制

3.1.3　本章研究内容与意义

本章研究采用慢性不可预测轻度应激（CUMS）构建焦虑症小鼠模型，系统评估了大豆肽营养干预对小鼠的焦虑样行为（高架十字迷宫和旷场测试）、神经元状态（神经元活性和神经递质水平）、神经炎症（小胶质细胞活性、验证因子水平）和神经营养功能［神经营养因子（BDNF）水平和 BDNF-TrkB-CREB 通路］的影响。通过非靶代谢组学技术检测小鼠血清中的代谢物，并进行生物学分析筛选关键差异代谢物。同时，检测 HPA 轴中的激素水平，通过 RT-qPCR 检测皮质酮（CORT）合成和分泌通路的基因表达情况。并利用 16S rDNA 测序技术分析肠道菌群组成，结合 LC-MS 技术检测短链脂肪酸（SCFAs）水平，从而明确大豆肽营养干预作用的关键菌群和 SCFAs。最后，通过相关性分析，揭示大豆肽营养干预发挥抗焦虑作用的机制，从新的视角为大豆肽在预防焦虑症方面的应用提供了科学依据，同时也为开发具有抗焦虑功能的食品提供了重要的理论参考。

本实验方案符合动物福利和伦理要求，得到北京华远时代科技有限公司动物实验伦理审查委员会批准（HYSD2021-12）。

3.2　研究方法

3.2.1　小鼠饲料的制备

基于 AIN-93M 标准的饲料配方，并针对蛋白质成分进行调整以制备大豆肽和大豆蛋白饲料。分别将饲料中的 140g 酪蛋白等氮替换为 148g 大豆肽和 139g 大豆蛋白，其余成分保持不变（胱氨酸 1.8g、玉米淀粉 496g、麦芽糖糊精 125g、蔗糖 100g、纤维素 50g、大豆油 40g、矿物质混合物 35g、维生素混合物 10g、酒石酸氢胆碱 2.5g、抗氧化剂 8g），3 种饲料的总能量均为 16116kJ。

3.2.2 小鼠焦虑模型的构建

每天对小鼠进行两种随机压力应激处理，并随机于 9：00、14：00 和 21：00 中的 2 个时间点进行，造模总时长为 52d。不同的压力应激方法如图 3-2 所示，共有 8 种，包括约束压力 2h、30℃水浴 30min、湿垫料 4h、无垫料 4h、45°笼子倾斜 4h、4℃冷水游泳 1min、断食断水 12h 以及昼夜颠倒 12h。

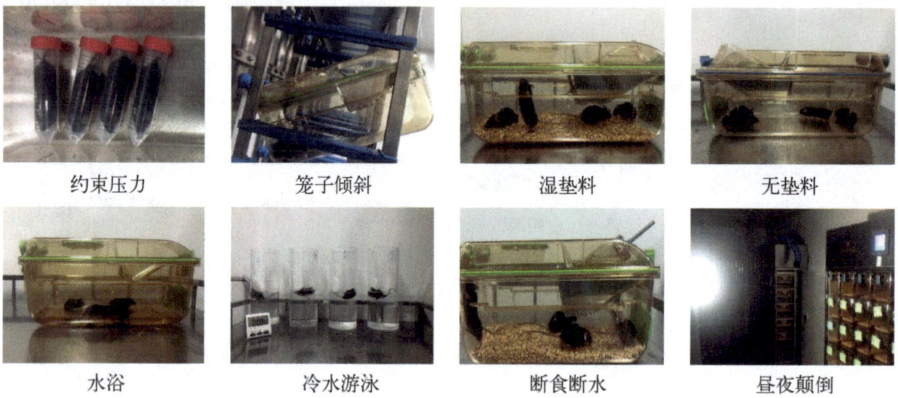

图 3-2 不同轻度应激压力的造模图

3.2.3 小鼠的分组及处理

雄性 SPF 级 C57BL/6J 小鼠（6～7 周龄），体重（22.1±0.7)g，购自北京维通利华实验动物技术有限公司（中国，北京）。以每笼四只饲养小鼠，饲养温度（25±2)℃，相对湿度 60%，并采用 12h 光/暗周期循环，所有小鼠均可自由进食和饮水。动物实验在北京华远时代科技有限公司进行，遵循原中华人民共和国卫生部《动物管理办法》（中华人民共和国卫生部 2001 年第 55 号文件），实验方案经北京华远时代科技有限公司动物研究伦理委员会批准（中国北京，HYSD2021-12）。

动物实验时间表如图 3-3 所示。适应性饲养一周后，将小鼠随机分为空白组（Control）、模型组（CUMS）、大豆肽组（SPep）和大豆蛋白组（SPro），每组 16 只。除空白组

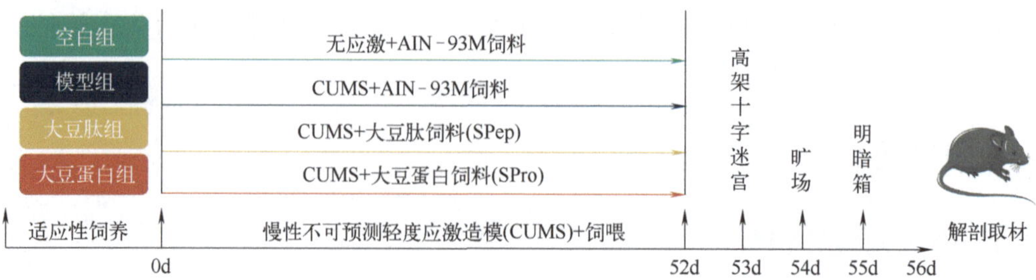

图 3-3 动物实验时间表

外，其他组小鼠均进行 CUMS 造模，空白组和模型组小鼠饲喂 AIN-93M 标准饲料，大豆蛋白组小鼠饲喂大豆蛋白饲料，大豆肽组小鼠饲喂大豆肽饲料。焦虑建模和饲喂的时间为 52d，其间每周记录小鼠的体重和摄食量。最后于 56d 解剖小鼠，收集血清、全脑、下丘脑、垂体、肾上腺和盲肠内容物。

3.2.4　神经行为学实验

3.2.4.1　高架十字迷宫实验

高架十字迷宫由两个开臂（30cm×8cm）和两个闭臂（30cm×7cm）组成，侧壁高 24cm，与中央方形平台（7cm×7cm）相连，装置高 50cm。将小鼠单独放置在高架十字迷宫的方形平台上，面向闭臂并允许其探索 5min。装置上方固定一台数码相机，用于记录小鼠的活动轨迹。

3.2.4.2　旷场实验

旷场是一个正方形的立体装置（50cm×50cm×40cm），分为外围区域和中心区域（25cm×25cm）。将每只小鼠单独放置在旷场中心，允许其探索 15min。装置上方固定一台数码相机，用于记录小鼠的活动轨迹。

3.2.5　免疫组织化学

使用戊巴比妥钠对小鼠进行麻醉，并用生理盐水对小鼠进行心脏灌注，然后用 4%多聚甲醛溶液（pH=7.4）进行固定。灌注完成后，立即摘取完整脑组织并保存在相同的固定液中。使用乙醇和脱蜡剂对脑组织逐级脱水，浸入石蜡。随后进行组织包埋，将蜡块于−20℃中放置 1h，制备厚度为 4μm 的脑组织切片并保存于 4℃。使用乙醇和脱蜡剂进行逐级脱蜡后，将枸橼酸缓冲液加热后放入切片，使用 0.01mol/L 磷酸盐缓冲液（PBS）清洗并在 3% H_2O_2 中处理 10min。经 PBS 清洗后，切片在 5%牛血清白蛋白溶液中封闭 30min。随后将切片分别与兔单克隆抗体 c-Fos 和 Iba-1（稀释比例 1∶1000）混合后在 4℃下孵育过夜。经 PBS 清洗后，与山羊抗兔 IgG（H+L）HRP 二抗（1∶200）混合并于室温下孵育 1h。经 PBS 清洗后，使用 3′-二氨基联苯胺进行显色，再用苏木素复染 3min。染色完成后于倒置显微镜下观察切片，并计算 c-Fos 和 Iba-1 阳性细胞的数量。

3.2.6　小鼠脑组织中神经递质水平的测定

从小鼠脑组织中提取代谢物，称取 30mg 小鼠脑组织样本分别加入 50μL 超纯水和 200μL 甲醇-乙腈溶液（1∶1，体积比）进行匀浆，沉淀蛋白并离心取上清液。配制 23 种神经递质标准品溶液和样品溶液，采用 Agilent 1290 Infinity UPLC（Agilent，Santa Clara，CA，USA）和 5500 QTRAP 质谱仪（AB SCIEX，Foster City，CA）在正离子模式下进行 LC-MS 分析。色谱柱 ACQUITY UPLC BEH Amide（100mm×2.1mm，1.7μm），流动相由含 0.1%甲酸和 25mmol/L 甲酸铵的水溶液（A）和 0.1%甲酸乙腈（B）组成。梯度洗脱程序：0～18min，90%～40%B；18～18.1min，40%～90%B；18.1～23min，90%B。流速 0.3mL/min，柱温 45℃，进样量 2μL。主要质谱参数：源温度 450℃，离子源气体 60psi

(1psi=6894.757Pa)，帘气 30psi，离子喷雾电压 5000V，MRM 模式检测待测离子对。采用 Multiquant 软件提取色谱峰面积及保留时间。

3.2.7 生化指标的测定

使用酶联免疫吸附法（ELISA）测定小鼠脑组织中白细胞介素-4（IL-4）、白细胞介素-6（IL-6）、白细胞介素-10（IL-10）、白细胞介素-1β（IL-1β）、肿瘤坏死因子-α（TNF-α）、干扰素-γ（IFN-γ）和 BDNF 的水平和小鼠血清中 CRH、ACTH 和 CORT 的水平，实验操作严格遵循试剂盒说明书。

3.2.8 蛋白质印迹分析

使用 RIPA 裂解缓冲液提取脑组织中的总蛋白，离心后使用二喹啉甲酸（BCA）试剂盒测定不同组样品的蛋白浓度并进行统一，经十二烷基硫酸钠聚丙烯酰胺凝胶电泳（SDS-PAGE）分离并转移至聚偏二氟乙烯（PVDF）膜。室温下使用 5%脱脂奶溶液对 PVDF 膜进行 1h 的封闭处理，将 PVDF 膜与稀释比为 1∶1000 的特异性一抗［BDNF、CREB、TrkB、phospho-CREB（Ser133）、phospho-TrkB（Tyr817）、α-Tubulin 和 GAPDH］在 4℃下孵育过夜。孵育完成后，使用三羟甲基氨基甲烷缓冲盐溶液（TBST）洗涤 PVDF 膜，并用稀释比为 1∶1000 的 HRP-二抗在室温下孵育 1h。TBST 清洗后，使用 BeyoECL Moon 增强化学发光试剂盒进行显色，使用凝胶成像分析系统对蛋白质条带进行显影，并使用 Image J 软件进行量化分析。

3.2.9 小鼠血清代谢物的非靶代谢组学分析

取适量小鼠血清，加入 400μL 甲醇溶液混匀，离心取上清并浓缩干燥，干燥后的样品加入 150μL 2-氯-L-苯丙氨酸溶液（溶于 80%甲醇溶液）复溶。采用 Thermo Vanquish 超高效液相色谱仪和 Q Exactive 质谱仪进行 LC-MS/MS 分析。色谱柱 ACQUITY UPLC® HSS T3（150mm×2.1mm，1.8μm）（Waters，Milford，MA，USA），流速 0.25mL/min，柱温 40℃，进样量 2μL。正离子模式下，流动相为 0.1%甲酸水（A1）和 0.1%甲酸乙腈（B1），梯度洗脱程序：0～1min，2%B1；1～9min，2%～50%B1；9～12min，50%～98% B1；12～13.5min，98%B1；13.5～14min，98%～2%B1；14～20min，2%B1。负离子模式下，流动相为 5mmol/L 甲酸铵水（A2）和乙腈（B2），梯度洗脱程序：0～1min，2% B2；1～9min，2%～50%B2；9～12min，50%～98%B2；12～13.5min，98%B2；13.5～14min，98%～2%B2；14～17min，2%B2。主要质谱参数：正负离子模式下喷射电压分别为 3.50kV 和−2.50kV，鞘气 30arb，辅助气 10arb，毛细管温度 325℃，质谱扫描范围 100～1000m/z。采用 HCD 进行二级裂解，二级分辨率 17500，碰撞能量 30eV，采集信号前 10 的离子进行碎裂，同时采用动态排除去除无关的 MS/MS 信息。

采用 Human Metabolome Database、Massbank、LipidMaps 和 mzCloud 等数据库进行物质鉴定，随后对数据进行主成分分析（PCA）、偏最小二乘法判别分析（PLS-DA）和正交偏最小二乘法判别分析（OPLS-DA），同时采用置换检验法进行模型过拟合检验。差异代谢物筛选条件：$P<0.05$ 且变量重要性投影（VIP）>1。通路分析采用 MetaboAnalyst 软件包和京都基因与基因组百科全书（KEGG）数据库。

3.2.10　实时荧光定量聚合酶链式反应（RT-qPCR）

使用 TransZol Up Plus RNA 试剂盒提取小鼠下丘脑、垂体和肾上腺中的总 RNA。采用琼脂糖凝胶电泳法评估 RNA 的纯度，同时使用分光光度计测定 RNA 浓度和 A_{260}/A_{280} 比值。遵循 TransScript® Uni All-in-One First-Strand cDNA Synthesis SuperMix for qPCR 试剂盒说明，使用温度梯度 PCR 仪进行反转录。遵循 PerfectStart® Green qPCR SuperMix 试剂盒说明，使用实时荧光定量 PCR 仪进行定量，计算样本的基因表达量 $2^{-\Delta\Delta Ct}$，*Actb* 作为内参基因。所有引物序列如表 3-1 所示。

表 3-1　基因引物序列

基因	F 引物序列	R 引物序列
Actb	5′-CTACCTCATGAAGATCCTGACC-3′	5′-CACAGCTTCTCTTTGATGTCAC-3′
NR3C1	5′-ACTCCAAAGAATCCTTAGCTCC-3′	5′-TATACAAGTCCATCACGCTTCC-3′
NR3C2	5′-GAAACCAAAGGCTACCACAGTCTCC-3′	5′-GTCCAAGAGAAGAACGCTCCAAGG-3′
CRHR1	5′-CATCATCCACTGGAACCTCATC-3′	5′-ATCCAGAAGAAGTTGGTTACGT-3′
FKBP5	5′-GCTCCTTGATTTCAAAGGTGAG-3′	5′-CTTCGTTTGGGTTTGAGTATCC-3′
MC2R	5′-CAGCAGATGACATCATTGACTG-3′	5′-GCATGGAAGATGGTGATGTAAC-3′
StAR	5′-AACGGGGACGAAGTGCTAAG-3′	5′-GTCTACCACCACCTCCAAGC-3′
CYP17A1	5′-GAGGTGAAGAGGAAGATCCAAA-3′	5′-ATACGAAGCACTTCTCGGATAG-3′
HSD3B2	5′-GGTTTTTGGGGCAGAGGATCA-3′	5′-GGTACTGGGTGTCAAGAATGTCT-3′
TH	5′-GTTTCAGTGCACACAGTACATC-3′	5′-CACCGTGGAGAGTTTTTCAATT-3′

3.2.11　小鼠盲肠内容物中肠道微生物分析

使用 16S rDNA 基因测序法测定小鼠盲肠内容物中的肠道菌群。Omega Mag-bind Soil DNA Kit 提取微生物组总 DNA，随后使用引物 338F（5′-ACTCCTACGGGAGGCAGCA-3′）和 806R（5′-GGACTACHVGGGTWTCTAAT-3′）扩增细菌 16S rDNA 基因的 V3-V4 可变区。将扩增产物进行磁珠纯化回收和荧光定量，使用 TruSeq® Nano DNA LT Library Prep Kit 制备测序文库，最终在 Illumina NovaSeq 6000 平台上进行高通量测序。使用 DADA2 法对序列进行去引物、质量过滤、去噪、拼接和去嵌合体等，生成去重序列（ASVs）。使用 QIIME2（2019.4）软件和 Greengenes 数据库进行物种分类学注释，随后进行 ASV 表抽平，进一步分析肠道微生物组成、α 多样性和 β 多样性。物种差异主要采用线性判别分析效应量（LEfSe）分析。

3.2.12　小鼠盲肠内容物中短链脂肪酸的测定

分别配制 10mg/mL 的标准品溶液，取适量 4-甲基戊酸（内标）与工作标准溶液混合，内标最终浓度为 25μg/mL。取适量样本加入 50μL 15%磷酸，再加入 125μg/mL 内标溶液 100μL 和 400μL 乙醚，混匀后于 4℃、12000r/min 离心 10min，取上清液进行 GC-MS 分析。采用 Thermo Trace 1300 气相色谱系统和 ISQ 7000 质谱仪进行分析，色谱柱 Agilent HP-INNOWAX 毛细管柱（30m×0.25mm ID×0.25μm）。分流进样，进样量 1μL，分流比 10∶1。进样口温度 250℃，离子源温度 300℃，传输线温度 250℃。起始温度 90℃，以 10℃/min 升温至 120℃，再以 5℃/min 升温至 150℃，最后以 25℃/min 升温至 250℃维持

2min。载气为氦气，载气流速 1.0mL/min。质谱检测采用电子轰击电离源，SIM 扫描方式，电子能量 70eV。

3.3 研究结果

3.3.1 大豆肽营养干预对小鼠焦虑样行为的影响

3.3.1.1 高架十字迷宫测试

由图 3-4A 和 B 可知，CUMS 可使小鼠在开臂中的时间和进入开臂的次数占比显著降低，分别为空白组的 48.3%和 66.2%（$P<0.05$），表明 CUMS 组小鼠产生了焦虑样行为。经大豆肽和大豆蛋白营养干预后，大豆肽组小鼠在开臂中的时间占比（21.0%±2.8%）和进入开臂的次数占比（41.2%±4.1%）均显著增加，分别为 CUMS 组的 2.0 倍和 1.4 倍（$P<0.05$）。而大豆蛋白可显著增加小鼠进入开臂的次数占比（39.7%±8.0%），为 CUMS 组的 1.4 倍（$P<0.05$）。图 3-4C 为小鼠在高架十字迷宫中的运动轨迹，可以更直观地观察到大豆肽组小鼠在开臂中的运动轨迹显著增多。研究结果表明，大豆肽和大豆蛋白营养干预可有效缓解小鼠在高架十字迷宫中的焦虑样行为，其中大豆肽效果更显著。

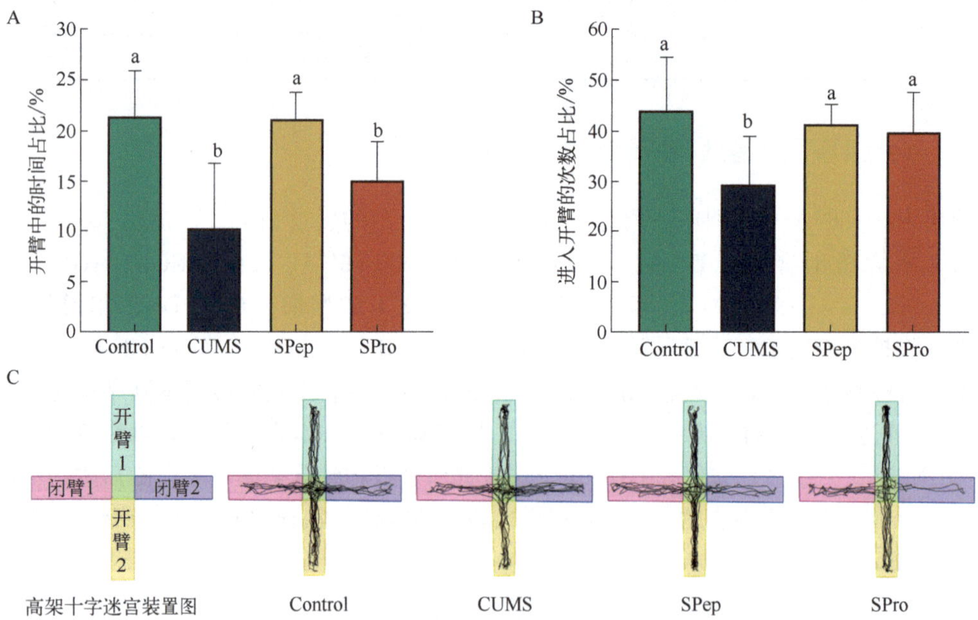

图 3-4 大豆肽营养干预对小鼠在高架十字迷宫中行为的影响

（A）在开臂中的时间占比；（B）进入开臂的次数占比；（C）运动轨迹

3.3.1.2 旷场测试

由图 3-5A 和 B 可知，与空白组相比，CUMS 组小鼠在中心区域的时间占比和进入中心区域的次数占比显著减少，分别下降了 31.1%和 30.9%（$P<0.05$），结果表明 CUMS 可导致小鼠产生焦虑样行为。与 CUMS 组相比，大豆肽组小鼠进入中心区域的时间和次数也分别提高了 58.4%和 47.5%（$P<0.05$），而大豆蛋白组小鼠的表现无显著差异（$P>$

0.05)。图 3-5C 为小鼠在旷场中的运动轨迹，可以更直观地观察到大豆肽组小鼠在中心区域的运动轨迹显著增多。研究结果表明，大豆肽营养干预可有效缓解小鼠在旷场中的焦虑样行为。

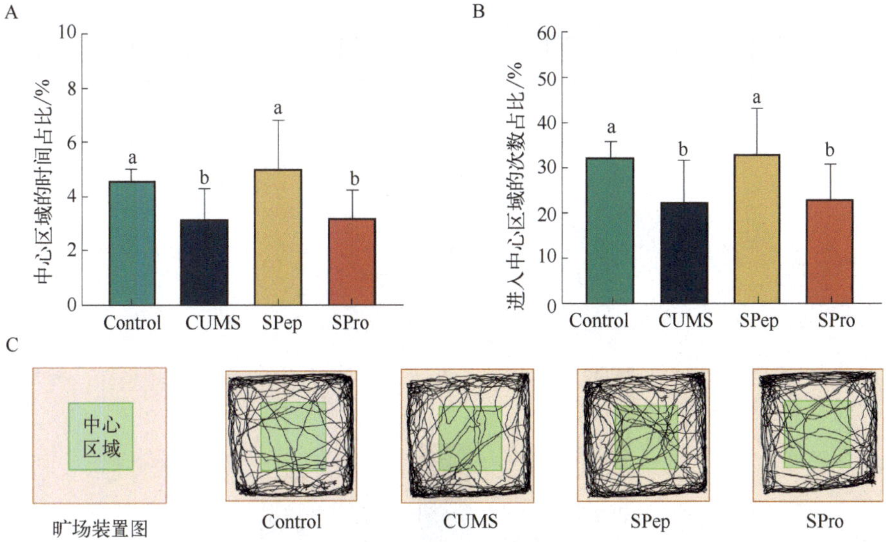

图 3-5　大豆肽营养干预对小鼠在旷场中行为的影响

(A) 在中心区域的时间占比；(B) 进入中心区域的次数占比；(C) 运动轨迹

3.3.2　大豆肽营养干预对小鼠海马体神经元兴奋性的影响

研究表明焦虑与海马体神经元兴奋性的增加有关[8]。为了评估大豆肽对小鼠大脑神经元兴奋性的影响，对神经元激活指标 c-Fos 的表达进行了测量。图 3-6 展示了大豆肽营养干预对小鼠海马体 c-Fos 阳性细胞的影响，c-Fos 阳性细胞呈红褐色（图 3-6A 黑色箭头所指）。与空白组相比，CUMS 组小鼠海马体中 c-Fos 阳性细胞有所增多，大豆肽营养干预则有所减少。进一步对所有切片中的 c-Fos 阳性细胞进行量化（图 3-6B），结果发现 CUMS 组小鼠海马中 c-Fos 阳性细胞数量显著增加（$P<0.05$），为空白组的 2.2 倍，表明 CUMS 可激活小鼠海马体中的神经元，增强神经元兴奋性。与 CUMS 组相比，大豆肽营养干预可显著减少 c-Fos 阳性细胞的数量，减少了 47.2%（$P<0.05$），而大豆蛋白则无明显影响，减少了 20.3%（$P>0.05$）。结果表明，大豆肽营养干预可以调节小鼠大脑神经元的兴奋性，从而缓解焦虑样行为。

3.3.3　大豆肽营养干预对小鼠脑组织中神经递质水平的影响

神经递质在焦虑症中起着至关重要的作用，为了研究大豆肽对焦虑样小鼠神经递质的影响，对小鼠脑组织中 23 种神经递质水平进行测量，结果如表 3-2 所示。与空白组相比，CUMS 组小鼠脑组织中 13 种神经递质的水平显著下调（$P<0.05$），使小鼠产生焦虑样行为。与 CUMS 组相比，大豆肽组小鼠脑组织中谷氨酸和谷氨酰胺水平显著升高，分别提高了 39.6%和 17.6%（$P<0.05$），大豆蛋白组小鼠脑组织中谷氨酸和谷氨酰胺水平也显著升高，分别提高了 25.5%和 18.6%（$P<0.05$）。谷氨酸作为哺乳动物中枢神经系统的主要兴奋性神经递质，对认知、运动、感觉和自主神经功能起调控作用。谷氨酰胺是谷氨酸的前

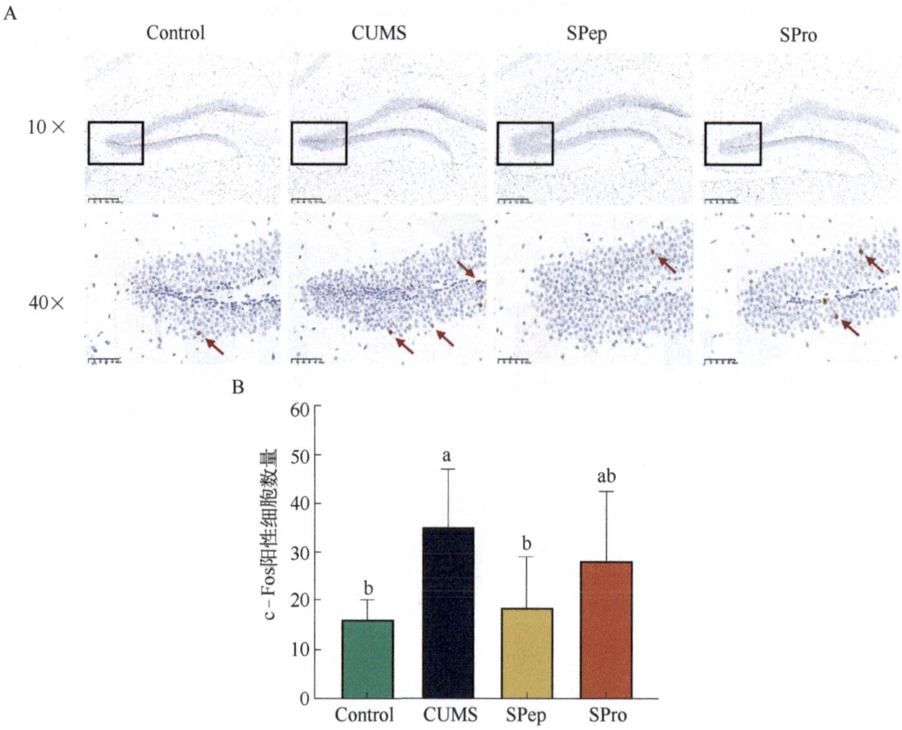

图 3-6　大豆肽营养干预对小鼠 c-Fos 阳性细胞表达的影响

（A）免疫组化染色的代表性图像；（B）c-Fos 阳性细胞数量

体，在星形胶质细胞中，谷氨酸转化为谷氨酰胺，然后迅速被神经元吸收并转化为谷氨酸，形成“谷氨酸-谷氨酰胺循环”，从而传递兴奋信息[9]。结果表明，大豆肽和大豆蛋白营养干预可显著提升谷氨酸和谷氨酰胺的水平，从而缓解焦虑。

表 3-2　大豆肽营养干预对小鼠脑组织中神经递质水平的影响

神经递质	单位	含量			
		Control	CUMS	SPep	SPro
谷氨酸	μmol/g	12.05 ± 0.64^{a}	7.97 ± 1.05^{c}	11.13 ± 0.70^{ab}	10.00 ± 1.46^{b}
谷氨酰胺	μmol/g	6.82 ± 0.30^{a}	5.92 ± 0.58^{b}	6.96 ± 0.42^{a}	7.02 ± 0.50^{a}
酪氨酸	μmol/g	0.24 ± 0.05^{a}	0.12 ± 0.02^{c}	0.16 ± 0.01^{bc}	0.17 ± 0.04^{b}
苏氨酸	μmol/g	0.79 ± 0.09^{a}	0.52 ± 0.05^{b}	0.61 ± 0.04^{b}	0.59 ± 0.05^{b}
苯丙氨酸	μmol/g	0.12 ± 0.03^{a}	0.08 ± 0.01^{b}	0.09 ± 0.01^{b}	0.09 ± 0.01^{b}
4-氨基丁酸	μmol/g	2.17 ± 0.12^{a}	1.95 ± 0.16^{a}	2.06 ± 0.08^{a}	2.07 ± 0.21^{a}
丝氨酸	μmol/g	1.19 ± 0.18^{a}	1.10 ± 0.15^{a}	1.04 ± 0.13^{a}	1.17 ± 0.17^{a}
精氨酸	nmol/g	22.51 ± 4.88^{a}	16.85 ± 3.44^{b}	18.47 ± 3.49^{ab}	18.94 ± 2.25^{ab}
鸟氨酸	nmol/g	0.05 ± 0.01^{a}	0.04 ± 0.01^{b}	0.04 ± 0.01^{ab}	0.05 ± 0.01^{ab}
rac 4-羟基-3-甲氧基苯乙二醇	nmol/g	1.02 ± 0.22^{a}	0.61 ± 0.14^{b}	0.66 ± 0.15^{ab}	0.52 ± 0.06^{b}
去甲肾上腺素	nmol/g	31.98 ± 7.00^{a}	14.29 ± 2.26^{c}	19.17 ± 1.70^{bc}	20.76 ± 4.09^{b}
3,4-二羟基扁桃酸	nmol/g	6.14 ± 1.18^{a}	3.36 ± 0.65^{c}	4.40 ± 0.26^{bc}	4.58 ± 0.85^{b}
色氨酸	nmol/g	32.88 ± 4.93^{a}	21.99 ± 2.43^{b}	25.03 ± 2.71^{b}	24.20 ± 4.20^{b}
3,4-二羟基苯乙二醇	nmol/g	1.21 ± 0.13^{a}	0.83 ± 0.16^{b}	0.92 ± 0.11^{b}	0.97 ± 0.09^{b}
5-羟基-L-色氨酸	nmol/g	0.80 ± 0.15^{a}	0.60 ± 0.12^{b}	0.32 ± 0.03^{c}	0.56 ± 0.16^{b}
乙醇胺	nmol/g	87.71 ± 5.02^{a}	90.29 ± 7.46^{a}	80.44 ± 7.82^{a}	82.50 ± 6.79^{a}
DL-去甲肾上腺素	nmol/g	3.83 ± 1.25^{a}	2.92 ± 1.13^{a}	2.63 ± 0.51^{a}	2.78 ± 0.36^{a}
5-羟基吲哚-3-乙酸	nmol/g	3.06 ± 1.93^{a}	1.23 ± 0.22^{a}	1.28 ± 0.62^{a}	1.17 ± 0.21^{a}
3,4-二羟基苯乙酸	nmol/g	2.10 ± 0.59^{a}	3.44 ± 4.64^{a}	1.65 ± 0.59^{a}	1.30 ± 0.17^{a}

续表

神经递质	单位	含量			
		Control	CUMS	SPep	SPro
5-羟色胺	nmol/g	1.70±0.72[a]	1.34±0.57[a]	0.70±0.38[a]	0.68±0.07[a]
多巴胺	nmol/g	0.84±0.07[a]	1.93±2.40[a]	0.80±0.09[a]	0.79±0.02[a]
高香草酸	nmol/g	0.71±0.39[a]	1.08±1.73[a]	1.26±1.72[a]	0.39±0.09[a]
3-甲氧基酪胺盐酸盐	nmol/g	0.12±0.08[a]	0.45±0.72[a]	0.10±0.07[a]	0.07±0.05[a]

注：不同字母代表数据有显著差异（$P<0.05$）。

3.3.4　大豆肽营养干预对小鼠海马体小胶质细胞的影响

在慢性压力状态下，小胶质细胞介导的中枢神经系统炎症可能促发焦虑和抑郁症状[10]。为探究大豆肽营养干预对小胶质细胞的影响，对小胶质细胞标志物 Iba-1 进行定位观察。如图 3-7 所示，Iba-1 阳性细胞呈现棕红色（图 3-7A 箭头所指），CUMS 组小鼠海马体小胶质细胞的胞体呈圆形且显著增大，突起短而厚，呈现激活状态，而大豆肽组和大豆蛋白组中小胶质细胞胞体恢复正常，激活的细胞明显减少。进一步对 Iba-1 阳性细胞的数量进行统计，结果如图 3-7B 所示，CUMS 组中 Iba-1 阳性细胞的数量显著增加，为空白组的 2.1 倍（$P<0.05$）。与 CUMS 组相比，大豆肽营养干预可显著降低 Iba-1 阳性细胞的数量，降低了 39.0%（$P<0.05$），而大豆蛋白组则无显著差异。结果表明，大豆肽可抑制小鼠海马体中小胶质细胞的增殖和活化，从而可能对神经炎症具有潜在的治疗作用。

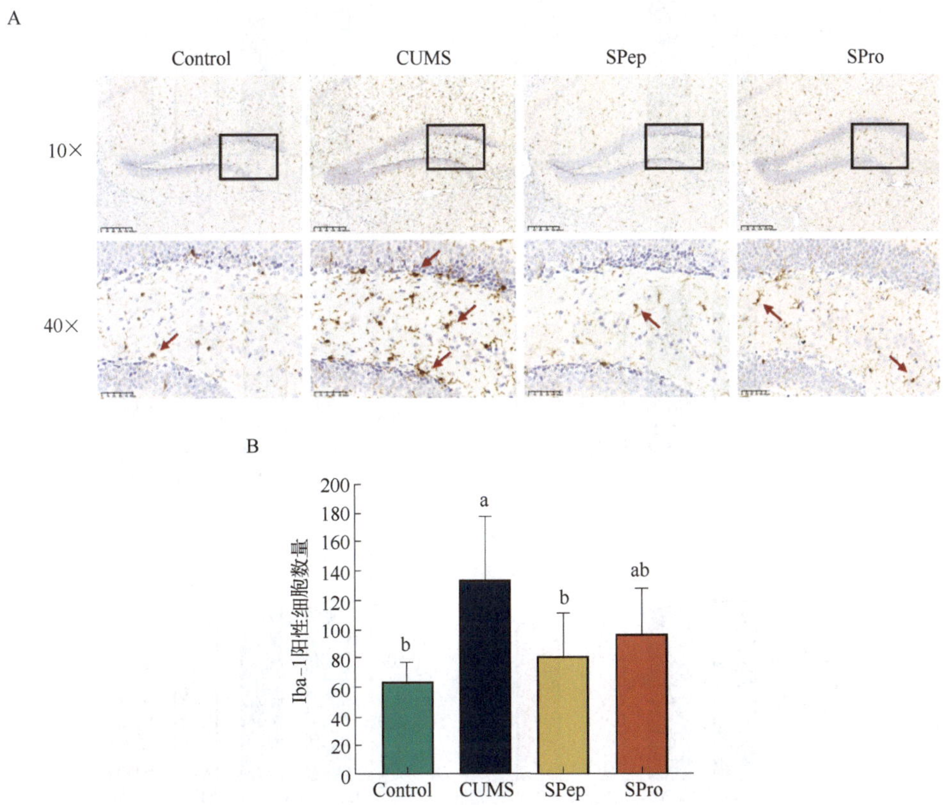

图 3-7　大豆肽营养干预对小鼠 Iba-1 阳性细胞表达的影响

（A）免疫组化染色的代表性图像；（B）Iba-1 阳性细胞数量

3.3.5 大豆肽营养干预对小鼠脑组织中炎症因子水平的影响

小胶质细胞在活化状态下会释放多种炎症细胞因子，进而引发神经炎症[11]。为了探究大豆肽对小鼠脑组织中神经炎症的影响，分别对抑炎因子（IL-4、IL-10）和促炎因子（IL-6、IL-1β、TNF-α 和 IFN-γ）进行了测定。由图 3-8 可知，CUMS 导致小鼠脑组织中抑炎因子 IL-4 和 IL-10 的水平下降，促炎因子 IL-6 的水平上升，IL-1β 的水平显著上升（$P<0.05$），从而引起轻度神经炎症。与 CUMS 组相比，大豆肽组 IL-10 水平显著提高了 23.3%（$P<0.05$），IL-1β 和 TNF-α 水平显著降低了 26.8%和 13.7%（$P<0.05$），表明大豆肽可调节促炎因子和抑炎因子的水平，从而缓解神经炎症。与 CUMS 组相比，大豆蛋白组 IL-6、IL-1β、TNF-α 和 IFN-γ 水平显著降低（$P<0.05$），分别降低了 21.5%、34.2%、10.9%和 32.5%，表明大豆蛋白可以抑制促炎因子的表达，减轻神经炎症。目前，现有研究已经证明了大豆肽的抗炎活性，Zhang 等通过造模老龄大鼠烧伤模型诱导炎症反应，发现相较于大豆蛋白，大豆肽可显著降低血清 IL-1β 和 TNF-α 的水平，减轻炎症反应[12]。本研究结果表明大豆蛋白和大豆肽均可有效抑制促炎因子的表达，同时大豆肽可有效提高抑炎因子的表达，从而减轻小鼠的神经炎症，并缓解由此引发的焦虑症状，此结果与小胶质细胞激活的结果一致。

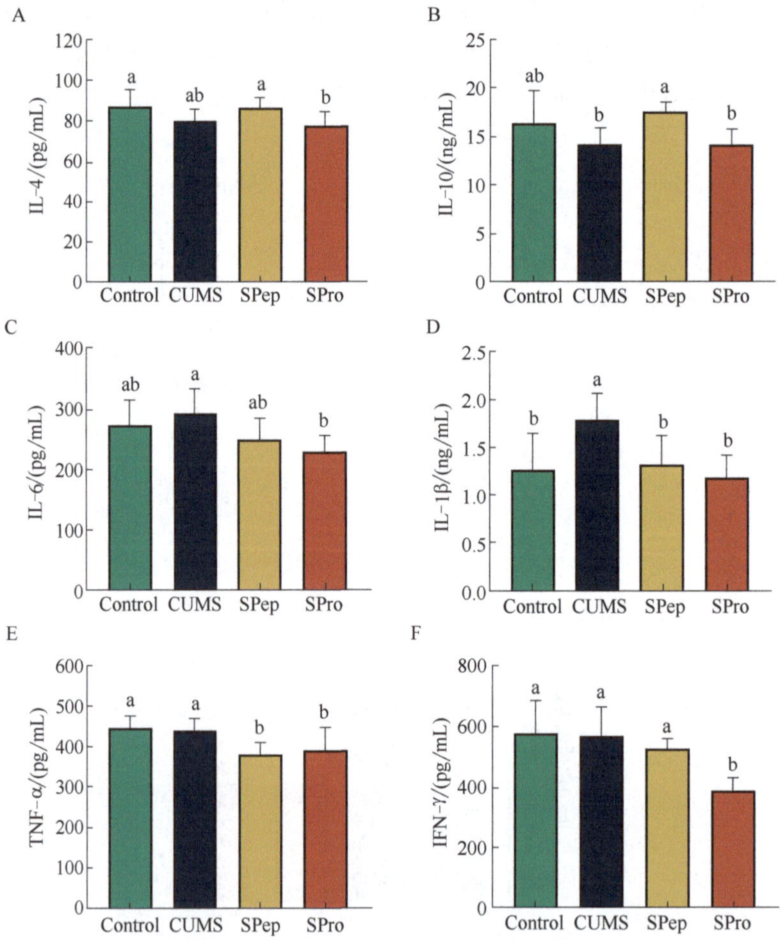

图 3-8 大豆肽营养干预对小鼠脑组织中炎症因子 IL-4（A）、IL-10（B）、IL-6（C）、IL-1β（D）、TNF-α（E）、IFN-γ（F）水平的影响

3.3.6 大豆肽营养干预对小鼠脑组织中 BDNF 水平及 BDNF-TrkB-CREB 通路的影响

BDNF 作为神经营养因子家族的重要成员，可以促进神经发生、神经元存活和分化，从而缓解焦虑症[13]。本研究同时进行了大豆肽营养干预对小鼠 BDNF 水平影响的探讨，以评估其对神经营养功能的潜在调节作用。由图 3-9 可知，与空白组相比，CUMS 组小鼠脑组织中 BDNF 的水平显著降低，为空白组的 79.1%（$P<0.05$）。与 CUMS 组相比，大豆蛋白组 BDNF 的水平提高了 9.9%，大豆肽组显著提高了 22.0%（$P<0.05$）且达到与空白组相同的水平。在另一项研究中，大豆蛋白水解物中的 GR 二肽被证实能够在体外、原代星形胶质细胞和体内大脑中，尤其是大脑皮层区域，显著增强 BDNF 的表达[14]。本实验结果同样表明，大豆肽可提高 BDNF 的水平，增强神经营养功能，并且其中的小分子肽发挥了关键作用。

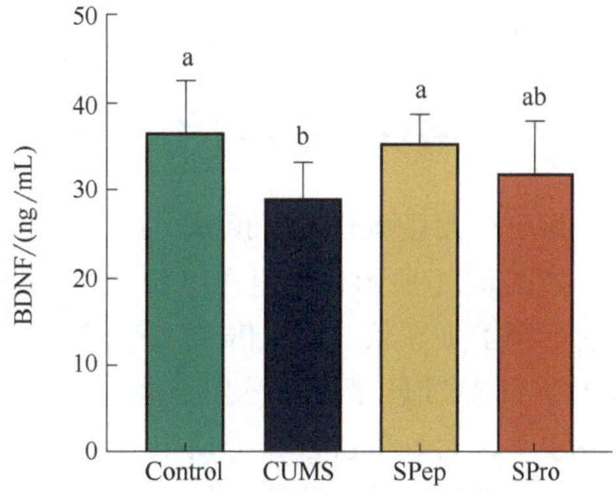

图 3-9　大豆肽营养干预对小鼠脑组织 BDNF 水平的影响

BDNF-TrkB-CREB 已成为焦虑等情绪障碍研究的关键信号通路。在该通路中，BDNF 与其下游受体 TrkB 结合，诱导酪氨酸磷酸化，进而激活 ERK/CREB 通路，使其转录生成 pro-BDNF mRNA，经过翻译后生成 pro-BDNF，最终形成 BDNF[15]。为进一步探究大豆肽通过调节 BDNF 发挥抗焦虑作用的机制，测定了 BDNF-TrkB-CREB 信号通路中 BDNF、TrkB、CREB、p-TrkB 和 p-CREB 蛋白的表达。由图 3-10 可知，与空白组相比，CUMS 组小鼠脑组织中 BDNF、p-TrkB/TrkB 和 p-CREB/CREB 的表达显著降低，分别降低了 27.2%、33.5%和 28.2%（$P<0.05$），表明 CUMS 可抑制 BDNF-TrkB-CREB 通路，减少 BDNF 的产生，从而导致小鼠产生焦虑样行为。与 CUMS 组相比，大豆蛋白组小鼠脑组织中 BDNF 的表达提高了 39.8%（$P<0.05$），大豆肽组 BDNF 和 p-TrkB 的表达显著上升，分别提高了 63.0%和 42.5%（$P<0.05$）。在其他研究中也发现了多肽对于 BDNF-TrkB-CREB 信号通路的调节，Katayama 等用大豆肽饲喂小鼠 26 周后，其大脑中 BDNF 的 mR-

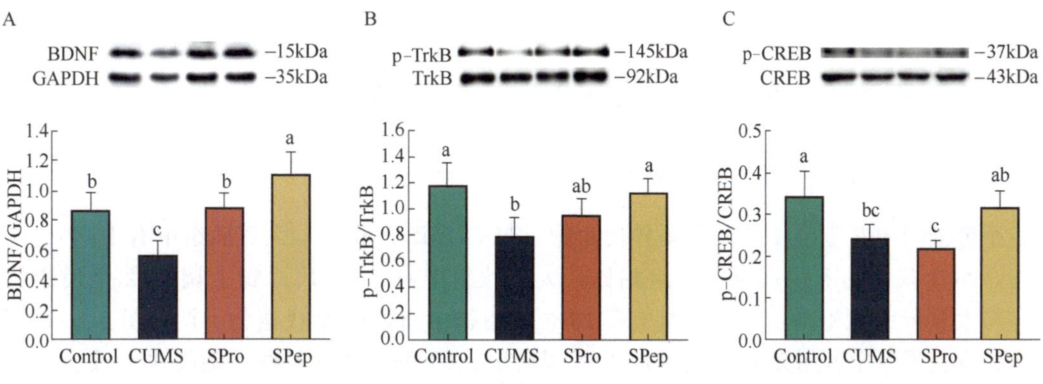

图 3-10　大豆肽营养干预对小鼠脑组织中 BDNF-TrkB-CREB 通路蛋白 BDNF（A）、p-TrkB/TrkB（B）、p-CREB/CREB（C）表达的影响

NA 和蛋白水平显著增加，同时 p-CREB 蛋白表达也显著提高[16]。另外，乳清蛋白水解物和色氨酸寡肽也可提高小鼠 BDNF、TrkB 和 CREB 的 mRNA 表达，促进 BDNF/TrkB 信号转导，从而缓解小鼠的焦虑抑郁行为[17]。本实验研究结果表明，大豆肽营养干预可提高 BDNF 的表达量，促进 TrkB 的磷酸化，从而促进 BDNF-TrkB-CREB 信号通路转导，增强神经营养功能，发挥抗焦虑作用。

3.3.7 大豆肽营养干预对小鼠血清中 HPA 轴激素的影响

为研究大豆肽营养干预对小鼠 HPA 轴的影响，对 CORT、ACTH 和 CRH 水平进行检测。如图 3-11 所示，与空白组相比，CUMS 可引起 CORT、ACTH 和 CRH 水平显著升高，分别上调了 1.5 倍、1.3 倍和 2.7 倍（$P<0.05$）。与 CUMS 组相比，大豆肽显著降低了 CORT 和 ACTH 水平，分别下降了 36.4%和 27.2%（$P<0.05$），并且达到了与空白组相同的水平，大豆蛋白营养干预则未有显著差异（$P>0.05$）。多数研究已经证明，蛋白水解物和肽可降低应激小鼠体内的 CORT 水平，从而调节 HPA 轴发挥抗焦虑作用。Zhu 等使用 CORT 注射和约束应激结合的方法建立小鼠焦虑模型，结果发现富含 Trp 和五大中性氨基酸的乳清蛋白水解物和 γ-［Glu］$_n$-Trp 可以显著降低 CRH 和 ACTH 水平，同时调节 CORT 的水平，促进 HPA 轴的正常化，从而缓解焦虑[17]。Dinel 等对 BALB/c 小鼠进行旷场和高架十字迷宫应激处理，并在不同时间（0、30min 和 60min）测量了小鼠血浆中的 CORT 水平，结果发现在 30min 时应激组的 CORT 含量显著高于非应激组，而补充多肽的应激组显著低于非应激组[18]。本实验的结果表明大豆肽营养干预可调节 HPA 轴激素的水平，促进 HPA 轴的正常化，从而发挥抗焦虑作用。

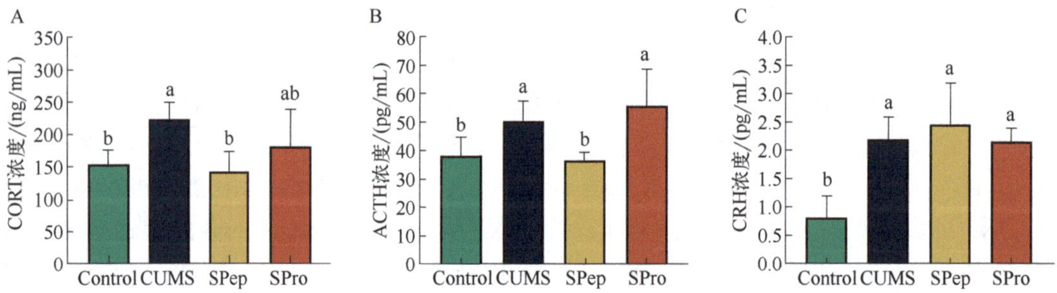

图 3-11 大豆肽营养干预对小鼠血清中 HPA 轴激素 CORT（A）、ACTH（B）、CRH（C）水平的影响

3.3.8 大豆肽营养干预对小鼠血清中代谢物的影响

3.3.8.1 差异代谢物的筛选及鉴定

小鼠血清中共鉴定出 253 种差异代谢物，与 CUMS 组相比，大豆肽组中有 10 个代谢物上调，26 个代谢物下调；与空白组相比，大豆肽组中有 17 个代谢物上调，32 个代谢物下调；与大豆蛋白组相比，大豆肽组中有 16 个代谢物上调，16 个代谢物下调。图 3-12 以热图的形式直观展示了四组差异代谢物的上下调情况。CUMS 导致多种代谢物水平改变，而大豆肽和大豆蛋白营养干预在一定程度上缓解了上述现象。大豆肽可上调 L-苯丙氨酸、泛酸、4-羟基苯乙醛、L-天冬氨酸、吲哚、D-木糖、对甲酚、D-阿拉伯糖醇、5-乙酰氨基戊酸、*N*-

甲酰-L-蛋氨酸和 4-氧戊二酸等代谢物，下调 CORT 和皮质醇（COR）等代谢物（$P<0.05$，VIP>1）。差异代谢物结果与 HPA 轴激素测定结果相同，均表明大豆肽营养干预可显著下调小鼠血清中的 CORT 水平。

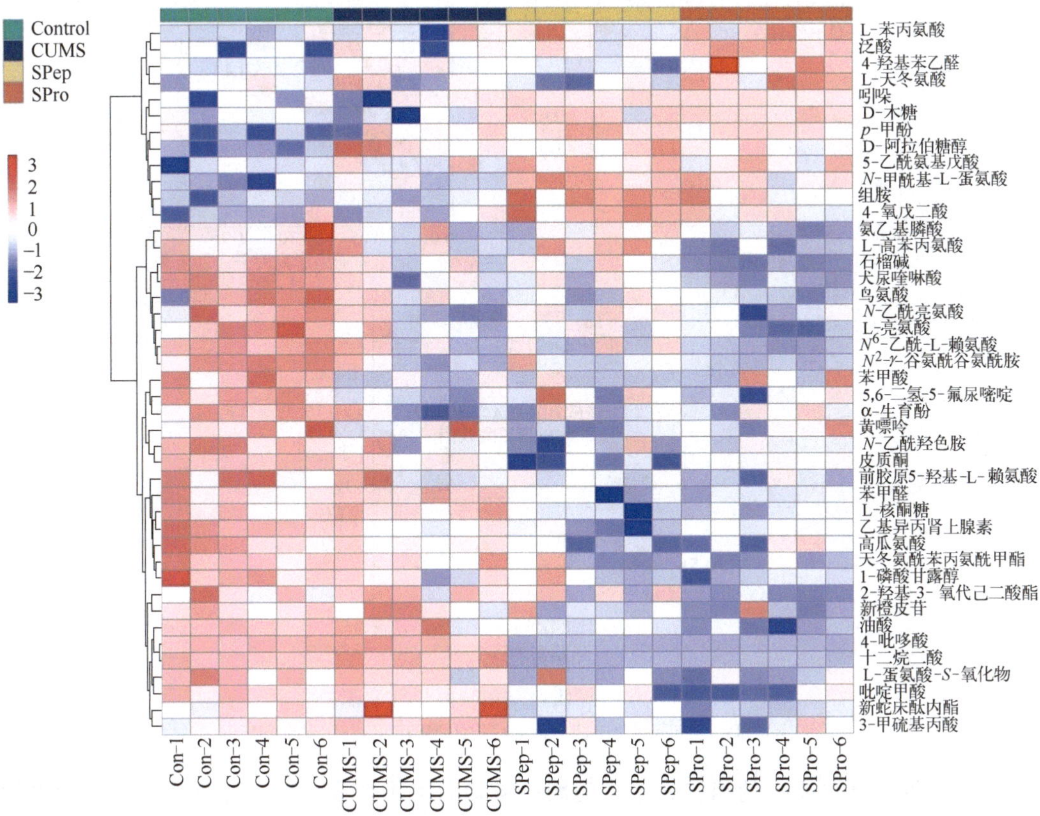

图 3-12　小鼠血清中差异代谢物热图

3.3.8.2　代谢通路及关键差异代谢物分析

确定差异代谢物后进行代谢通路分析，图 3-13A～C 分别为大豆肽组与 CUMS 组、空白组、大豆蛋白组的代谢通路影响因子气泡图。与空白组、CUMS 组、大豆蛋白组相比，大豆肽营养干预分别影响了小鼠血清中 55、41 和 44 条代谢通路，其中蛋白质消化吸收、皮质醇合成与分泌和组氨酸代谢通路在三组对比中均有所涉及。另外，类固醇激素生物合成，苯丙氨酸、酪氨酸和色氨酸生物合成，神经活性配体-受体相互作用和突触囊泡周期等通路也发挥着重要作用。

进一步对代谢通路及其中差异代谢物的变化进行分析。在大豆肽组与空白组、大豆肽组与 CUMS 组的对比中，大豆肽营养干预通过上调吲哚影响蛋白质消化和吸收、色氨酸代谢，以及苯丙氨酸、酪氨酸、色氨酸的生物合成通路，下调 *COR* 影响皮质醇合成与分泌、神经活性配体与受体的相互作用、类固醇激素的生物合成通路（$P<0.05$，VIP>1）。在大豆肽组与大豆蛋白组的对比中，大豆肽营养干预通过下调 L-天门冬氨酸影响组氨酸代谢、蛋白质消化和吸收、神经活性配体与受体的相互作用通路，下调 *COR* 影响皮质醇合成与分泌、神经活性配体与受体的相互作用、类固醇激素的生物合成通路（$P<0.05$，VIP>1）。

综合三组对比，可以发现大豆肽营养干预主要通过下调 *COR* 影响皮质醇的合成与分

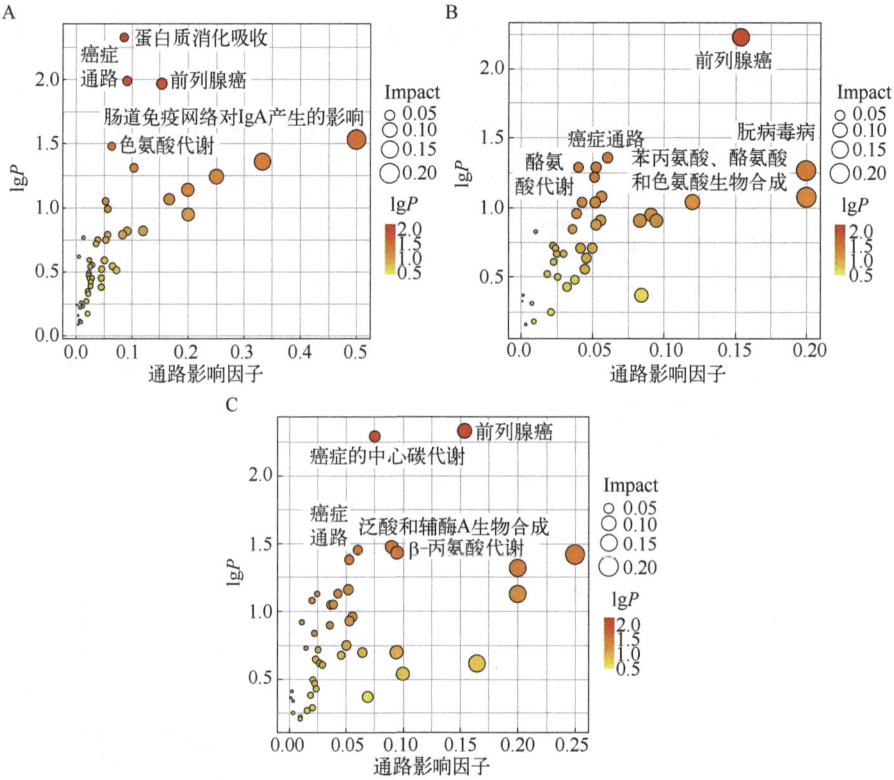

图 3-13　代谢通路影响因子气泡图

（A）SPep 与 Control；（B）SPep 与 CUMS；（C）SPep 与 SPro

泌、神经活性配体与受体的相互作用、类固醇激素的生物合成通路，并且在类固醇激素的生物合成通路中，COR、CORT 和脱氢表雄酮的水平均显著下调（$P<0.05$，VIP>1）。图 3-14 为关键差异代谢物的网络分析图，在大豆肽组分别与其他三组的对比中，可以更直观地看出 COR、CORT 和脱氢表雄酮的下调涉及大多数途径（$P<0.05$，VIP>1），是大豆肽营养干

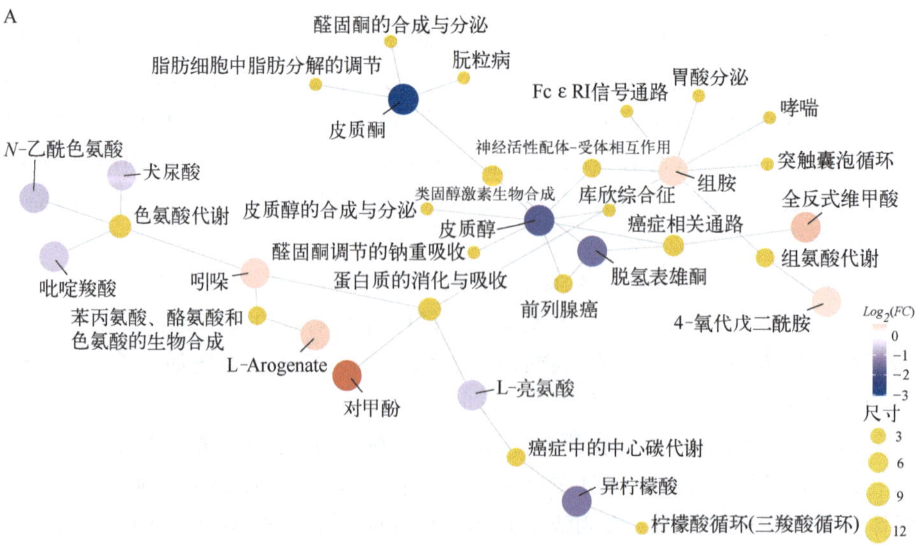

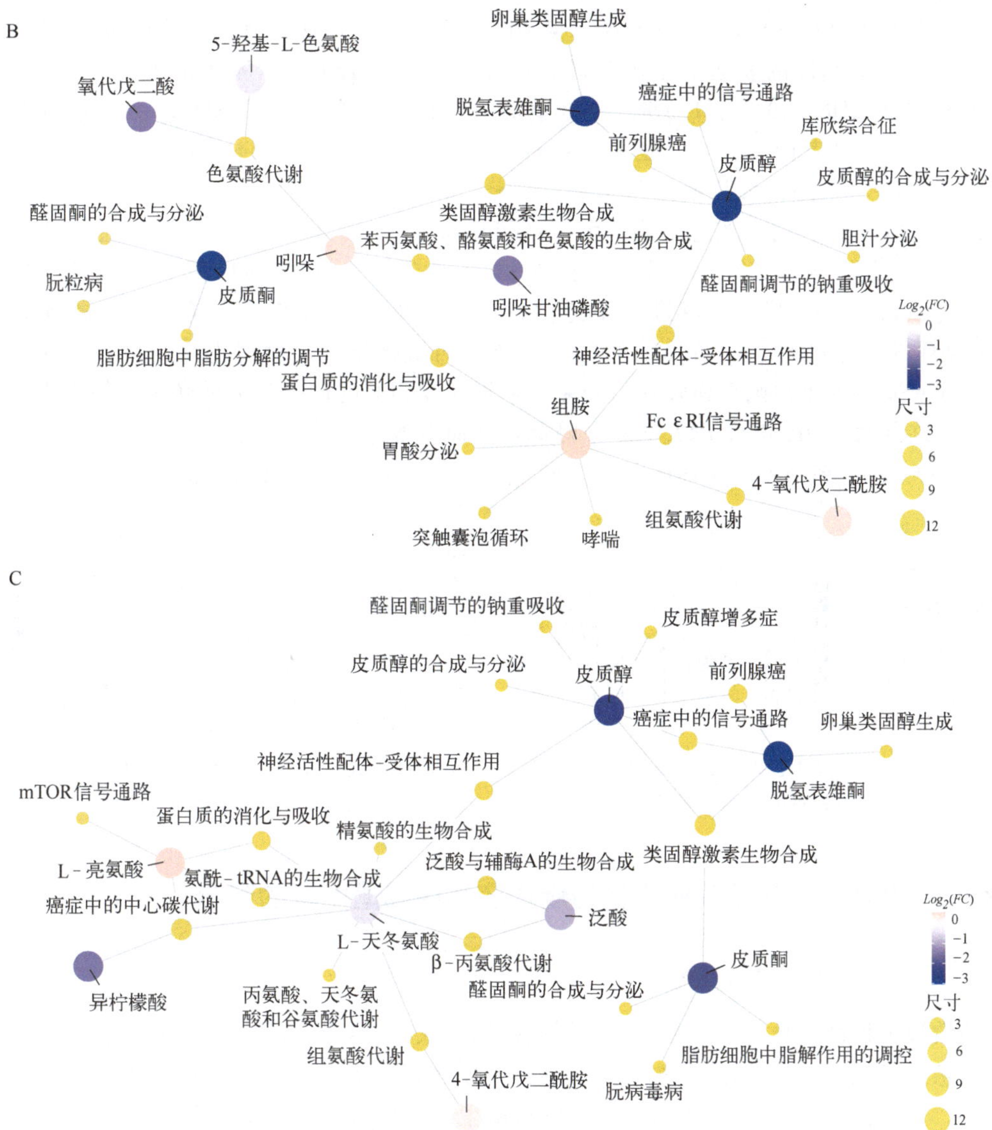

图 3-14 关键差异代谢物的网络分析图

(A) SPep 与 Control；(B) SPep 与 CUMS；(C) SPep 与 SPro

预发挥作用的关键靶点。结果表明，大豆肽通过下调 COR、CORT 和脱氢表雄酮的水平，影响皮质醇的合成和分泌、类固醇激素的生物合成、神经活性配体与受体的相互作用等多条代谢通路，促进 HPA 轴的正常化，从而缓解应激诱发的焦虑症状。

3.3.9 大豆肽营养干预对皮质酮合成分泌通路中基因表达的影响

确定大豆肽营养干预的关键物质为 CORT 后，进一步探究其抗焦虑作用机制。使用 RT-qPCR 测定 CORT 相关代谢通路中基因的表达。小鼠下丘脑和垂体基因表达的变化如图 3-15 所示，在 CUMS 组中，小鼠下丘脑 *NR3C2* 基因的表达显著上调（$P<0.05$），达到空白组的 2.3 倍，而大豆肽和大豆蛋白营养干预可显著下调 *NR3C2* 基因表达，分别是

CUMS 组的 0.5 倍和 0.4 倍（$P<0.05$）。*NR3C1*、*CRHR1* 和 *FKBP5* 基因的表达在四组间则无显著差异（$P>0.05$）。小鼠肾上腺基因的表达如图 3-16 所示，CUMS 处理显著上调了 *StAR* 和 *TH* 基因的表达，显著下调了 *CYP17A1* 和 *HSD3B2* 基因的表达（$P<0.05$），分别为 CUMS 组的 1.9 倍、1.9 倍、0.3 倍和 0.6 倍。与 CUMS 组相比，大豆肽营养干预可显著下调 *StAR* 基因的表达，显著上调 *HSD3B2* 基因的表达，分别为 CUMS 组的 0.6 倍和 1.7 倍（$P<0.05$）。大豆蛋白营养干预显著上调 *HSD3B2* 基因的表达，为 CUMS 组的 1.8 倍（$P<0.05$）。综合上述结果，大豆肽可调节 *NR3C2* 和 *HSD3B2* 的表达，特异性作用于 *StAR* 基因。*StAR* 是一种膜结合蛋白，主要负责促进胆固醇向类固醇激素合成途径的运输[19]。Vagnerová 等对小鼠进行了急性约束应激处理，结果显著提高了小鼠肾上腺中 *StAR* 基因的表达水平[20]。在本研究中，CUMS 可显著增加小鼠肾上腺中 *StAR* 基因的表达，而大豆肽营养干预则会逆转这一现象，从而减少胆固醇向线粒体的转运，使类固醇水平下降，最终导致 COR 和 CORT 的水平降低，从而缓解焦虑。

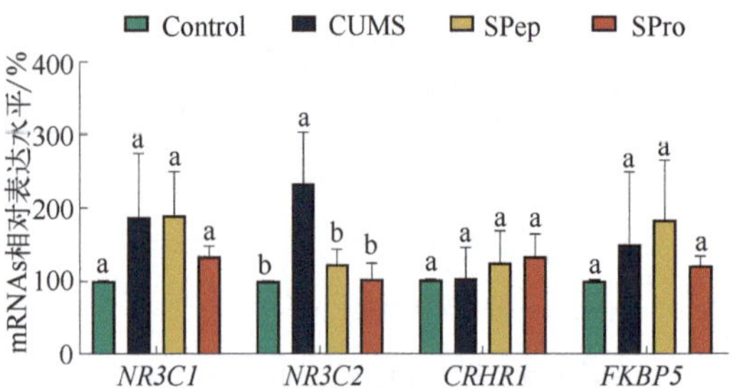

图 3-15　大豆肽营养干预对小鼠下丘脑和垂体中相关基因相对表达水平的影响

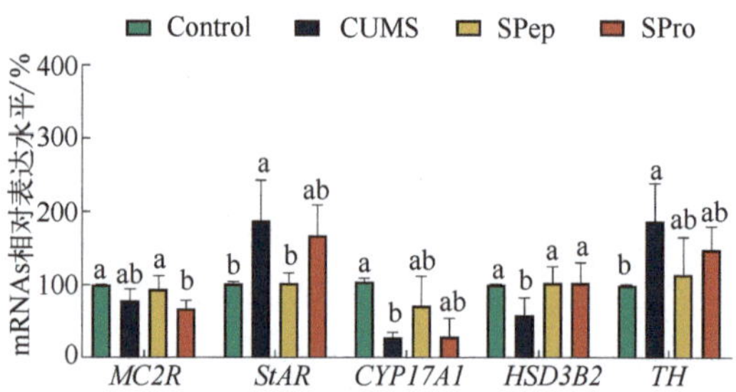

图 3-16　大豆肽营养干预对小鼠肾上腺相关基因 mRNAs 相对表达水平的影响

3.3.10　大豆肽营养干预对小鼠盲肠内容物中肠道菌群的影响

3.3.10.1　肠道菌群组成分析

肠道微生物群是肠道与大脑交流不可或缺的组成部分，与神经精神疾病和神经系统疾病的发展息息相关[21]。我们之前的研究表明，大豆肽营养干预可调节肠道微生物群的组成和多样性[22]。因此，进一步对小鼠盲肠中肠道微生物群的组成进行了测定。

小鼠盲肠内容物的微生物群主要由厚壁菌门（Firmicutes）、变形菌门（Proteobacteria）、放线菌门（Actinobacteria）和拟杆菌门（Bacteroidetes）的菌组成（图 3-17A 和 B）。与空白组［(71.9±14.3)%、(14.3±16.9)%］相比，CUMS 导致小鼠 Firmicutes 的菌水平下降（59.6±12.1)%，Proteobacteria 的菌水平上升（27.6±15.6)%。在科水平，发现 CUMS 组中丹毒丝菌科（Erysipelotrichaceae）、乳杆菌科（Lactobacillaceae）和双歧杆菌科（Bifidobacteriaceae）的相对丰度下降，而脱硫弧菌科（Desulfovibrionaceae）、瘤胃球菌科（Ruminococcaceae）、毛螺菌科（Lachnospiraceae）、红蝽杆菌科（Coriobacteriaceae）和疣微菌科（Verrucomicrobiaceae）的相对丰度上升，结果表明 CUMS 可导致肠道菌群紊乱。而大豆肽则使 Firmicutes 和 Proteobacteria 的菌恢复到与空白组相同的水平。

3.3.10.2　LEfSe 与关键菌群分析

在确定不同组间小鼠的肠道菌群存在差异后，进一步探究大豆肽营养干预发挥作用的关

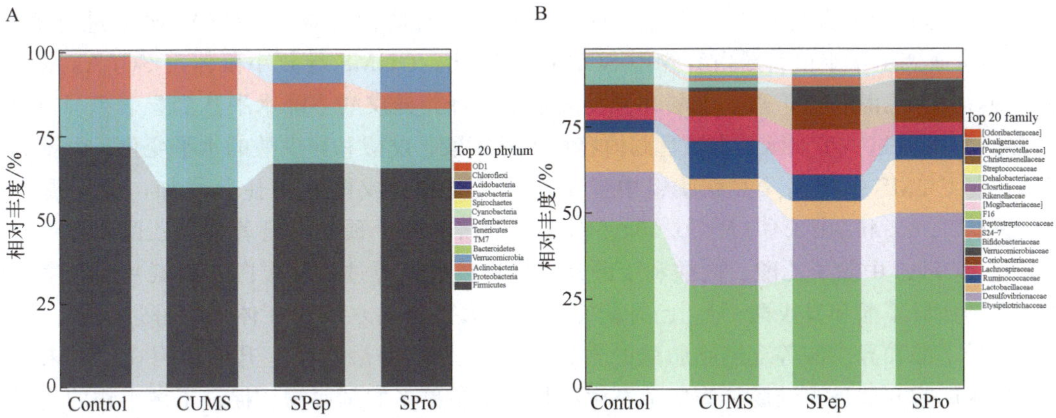

图 3-17　大豆肽营养干预对小鼠盲肠内容物中肠道菌群组成的影响

（A）门水平；（B）科水平

键菌群，图 3-18A 和 B 分别为 LEfSe 分析的分支图和 LDA 得分图。由图 3-18 可知，Actinobacteria 和双歧杆菌（Bifidobacterium）的相对丰度在空白组中存在显著差异（$P<0.05$，LDA>4），乳杆菌目（Lactobacillales）和 *Akkermansia* 的相对丰度在大豆蛋白组中存在显著差异（$P<0.05$，LDA>4），而大豆肽营养干预对 Lachnospiraceae 和拟杆菌（*Bacteroidales*）的相对丰度有显著影响。研究表明 Lachnospiraceae 和 Bacteroidales 与压力紧密相关[23]。Wang 等以焦虑小鼠为模型，探讨了富含色氨酸的饮食的抗焦虑作用，发现 Lachnospiraceae 的相对丰度显著增加[24]。结果表明，CUMS 导致小鼠肠道微生物群的组成发生变化，有益菌减少，有害菌增加，而大豆肽营养干预则主要通过提高 Lachnospiraceae 和 Bacteroidales 的相对丰度来调节肠道微生物群的组成，减轻 CUMS 的影响。

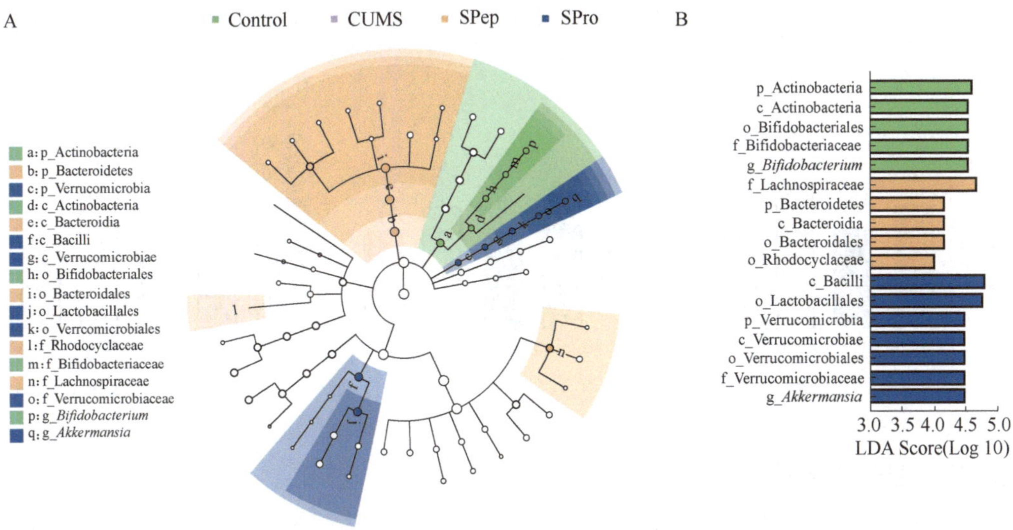

图 3-18　小鼠盲肠内容物肠道菌群 LEfSe 差异分析

（A）分支图；（B）LDA 得分图

3.3.11　大豆肽营养干预对小鼠盲肠内容物中短链脂肪酸的影响

SCFAs 是肠道微生物群新陈代谢中非常重要的代谢物，可维持肠道屏障的完整性和平衡[25]。考虑到肠道微生物群的变化，进一步对小鼠盲肠内容物中 SCFAs 水平进行测定。图 3-19 全面展示了小鼠盲肠内容物中 SCFAs 的变化，CUMS 导致小鼠体内 SCFAs 水平整体下调，其中乙酸、异丁酸、戊酸和异戊酸水平下降，异戊酸下降水平达到显著差异（$P<0.05$）。图 3-20 进一步展示了小鼠盲肠内容物中异丁酸、戊酸和异戊酸的水平变化。由图 3-20 可知，与 CUMS 组相比，大豆肽组中异丁酸、戊酸和异戊酸水平显著增加，分别提高了 44.3%、32.6% 和 70.3%（$P<0.05$）。而大豆蛋白营养干预仅可显著增加乙酸水平（$P<0.05$）。SCFAs 中除了乙酸、丙酸和丁酸外，肠道菌群还通过发酵蛋白质和氨基酸产生支链脂肪酸，如异丁酸和异戊酸[26]。已有研究证实，大豆蛋白水解物在体外发酵过程中，能有效增加异丁酸和异戊酸等支链脂肪酸的含量[27]。支链脂肪酸水平上升的原因在于，未吸收的蛋白水解物和肽进入结肠，为肠道微生物群提供了更多发酵底物，促进了微生物的代谢活动。结果表明，大豆肽可显著提升异丁酸、戊酸和异戊酸的水平，提升 SCFAs 含量，改善肠道环境，从而发挥抗焦虑作用。

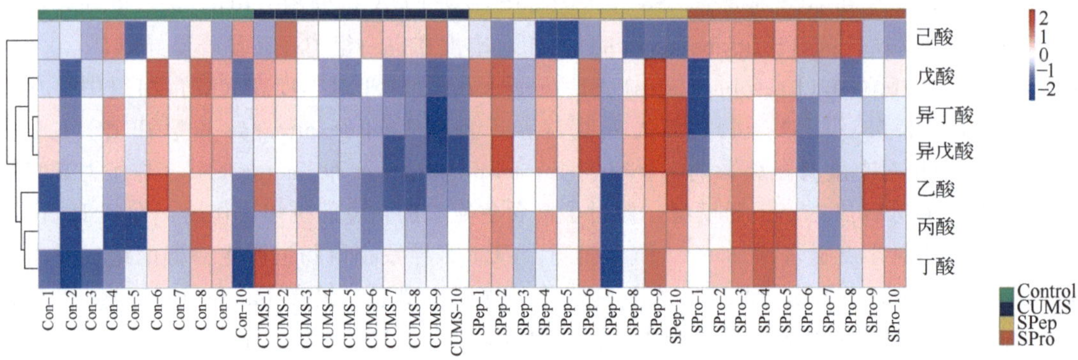

图 3-19 大豆肽营养干预对小鼠盲肠内容物中短链脂肪酸的影响

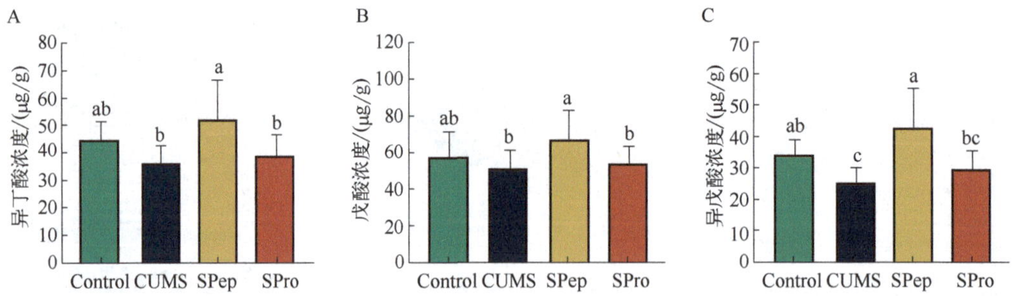

图 3-20 大豆肽营养干预对小鼠盲肠内容物中异丁酸（A）、戊酸（B）、异戊酸（C）水平的影响

3.3.12 相关性分析

为进一步研究大豆肽是否通过肠脑轴发挥抗焦虑作用，将不同指标（行为测试指标、神经元活动、HPA 轴激素、神经递质和 SCFAs）进行相关性分析。如图 3-21 所示，异丁酸、戊酸和异戊酸的水平分别与小鼠在开臂中的时间占比（$r=0.85$，0.84，0.76，$P<0.05$）、小鼠进入开臂中的次数占比（$r=0.65$，0.65，0.61，$P<0.05$）和小鼠在旷场中心区域的时间占比（$r=0.61$，0.72，0.74，$P<0.05$）呈显著正相关，分别与谷氨酸（$r=0.65$，0.67，0.67，$P<0.05$）和谷氨酰胺（$r=0.66$，0.60，0.60，$P<0.05$）的水平呈显著正

相关。同时异丁酸、戊酸分别与 c-Fos 呈显著负相关（$r=-0.56$，-0.53，$P<0.05$）。结果表明肠道微生物群代谢物在缓解焦虑样行为方面起着重要作用，大豆肽可通过调节肠脑轴缓解焦虑。另一方面，CORT 和 ACTH 水平分别与小鼠在开臂中的时间占比（$r=-0.83$，-0.65，$P<0.05$）、小鼠在旷场中心区域的时间占比（$r=-0.64$，-0.50，$P<0.05$）和小鼠进入旷场中心区域的次数占比（$r=-0.55$，-0.59，$P<0.05$）呈显著负相关，与 c-Fos 呈显著正相关（$r=0.50$，0.63，$P<0.05$），与谷氨酸呈显著负相关（$r=-0.70$，-0.65，$P<0.05$），与谷氨酰胺呈显著负相关（$r=-0.49$，-0.57，$P<0.05$），结果显示 HPA 轴在大豆肽营养干预缓解焦虑中也发挥着重要作用。同时，CORT 和 ACTH 水平分别与异丁酸（$r=-0.64$，-0.55，$P<0.05$）、戊酸（$r=-0.67$，-0.52，$P<0.05$）和异戊酸（$r=-0.67$，-0.58，$P<0.05$）水平呈显著负相关，表明 HPA 轴在肠脑轴的沟通中发挥潜在桥梁作用。

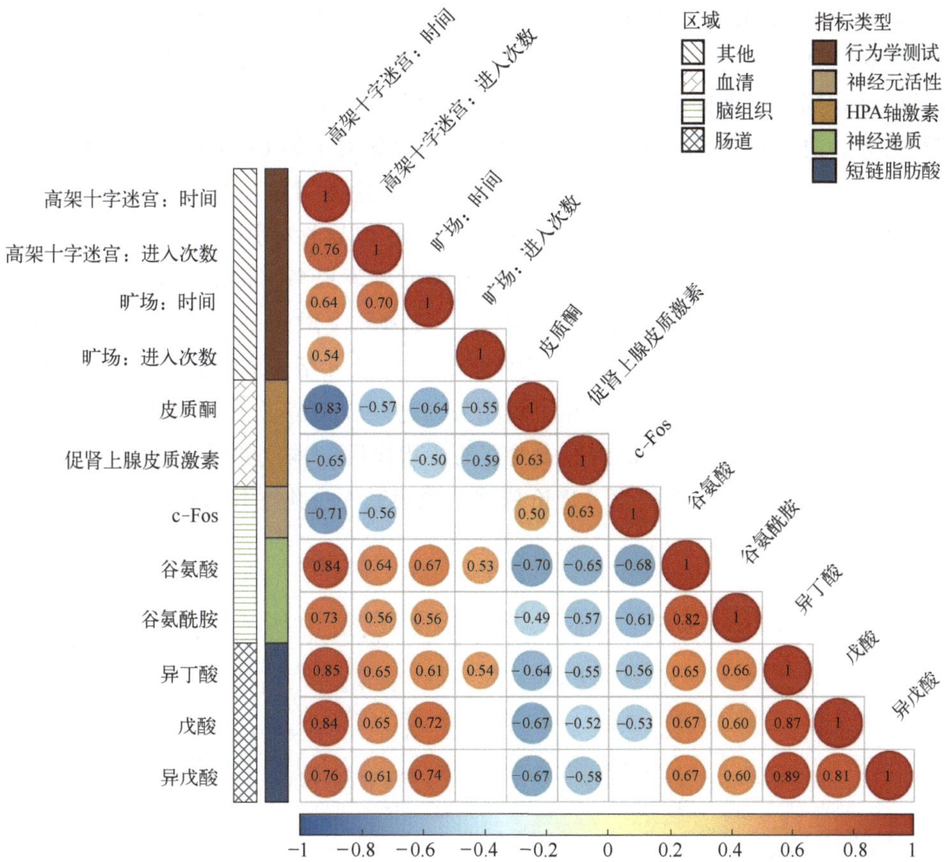

图 3-21　行为测试指标、神经元活动、HPA 轴激素、神经递质和 SCFAs 的相关性分析

目前，多数研究采用相关性分析确定肠道菌群的重要作用，Wang 等发现芝麻素对应激诱发的行为和心理障碍具有预防作用，这可能与重塑的微生物群组成高度相关。通过相关性分析证明了芝麻素微生物群组成变化与应激诱发的行为障碍、血清素、去甲肾上腺素和脂多糖水平密切相关[28]。Wang 等发现在多重非社会压力小鼠模型中，富含色氨酸的饮食可缓解抑郁和焦虑样行为，通过相关性分析和冗余分析发现色氨酸的有益作用可能与其在调节色氨酸代谢到血清素途径、重组肠道微生物组、减少肠道屏障损伤和炎症方面的作用有关[24]。

肠脑轴是肠道和中枢神经系统之间的双向信号通路，可通过免疫、神经和神经内分泌三种系统进行交流，其中神经内分泌系统主要包括 HPA 轴[29]。本实验结果也为 HPA 轴通过肠脑轴发挥作用提供了证据，并进一步表明大豆肽营养干预可通过肠脑轴发挥抗焦虑作用。

3.4 研究结论

本章全面评估了大豆肽营养干预对 CUMS 诱导小鼠产生焦虑样行为的影响，深入探究了作用机制，重点关注 HPA 轴和肠脑轴。研究结果如图 3-22 所示，大豆肽可缓解小鼠的焦虑样行为，表现在小鼠在开臂中花费的时间占比、在中心区域花费的时间占比和进入中心区域的次数方面。在神经活性方面，大豆肽可显著减少 c-Fos 阳性细胞数量，显著提升谷氨酸和谷氨酰胺的水平。在神经炎症方面，大豆肽营养干预可抑制小鼠海马体中小胶质细胞的激活，显著减少 Iba-1 阳性细胞数量，同时显著降低促炎因子（IL-1β 和 TNF-α）水平，显著提高抑炎因子（IL-10）水平。在神经营养方面，大豆肽营养干预可显著提高 BDNF 含量和蛋白表达水平，同时显著提高 p-TrkB 的表达量，促进 TrkB 的磷酸化及 BDNF TrkB-CREB 通路信号转导。进一步研究发现，大豆肽营养干预可显著下调 CORT 和 ACTH 的水平，进而影响皮质酮的合成和分泌等多条与焦虑紧密相关的代谢通路。其中显著调节了下丘脑中 *Nr3c2* 以及肾上腺中 *StAR* 和 *11HSDB2* 的表达，并特异性作用于 *StAR* 基因，进而促进 HPA 轴的正常化。在肠道方面，大豆肽营养干预可显著提高 Lachnospiraceae 和 Bacteroidales 有益微生物的相对丰度，同时使异丁酸、戊酸和异戊酸水平显著上升。相关性分析显示，SCFAs 水平与抗焦虑评价指标（行为学测试、神经元活性和神经递质）存在显著相关性，同时与 CORT 和 ACTH 水平呈显著负相关，进一步支持了肠脑轴在焦虑调节中的重要作用，并揭示了 HPA 轴在肠脑轴沟通中发挥的桥梁作用。本章的研究结果为大豆肽营养干预通过肠脑轴发挥抗焦虑活性提供了理论依据，也为其在抗焦虑领域的应用提供了重要的参考和启示。

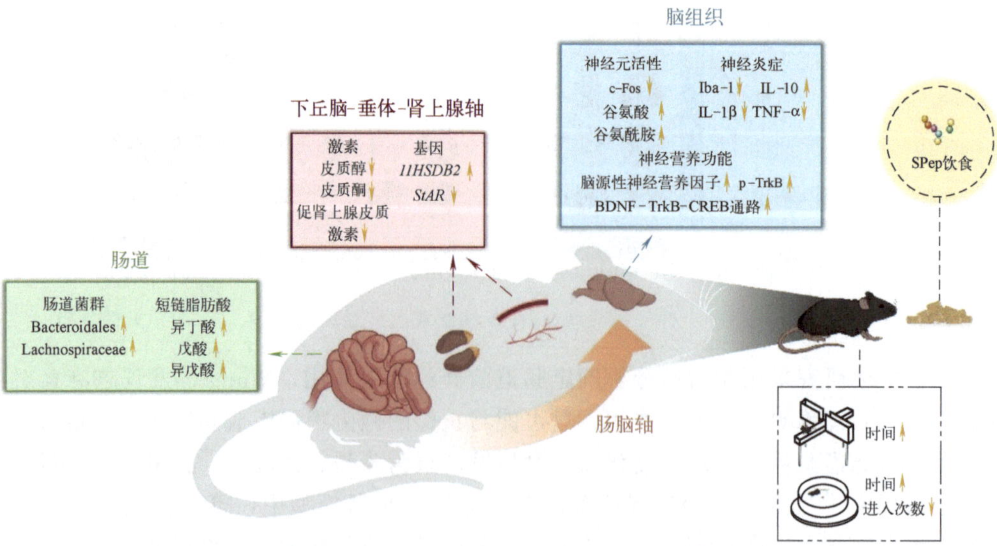

图 3-22 大豆肽营养干预改善 CUMS 诱导小鼠焦虑样行为的机制示意图

参考文献

[1] Penninx B, Pine D S, Holmes E A, et al. Anxiety disorders [J]. Lancet, 2021, 397 (10277): 914-927.

[2] Craske M G, Stein M B, Eley T C, et al. Anxiety disorders [J]. Nature Reviews Disease Primers, 2017, 3: 17024.

[3] Craske M G, Stein M B. Anxiety [J]. Lancet, 2016, 388 (10063): 3048-3059.

[4] Abubakar A R, Sani I H, Malami S, et al. Anxiety disorders: Recent global approach to neuro-pathogenesis, drug treatment, cognitive behavioral therapy, and their implications [J]. Bangladesh Journal of Medical Science, 2021, 20 (3): 487-503.

[5] Bandelow B, Michaelis S, Wedekind D. Treatment of anxiety disorders [J]. Dialogues in Clinical Neuroscience, 2017, 19 (2): 93-106.

[6] Ohinata K, Agui S, Yoshikawa M. Soymorphins, novel μ opioid peptides derived from soy β-conglycinin β-subunit, have anxiolytic activities [J]. Bioscience Biotechnology and Biochemistry, 2007, 71 (10): 2618-2621.

[7] Ota A, Yamamoto A, Kimura S, et al. Rational identification of a novel soy-derived anxiolytic-like undecapeptide acting via gut-brain axis after oral administration [J]. Neurochemistry International, 2017, 105: 51-57.

[8] Ghasemi M, Navidhamidi M, Rezaei F, et al. Anxiety and hippocampal neuronal activity: Relationship and potential mechanisms [J]. Cognitive Affective & Behavioral Neuroscience, 2022, 22 (3): 431-449.

[9] Zhou Y, Danbolt N C. Glutamate as a neurotransmitter in the healthy brain [J]. Journal of Neural Transmission, 2014, 121 (8): 799-817.

[10] Tang Y, Le W D. Differential roles of M1 and M2 Microglia in neurodegenerative diseases [J]. Molecular Neurobiology, 2016, 53 (2): 1181-1194.

[11] Wang L, Ding Y Y, Wu Y Q, et al. Koumine ameliorates neuroinflammation by regulating microglia polarization via activation of Nrf2/HO-1 pathway [J]. Biomedicine & Pharmacotherapy, 2023, 167: 115608.

[12] Zhang J, Li W H, Ying Z W, et al. Soybean protein-derived peptide nutriment increases negative nitrogen balance in burn injury-induced inflammatory stress response in aged rats through the modulation of white blood cells and immune factors [J]. Food & Nutrition Research, 2020, 64: 3677.

[13] Notaras M, van den Buuse M. Neurobiology of BDNF in fear memory, sensitivity to stress, and stress-related disorders [J]. Molecular Psychiatry, 2020, 25 (10): 2251-2274.

[14] Shimizu A, Mitani T, Tanaka S, et al. Soybean-derived glycine-arginine dipeptide administration promotes neurotrophic factor expression in the mouse brain [J]. Journal of Agricultural and Food Chemistry, 2018, 66 (30): 7935-7941.

[15] Bagheri S, Moradi K, Ehghaghi E, et al. Melatonin improves learning and memory of mice with chronic social isolation stress via an interaction between microglia polarization and BDNF/TrkB/CREB signaling pathway [J]. European Journal of Pharmacology, 2021, 908: 174358.

[16] Katayama S, Imai R, Sugiyama H, et al. Oral administration of soy peptides suppresses cognitive decline by induction of neurotrophic factors in SAMP8 mice [J]. Journal of Agricultural and Food Chemistry, 2014, 62 (16): 3563-3569.

[17] Zhu X P, Sun-Waterhouse D, Tao Q, et al. The enhanced serotonin (5-HT) synthesis and anti-oxidative roles of Trp oligopeptide in combating anxious depression C57BL/6 mice [J]. Journal of Functional Foods, 2020, 67: 103859.

[18] Dinel A L, Lucas C, Le Faouder J, et al. Supplementation with low molecular weight peptides from fish protein hydrolysate reduces acute mild stress-induced corticosterone secretion and modulates stress responsive gene expression in mice [J]. Journal of Functional Foods, 2021, 76: 104292.

[19] Galano M, Venugopal S, Papadopoulos V. Role of STAR and SCP2/SCPx in the transport of cholesterol and other lipids [J]. International Journal of Molecular Sciences, 2022, 23 (20): 12115.

[20] Vagnerová K, Vodicka M, Hermanová P, et al. Interactions between gut microbiota and acute restraint stress in peripheral structures of the hypothalamic-pituitary-adrenal axis and the intestine of male mice [J]. Frontiers in Immunology, 2019, 10: 2655.

[21] Socala K, Doboszewska U, Szopa A, et al. The role of microbiota-gut-brain axis in neuropsychiatric and neurological disorders [J]. Pharmacological Research, 2021, 172: 105840.

[22] Li W H, Li H, Zhang Y X, et al. Differences in the gut microbiota composition of rats fed with soybean protein

and their derived peptides [J]. Journal of Food Science, 2021, 86 (12): 5452-5465.

[23] Naseribafrouei A, Hestad K, Avershina E, et al. Correlation between the human fecal microbiota and depression [J]. Neurogastroenterology and Motility, 2014, 26 (8): 1155-1162.

[24] Wang D N, Wu J B, Zhu P L, et al. Tryptophan-rich diet ameliorates chronic unpredictable mild stress induced depression- and anxiety-like behavior in mice: The potential involvement of gut-brain axis [J]. Food Research International, 2022, 157: 111289.

[25] Fusco W, Lorenzo M B, Cintoni M, et al. Short-chain fatty-acid-producing bacteria: Key components of the human gut microbiota [J]. Nutrients, 2023, 15 (9): 2211.

[26] Martin-Gallausiaux C, Marinelli L, Blottière H M, et al. SCFA: mechanisms and functional importance in the gut[J]. Proceedings of the Nutrition Society, 2021, 80(1): 37-49.

[27] Ashaolu T J, Saibandith B, Yupanqui C T, et al. Human colonic microbiota modulation and branched chain fatty acids production affected by soy protein hydrolysate [J]. International Journal of Food Science and Technology, 2019, 54 (1): 141-148.

[28] Wang Q X, Jia M Z, Zhao Y H, et al. Supplementation of sesamin alleviates stress-induced behavioral and psychological disorders via reshaping the gut microbiota structure [J]. Journal of Agricultural and Food Chemistry, 2019, 67 (45): 12441-12451.

[29] Kasarello K, Cudnoch-Jedrzejewska A, Czarzasta K. Communication of gut microbiota and brain via immune and neuroendocrine signaling [J]. Frontiers in Microbiology, 2023, 14: 1118529.

第4章

大豆肽对睡眠的改善作用

4.1 引言

4.1.1 睡眠对人体健康的重要性

睡眠是人体恢复精神和缓解疲劳的重要生命活动过程。充足的睡眠是国际社会公认的三项健康标准之一[1]。如今，全世界约有 1/3 的人面临睡眠问题。大约 38%的中国人口患有各种类型的睡眠障碍，患有睡眠障碍的女性是男性的 1.5～2 倍。老年人患睡眠障碍的比例更高，占该人群的 40%～70%[2]。长期的睡眠障碍不仅会降低生活质量，还会影响患者的生理功能，如认知障碍、记忆力下降、思考能力退化、反应能力迟缓。严重者会导致身体出现如焦躁、抑郁、神经退行性疾病等疾病[3,4]。大量研究表明，睡眠的发生与中枢神经系统释放的神经递质［神经肽物质 P（SP)、一氧化氮（NO)、γ-氨基丁酸（GABA)、5-羟色胺（5-HT)、多巴胺（DA)、褪黑素（MT）等］及对应受体密切相关，还与细胞因子［白细胞介素（IL-6)、白细胞介素-1（IL-1β)、肿瘤坏死因子（TNF-α）等］相关[5,6]。5-HT 是一种蒽醌衍生物，最初在血清中发现，因此又名血清素，广泛分布于哺乳动物组织中。5-HT 作为一种神经激素，在调节睡眠/觉醒、进食、情绪控制和压力反应中起重要作用[7,8]。然而血液中的 5-HT 无法穿过血脑屏障进入大脑。因此大脑中的 5-HT 是由大脑摄取 L-色氨酸后经过色氨酸羟化酶（TPH）合成五羟色氨酸（5-HTP)，随后 5-羟色氨酸在芳香族氨基酸脱羧酶（5-MTPIX）的作用下脱羧形成 5-HT[9]。MT 是由 5-HT 分两步合成的，第一步是通过芳基烷基胺 *N*-乙酰基转移酶（AANAT）将 5-HT 催化为 *N*-乙酰基-5-羟色胺（NAS)，第二步是通过羟吲哚-*O*-甲基转移酶［HIOMT，也称为 *N*-乙酰基-5-羟色胺-*O*-甲基转移酶（ASMT)］对 *N*-乙酰基-5-羟色胺进行甲基化得到 MT[10]。

4.1.2 肽对睡眠改善的研究现状

近年来，随着公众对睡眠质量关注度的显著提升，针对肽类物质在促进睡眠领域的研究也逐渐增多。牛奶酪蛋白作为潜在的富含睡眠增强肽的天然资源，已有研究从中筛选了 3 种新型强睡眠增强肽 YQKFPQY、YPFPGPIPN 和 YIPIQY，并在体内验证了它们的活性[11]。此外，核桃肽在改善睡眠剥夺诱导的大鼠记忆障碍方面显示出潜在的神经保护作用，并鉴定出发挥关键作用的肽为 WCPFSRSF[12]。同时，菜籽多肽能显著提高小鼠的睡眠率和延长睡眠时间，但不缩短睡眠潜伏期[13]。另外，酸枣仁百合睡眠肽复合物在大鼠失眠模型中表现出良好的促睡眠效果，该复合物能显著改善失眠大鼠的行为学和睡眠质量，通过调节下丘脑中的神经递质水平，如增加 GABA 含量和降低 NE、DA 含量，从而发挥促睡眠作用[14]。总之，食源性肽在改善睡眠方面显示出良好的潜力。不同来源的食源性肽通过不同的机制发挥作用，如调节神经递质水平、抑制神经元放电活动等。未来的研究需要进一步探索这些肽的具体作用机制及其在人类中的应用潜力。

4.1.3 本章研究内容与意义

本章以果蝇为实验模型，采用动物行为分析系统检测大豆肽对 20 日龄雄性果蝇睡眠行为的影响，并检测大豆肽对生物钟基因（*per*、*tim*、*clk* 和 *cyc*）与参与调控睡眠的神经递质合成限速酶的基因（*GAD*、*TPH*、*GDH* 和 *HDC*）的影响。另一方面，通过戊巴比妥钠诱导的老年小鼠模型用于研究大豆肽对老年小鼠睡眠时间的影响。通过 ELISA 试剂盒检测与睡眠相关的神经递质（SP、NO、GABA、5-HT、DA、MT）和细胞因子（IL-6、IL-1β、TNF-α）含量变化，并通过蛋白印迹检测小鼠大脑中的神经递质调节酶和受体的含量变化，以阐明大豆肽的作用机制，为大豆肽作为睡眠功能性食品的开发提供理论依据。

本实验方案符合动物福利和伦理要求，得到北京大学第三医院动物实验伦理审查委员会批准（IRB00006761-2018048）。

4.2 研究方法

4.2.1 实验动物

野生型黑腹果蝇（*Drosophila melanogaster*）Canton-S（CS）品系由北京大学生命科学学院提供，采用酵母-玉米淀粉标准培养基饲喂。果蝇在（25±0.5）℃的温度，(60±2)%的湿度，光暗交替（7:00 开灯，19:00 关灯）的人工气候培养箱中饲养。实验中所用果蝇均为羽化 20 日的雄性果蝇。雄性小鼠（8 月龄），体质量 40～50g，购自北京维通利华实验动物技术有限公司；实验遵循与国际医学科学组织理事会（CIOMS）发布的《涉及动物的生物医学研究国际指导原则》相一致的程序，并得到北京大学第三医院的批准(IRB00006761-2018048)。将来自北京大学实验动物中心的六周大的 Wistar 小鼠（20±2)g 置于室温条件（22～24℃）的笼子中，并进行 12h 的明/暗光照，小鼠可自由接触食物和水，每只小鼠仅使用一次。

4.2.2 果蝇的睡眠监控

采用动物行为分析系统 VideoTrack，在明暗各 12h 的条件下监测果蝇第二十日九点至第二十五日九点的睡眠。在实验前一天，将雄性果蝇在二氧化碳麻醉台上麻醉后，分为四组，每组 32 只，其中一组为空白组，另外三组，分别为高剂量组（大豆肽，8mg/mL）、中剂量组（大豆肽，4mg/mL）、低剂量组（大豆肽，2mg/mL），每只装入监测管中，一端塞上能透气的海绵，另一端附上 0.5cm 的培养基或含有大豆肽的培养基并用蜡封住防止饲料失水风干。把监测玻璃管固定到检测板上，每 5min 记录一次数据，果蝇睡眠监控示意图如图 4-1 所示。

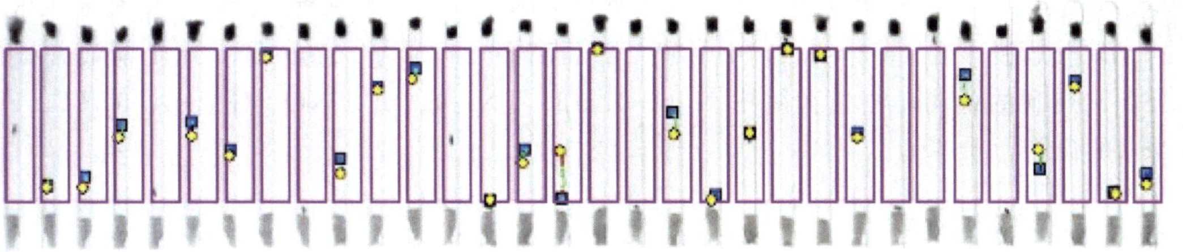

图 4-1　果蝇睡眠监控

4.2.3　果蝇头部 RNA 提取和实时荧光定量 PCR

将待测的果蝇通过二氧化碳麻醉平台麻醉，并装在冻存管中，迅速放入液氮罐中，5min 后取出并迅速用力摇晃，使其充分破碎，倒入 40 目的实验室标准筛（筛子提前用液氮冷却），筛子截留的就是果蝇的躯体，筛子下方放白纸，白纸上面就是果蝇的头、腿、翅、触角，再将白纸上的样品倒入 20 目的筛子，筛子截留的就是果蝇的头部。将果蝇头部置于冻存管中，放入液氮备用。

将收集的果蝇头部样品使用液氮研磨，加入 TRizol Reagent（美国 Life Technologies）裂解样品并根据试剂盒说明书提取果蝇头部总 RNA。将 1μg RNA 样品用 M-MLV 逆转录酶试剂盒（美国 Promega 公司）反转录为 cDNA，进一步使用 SYBR Green Mix（Applied Biosystems Master）进行荧光定量 PCR，检测目的基因 mRNA 水平（LightCycler96，Roche）。RT-qPCR 反应程序为：95℃下预变性 10min（1 个循环），在 95℃　10s，60℃　1min 条件下进行 40 个循环扩增，收集 Ct 值数据后采用 $2^{-\Delta\Delta Ct}$ 法进行数据分析。使用 GAPDH 基因的 mRNA 表达水平作为内参。

4.2.4　果蝇头部 GABA、5-HT、Glu 和 His 的测量

从液氮罐中取出装有果蝇头的冻存管，每组 30 只，加入 0.5mL 的生理盐水，3000r/min 离心 10min，取上清液，使用 GABA、5-HT、Glu 和 His 的 ELISA 试剂盒进行检测，每个组三个平行，在酶标仪 450nm 的波长下测量。

4.2.5　戊巴比妥钠诱发的睡眠试验

根据 70kg 成年动物每天摄入 10g 大豆肽（SBP），按体重和表面积换算得到喂养小鼠的方案为低剂量组按 0.65g/kg 标准饲喂，中剂量组按 1.30g/kg 标准饲喂，高剂量组按 2.60g/kg 标准饲喂，阳性对照组按 1.30g/kg 标准饲喂大豆分离蛋白（SPI），空白对照组饲喂等量的生理盐水。将小鼠分为 5 组，每组分成 20 只，每天按上述要求灌胃一次，连续 9 天。每次灌胃结束后 30min 时，将戊巴比妥钠（50mg/kg）注射到每只小鼠腹内，并将小鼠翻身放在（38±2)℃的热垫上面，开始记录小鼠翻身的持续时间（以不再翻身的时间大于 60s 为停止计时标准），并将这一时间定义为睡眠潜伏期。之后，将小鼠不再翻身直到小鼠开始翻身（即将清醒）的这段时间定义为睡眠时间，记录并汇总分析睡眠潜伏期和睡眠时间。

4.2.6　脑神经递质含量的测定

将小鼠分成 5 组，每组 20 只，按 4.2.5 的方案进行灌胃，每天灌胃一次，连续 3 天。

在第三天灌胃后 30min，断头处死小鼠迅速剥离大脑，并将大脑称重。然后，将大脑在冰冷的 10%磷酸盐缓冲液（pH=7.4）中碾碎，随后离心（14000g，20min），取上清液并根据 ELISA 试剂盒的说明，测量大脑中 IL-6、IL-1β、TNF-α、SP、NO、GABA、5-HT、DA 和 MT 的含量。

4.2.7 蛋白质印迹

用冰冷的 RIPA（Thermo Fisher Scientific，上海，中国）裂解液裂解小鼠脑组织，并在冰上温育 30min 以提取蛋白质。在 4℃条件下离心（14000g，15min）收集上清液，以进行进一步测试。每个样品的蛋白质浓度通过 BCA 蛋白质检测试剂盒（Thermo Fisher Scientific，中国上海）测量。然后将上清液在 5×上样缓冲液中煮沸 10min，并在 100g/L 十二烷基硫酸钠-聚丙烯酰胺凝胶（SDS-PAGE）上电泳。随后将蛋白带转移至硝酸纤维素（NC）膜上（Millipore USA），并在室温下用 50g/L 脱脂奶粉封闭 1h。在含有吐温 20（TBST）的 Tris 缓冲盐水中洗涤 3 次后，将 NC 膜与指定的一抗（TPH、AANAT、MT1、MT2）在 4℃下孵育过夜，然后再次用 TBST 洗涤 3 次，再用 1∶5000 稀释的二抗在室温下孵育 1h。清洗膜后，使用 ECL 化学发光法进行检测。采用 Image J 软件测量条带灰度。以 GAPDH 作为上样内参检测蛋白。

4.3 研究结果

4.3.1 大豆肽对果蝇睡眠时长的影响

如图 4-2 所示，在正常的培养基中额外加入大豆肽（2mg/mL、4mg/mL 和 8mg/mL），研究其对雄性果蝇睡眠时长的影响。与对照组相比，大豆肽的低中高三个剂量组能显著（$P<0.05$）提高雄性果蝇在第二天晚上的睡眠时长。其中高剂量大豆肽能较显著（$P<0.01$）提高睡眠时长。由第三天晚上的睡眠时长监测结果分析可得，与对照组相比，

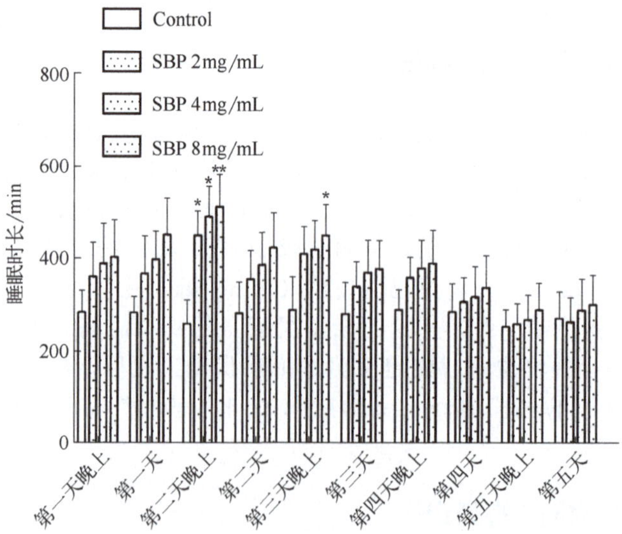

图 4-2 大豆肽对果蝇睡眠时长的影响

大豆肽的高剂量组能显著延长睡眠时长，其他剂量组没有统计学意义。这可能是由于加入的大豆肽随着时间的延长发生变质（肽在湿润的环境下易变质），或者是由于大豆肽消耗完毕不再对睡眠时长有明显的效果。因此，在 20 日额外添加大豆肽，能有效延长果蝇睡眠时长，延长效果的最佳时效是 24～36h，最佳剂量为 8mg/mL。

4.3.2　大豆肽对果蝇生物钟基因的营养调节

果蝇的睡眠四个核心生物钟基因（*per*、*tim*、*clk*、*cyc*）和其他生物钟基因及其编码蛋白组成了互相转录-翻译反馈环路以驱动其昼夜节律，并且在果蝇和哺乳动物之间保持一致。如图 4-3，首先 DNA 结合异二聚体 CLK/CYC（*clk* 和 *cyc* 转录而来）与靶标启动子中的 E-box 序列（通常为 CACGTG）结合以激活基因 *per*/*tim*，使其转录表达形成 PER/TIM 蛋白二聚体，在傍晚光线消失后开始大量转录形成，到午夜的时候，达到顶峰，随后，PER/TIM 蛋白二聚体慢慢解离，并进入细胞核中，通过 CK2、SGG、PP2A、PP1 实现 PER 和 TIM 蛋白的磷酸化并与 DBT 结合抑制 DNA 结合异二聚体 CLK/CYC，并与靶标启动子中的 E-box 序列结合，抑制激活 *per*/*tim* 基因的转录。抑制 CLK/CYC 转录激活（白天）和抑制 PER/TIM（夜晚），昼夜调节循环[15]。

如图 4-4，三个剂量的大豆肽对 *per*、*tim*、*clk*、*cyc* 基因均有上调作用。大豆肽的中剂量组果蝇的四个核心生物钟基因均显著（$P<0.01$）上调，低剂量组只 *tim* 基因显著上调（$P<0.01$），*per*、*clk*、*cyc* 这三个基因较显著上调。果蝇睡眠基因中 *tim* 基因上调效果最好，低剂量和中剂量大豆肽均较显著（$P<0.01$）上调，尤其是高剂量大豆肽极显著（$P<0.001$）上调了 *tim* 基因。这说明大豆肽的摄入可能对果蝇的 *tim* 基因影响更大，从而促进 PER/TIM 蛋白二聚体的形成，以延长睡眠时长。

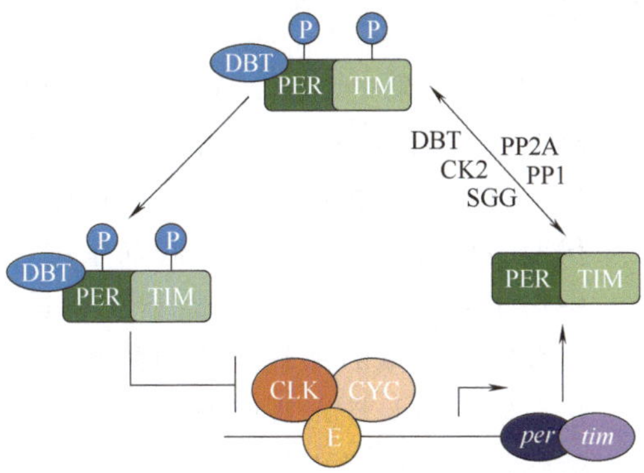

图 4-3　*cyc*/*clk* 和 *per*/*tim* 的调节反馈回路图

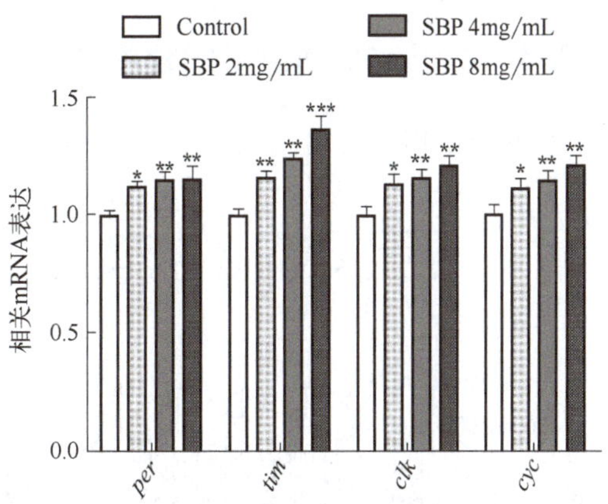

图 4-4　大豆肽对果蝇睡眠核心生物钟基因表达的调控

4.3.3　大豆肽对果蝇睡眠调控相关神经递质合成基因的营养调节

结果如图 4-5 所示，相较于空白组，大豆肽的高剂量组 *GDH* 和 *HDC* 基因表达水平显著上调（$P<0.05$），*GAD* 基因表达水平较显著上调（$P<0.01$），*TPH* 基因表达水平极显著上调（$P<0.001$）。大豆肽的中剂量组显著上调 *GAD* 和 *GDH* 基因水平（$P<0.05$），*TPH* 水平较显著上调（$P<0.01$），对 *HDC* 基因的影响无统计学意义。大豆肽的低剂量组

只 *TPH* 基因较显著上调（$P<0.01$），对其他三个基因的影响无统计学意义。因此，三个剂量的大豆肽对不同的神经递质影响呈现剂量依赖性，但是对 *TPH* 的上调的影响最为明显。

随后对果蝇脑部神经递质 GABA、5-HT、谷氨酸（Glu）和组氨酸（His）进行测量，GABA、Glu 和 His 的变化在大豆肽三个组的影响下无显著性差异，无统计学意义。如图 4-6 所示，只有高剂量大豆肽组的果蝇的 5-HT 水平有显著性差异。高剂量大豆肽显著提高果蝇的 5-HT 水平（$P<0.05$），结果与之前在小鼠上研究得到的结果相似[16]。因此，大豆肽是通过上调 5-HT 的限速酶——色氨酸羟化酶（TPH）基因表达水平，促进了果蝇分泌 5-HT，5-HT 分泌量的改善，对于延长睡眠时间具有重要作用[17]。

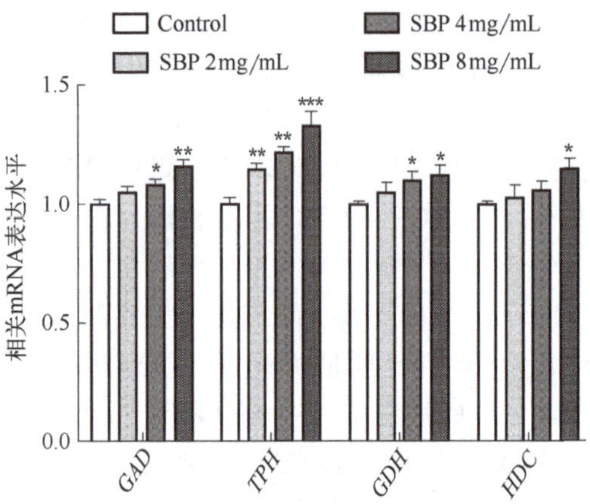

图 4-5　大豆肽对果蝇睡眠调控相关神经递质合成基因的影响

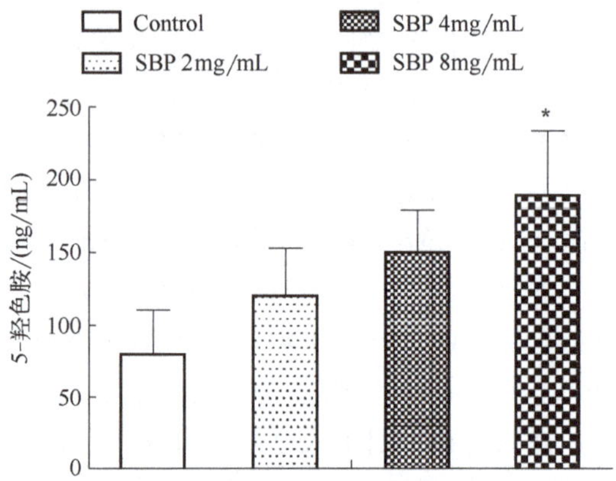

图 4-6　果蝇脑部 5-羟色胺含量

4.3.4　戊巴比妥钠诱发的睡眠试验中大豆肽的作用

如图 4-7 所示，戊巴比妥钠（50mg/kg）诱导睡眠实验结果中，在 9 天的给药过程中，小鼠在灌胃 6min 后显示出扭转反射丧失。与对照组相比，三个大豆肽组的潜伏期缩短效果是不同的，低剂量组优于中剂量组，而中剂量组优于高剂量组，大豆肽对小鼠的睡眠潜伏期的影响显示出浓度负相关性，从而说明低剂量组对睡眠的诱导效果更好，但是与空白对照组和阳性对照组都没有显著性差异，因此无统计学意义；阳性对照组优于大豆肽的中剂量组，但是相差很小，并无统计学意义。

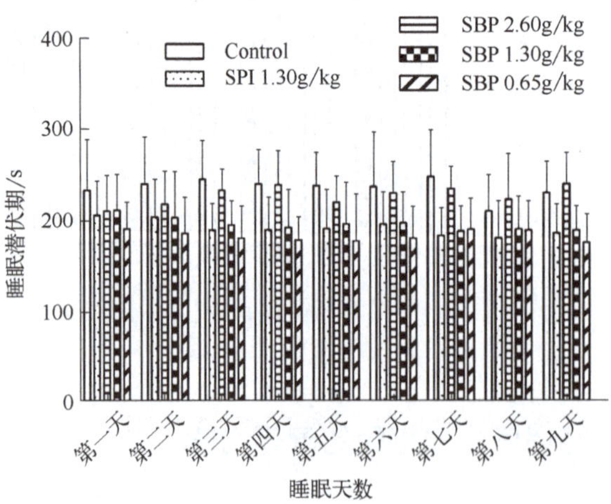

图 4-7　小鼠的睡眠潜伏期

如图 4-8 所示，9 天的戊巴比妥钠诱导小鼠睡眠，并灌胃大豆肽或生理盐水的睡眠监控过程中，与空白对照组相比，大豆肽低剂量组在第三天到第九天的时间里显著延长小鼠的睡眠时长（$P<0.05$）。其中第三天睡眠延长效果最好，睡眠时长较对照组延长了

59.21%。与空白对照组相比，阳性对照组和大豆肽中剂量组鼠的睡眠时间略有延长，但是两者之间并无显著性差异，无统计学意义。而与对照组相比，高剂量组的大豆肽反而缩短了小鼠的睡眠时长。睡眠时间随大豆肽剂量的增加而减少的原因有待进一步通过神经递质和蛋白质印迹实验进行解释。

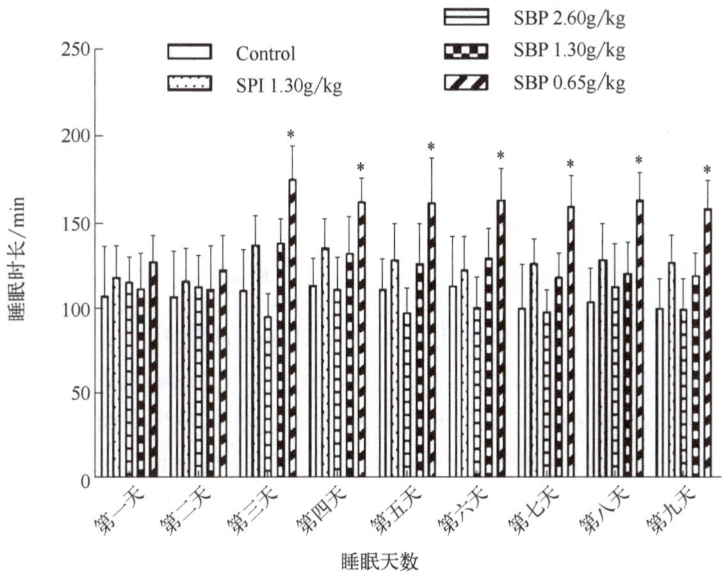

图 4-8　小鼠的睡眠时长

4.3.5　小鼠脑中神经递质水平分析

研究表明小鼠大脑中 IL-6、IL-1β、TNF-α、SP、NO 和 GABA 含量的变化都没有显著性差异，因此无统计学意义，如表 4-1 所示。只有 5-HT 和 MT 有显著性变化，具有统计学意义，由于 5-HT 和 MT 的前体是色氨酸，因此又测试了小鼠脑内色氨酸、5-羟色氨酸和 5-HT 的含量变化，并绘制成图。

表 4-1　大脑中神经递质和细胞因子的含量

因子	空白组	SPI (1.30g/kg)	SBP (2.60g/kg)	SBP (1.30g/kg)	SBP (0.65g/kg)
IL-6/(pg/mL)	12.70±0.58	12.52±0.41	12.62±0.47	12.53±0.37	12.42±0.45
IL-1β/(pg/mL)	12.80±0.36	13.40±0.46	13.20±0.45	12.90±0.41	13.02±0.59
TNF-α/(pg/mL)	67.85±2.83	67.05±4.21	67.01±3.32	66.95±3.20	66.85±3.16
SP/(pg/mL)	38.69±2.25	38.95±3.22	40.02±2.86	38.89±3.01	39.93±2.26
NO/(μmol/L)	4.16±0.27	4.18±0.44	4.21±0.46	4.15±0.42	4.16±0.32
GABA/(μmol/L)	0.85±0.03	0.85±0.04	0.87±0.05	0.85±0.06	0.86±0.02

如图 4-9 所示，与对照组相比，大豆肽组和阳性对照组的小鼠大脑中色氨酸含量显著升高，并且与大豆肽浓度呈正相关趋势，尤其是大豆肽的高剂量组使小鼠脑内的色氨酸含量显著增加了 71.42% ($P<0.05$)。从而说明大豆肽对补充色氨酸具有良好的效果。

如图 4-10 所示，与空白对照组相比，高剂量大豆肽组小鼠脑内 5-羟色氨酸含量显著升高 ($P<0.05$)。而大豆肽的低剂量组、中剂量组以及阳性对照组对小鼠脑内 5-羟色氨酸的含量无显著性影响，无统计学意义。

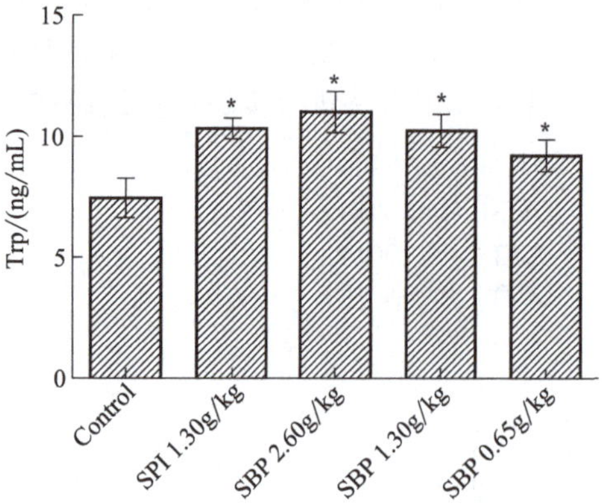

图 4-9　小鼠脑中色氨酸的含量

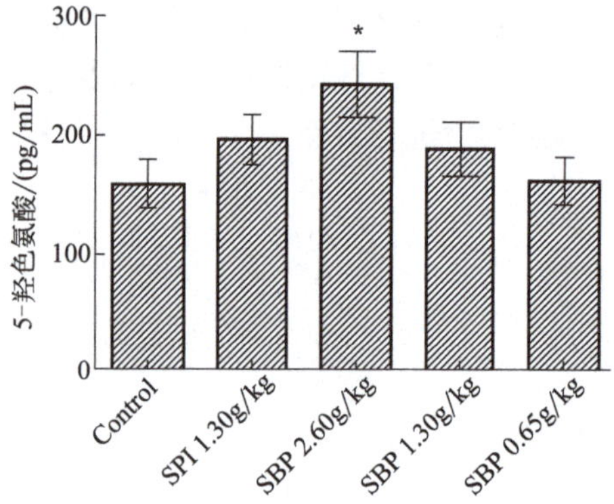

图 4-10　小鼠脑中 5-羟色氨酸的含量

如图 4-11 所示，与空白对照组相比，大豆肽组（高剂量组和中剂量组）和阳性对照组小鼠大脑中的 5-HT 含量显著升高（$P<0.05$），其中大豆肽高剂量组小鼠脑内的 5-羟色胺增加了 90.61%，虽然小鼠脑内 5-HT 的含量随大豆肽浓度的升高而增加，但是大豆肽低剂量组对小鼠脑内的 5-HT 含量的影响与对照组相比无显著性差异，无统计学意义。

如图 4-12 所示，与对照组相比，大豆肽组和阳性对照组小鼠脑内 MT 含量均显著性升高（$P<0.05$），而小鼠脑内 MT 的升高随着大豆肽浓度的升高而降低，呈现出浓度的负相关性，而大豆肽的中剂量组和阳性对照组之间相比无显著性差异，但是大豆肽低剂量组相较于空白对照组使小鼠脑内的 MT 含量较显著性（$P<0.01$）升高了近 95.31%。

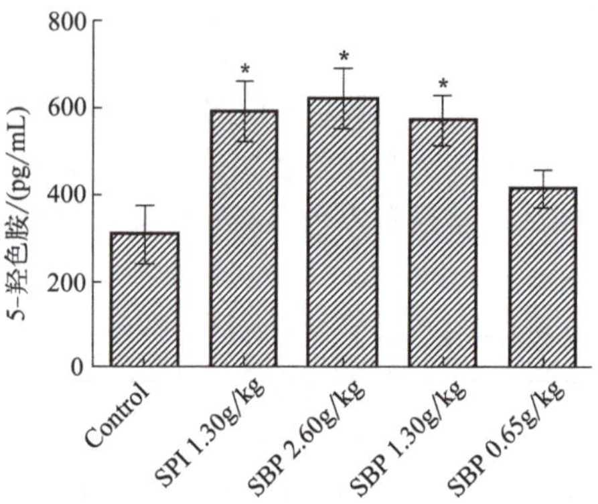

图 4-11　小鼠脑中 5-羟色胺的含量

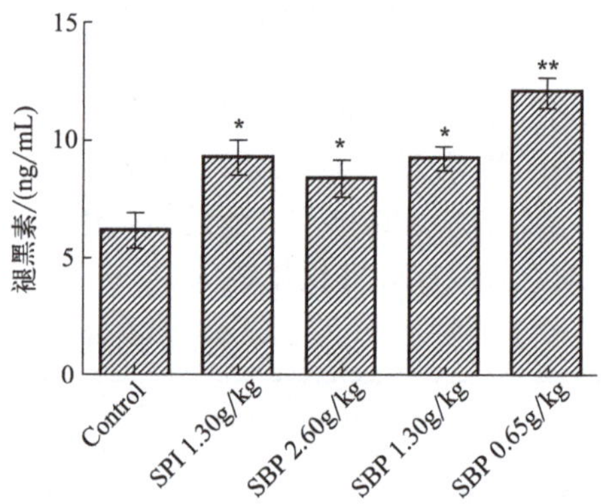

图 4-12　小鼠脑中褪黑素的含量

结合睡眠时长图 4-8，与对照组相比，大豆肽高剂量组小鼠第三天的睡眠时长缩短。5-HT 对睡眠的延长作用一直存在争议，Melancon 研究报告称，大脑中释放的 5-HT 有助于促进睡眠；饮食中补充色氨酸可以刺激 5-HT 释放并促进睡眠，然而也有研究表明大脑中释放的 5-HT 含量过高可能抑制脊髓上神经网络并引起觉醒[18]。Ito 等人的研究报告指出，增加大脑中 5-羟色胺含量的药物［例如西酞普兰（SSRI）］通常会提高人类和啮齿动物睡眠时的清醒度，将 5-羟色胺的量加倍将降低睡眠唤醒的阈值并破坏非快速眼动（NREM）睡眠，从而导致睡眠中断进而促进觉醒[19]。此外，微透析研究表明，大脑中的 5-HT 水平在觉醒时最高，在 NREM 时较低，而在快速眼动（REM）时最低。因此，增加脑内 5-HT 含量可以降低唤醒阈值[20]。这说明大豆肽高剂量组小鼠大脑中的 5-HT 含量几乎增加了一倍，这可能是与对照组小鼠相比睡眠时间减少的原因（图 4-8）。因为 MT 是促进睡眠的神经递质，促进睡眠的 NREM 的 3 期和 4 期，尤其能增加 REM 的时长，因此大豆肽高剂量组使小鼠大脑中的 5-HT 含量过高，这样导致小鼠唤醒度提高，从而缩短 NREM 和 REM 睡眠时间，进而导致 MT 合成减少，并与 MT 形成拮抗，导致睡眠时长比空白对照组还低。

与对照组相比，低剂量大豆肽使小鼠大脑中 MT 含量增加 95.31%（图 4-12），如图 4-11 所示，与对照组相比，低剂量大豆肽使 5-羟色胺的释放有所增加但无统计学意义。然而，如图 4-8 所示，在给小鼠灌胃的第三天，低剂量大豆肽对小鼠的睡眠时长延长具有显著（$P<0.05$）的影响。因此，大豆肽使小鼠的睡眠时间延长可能是由增加小鼠大脑中 MT 含量引起的。如图 4-11、图 4-12 所示，与对照组相比，大豆肽中剂量组和大豆分离蛋白组小鼠 5-HT 和 MT 含量显著增加（$P<0.05$）。因为 5-羟色胺升高过多可能会导致苏醒，而 MT 升高则会促进睡眠，而这两者可能相互抵消。因此，中剂量大豆肽和大豆分离蛋白在延长小鼠睡眠方面没有显著差异（图 4-8）。为了更加深入研究大豆肽是通过何种途径影响 5-HT 和 MT 释放的，还有对睡眠的延长是否和受体相关，接下来进行蛋白质印迹实验以进一步阐明。

4.3.6 大豆肽对 TPH 蛋白表达的影响

为了进一步阐明大豆肽对小鼠大脑神经递质 5-HT 的调控机制，通过蛋白质印迹分析合成 5-HT 的关键限速酶 TPH。如图 4-13 所示，与空白对照组相比，高剂量大豆肽较显著上调小鼠脑内 TPH 蛋白的表达（$P<0.01$），这可能是高剂量大豆肽使小鼠脑内 5-HT 水平升高近一倍的原因所在。大豆肽组和阳性对照组与空白对照组相比小鼠脑内 TPH 蛋白的表达均显著上调（$P<0.05$），虽然相同剂量的大豆肽和大豆分离蛋白对小鼠脑内 TPH 蛋白的表达无显著性差异，但是大豆肽比大豆分离蛋白对 TPH 的上调要高。这表明，大豆肽在调节 TPH 方面比大豆分离蛋白更具活性，而大豆肽的三个剂量组小鼠大脑中 TPH 蛋白的表达随着大豆肽的浓度升高而上调并呈现浓度依赖性，除了底物色氨酸浓度高的原因，这是大豆肽对小鼠脑内 5-羟色胺含量呈现浓度依赖性的另一个原因所在。

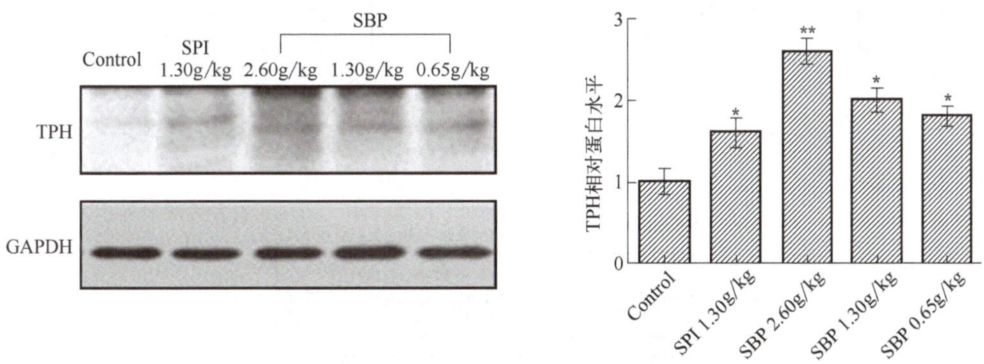

图 4-13 大豆肽对 TPH 蛋白表达的影响

4.3.7 大豆肽对 AANAT、MT1、MT2 蛋白表达的影响

如图 4-14 所示，与对照组相比，低剂量大豆肽显著上调了小鼠脑内 AANAT 蛋白的表达（$P<0.01$）。而大豆肽高剂量组、中剂量组以及阳性对照组 AANAT 蛋白水平无显著性

差异，因此无统计学意义。阳性对照组相较于空白对照组小鼠脑内的 AANAT 蛋白的表达有下调的趋势，从而说明大豆分离蛋白在调节 AANAT 的蛋白表达方面的作用不如大豆肽效果好。据报道，AANAT 的表达上调可以降低 5-HT 水平并增加 MT 的含量[21]。这可能导致大豆肽低剂量组小鼠脑内的 5-羟色胺含量低于其他大豆肽剂量组（图 4-11），而增强 AANAT 的表达也导致了 MT 的含量升高（图 4-12）。5-羟色胺经过酶促反应在松果腺中形成 MT，而 MT 通过结合两个高亲和力的 G 蛋白偶联受体 MT1 和 MT2 来调节睡眠[22]。因此，研究了 MT 受体 MT1 和 MT2 蛋白的表达。

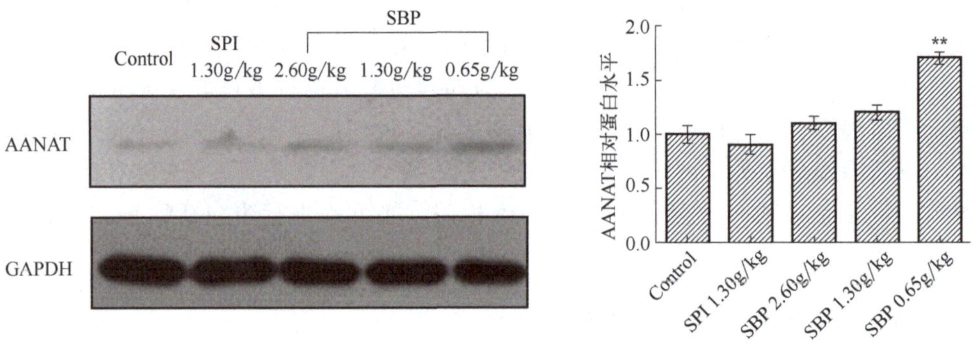

图 4-14　大豆肽对 AANAT 表达的影响

如图 4-15 所示，在 MT1 的影响研究中，与空白对照组相比，中剂量和低剂量大豆肽显著（$P<0.05$）上调了 MT1 蛋白的表达，而大豆肽高剂量组和阳性对照组小鼠脑内 MT1 蛋

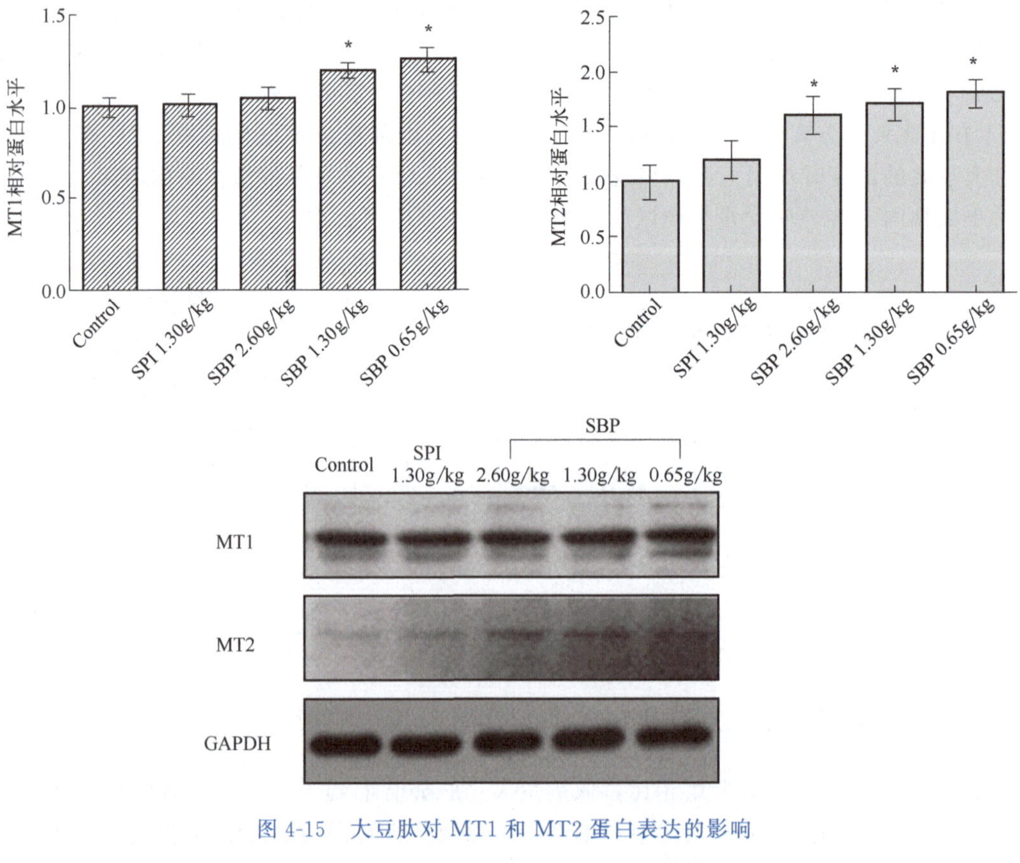

图 4-15　大豆肽对 MT1 和 MT2 蛋白表达的影响

白的表达没显著性差异，无统计学意义。在对 MT2 的研究中，与空白对照组相比，三个剂量的大豆肽均显著（$P<0.05$）上调了 MT2 蛋白的表达，而阳性对照组小鼠脑内 MT2 的表达没有显著变化。

TPH 和 AANAT 是在生物大脑中合成 MT 的两种限速酶。因此，大豆肽低剂量组延长睡眠的机制可能是通过补充色氨酸（底物）并增加小鼠脑内 TPH 和 AANAT 的蛋白表达，从而使脑内的色氨酸更多地转化为 5-HT，进而又大量转化为 MT，并增加 MT1 和 MT2 蛋白的表达，使 MT 更多地与 MT1 和 MT2 结合从而延长睡眠时长。

4.4 研究结论

在老年果蝇睡眠实验中，发现大豆肽对其睡眠时长上调最佳的时间为 24～36h，并且三个剂量的大豆肽对睡眠的延长呈剂量依赖性。通过核心生物钟基因（*per*、*tim*、*clk* 和 *cyc*）的测定，得到响应最强的是 *tim* 基因。对 GABA、5-HT、GAD、TPH、GDH 和 HDC 表达水平的影响中，*TPH* 基因表达上调效果最显著。因此大豆肽是通过上调 *tim* 基因，提高转录形成 PER/TIM 蛋白二聚体，并提高 TPH 的水平，增加 5-HT 的分泌来延长果蝇的睡眠。通过老年小鼠睡眠实验，发现大豆肽可以有效补充色氨酸并通过上调限速酶 TPH 和 AANAT 的表达，以增加脑中 MT 的含量，并且上调受体 MT1 和 MT2 的表达，使更多的 MT 与 MT1 和 MT2 结合来延长睡眠时间。对于由于色氨酸摄入不足或蛋白酶和消化酶活力下降，进而导致睡眠障碍的老年人来说，可以将大豆肽用作潜在的睡眠改善功能性食品。

参考文献

[1] Ramar K, Malhotra R K, Carden K A, et al. Sleep is essential to health: an American academy of sleep medicine position statement [J]. Journal of Clinical Sleep Medicine, 2021, 17(10): 2115-2119.

[2] Abenza Abildua M J, Miralles Martinez A, Arpa Gutierrez F J, et al. Conditions associated with REM sleep behaviour disorder: Description of a hospital series [J]. Neurologia, 2019, 34(3): 159-164.

[3] Comai S, Ochoa-Sanchez R, Dominguez-Lopez S, et al. Melancholic-Like behaviors and circadian neurobiological abnormalities in melatonin MT_1 receptor knockout mice [J]. International Journal of Neuropsychopharmacology, 2015, 18(3), 1-10.

[4] Anderson G, Jacob A, Bellivier F, et al. Bipolar disorder: The role of the kynurenine and melatonergic pathways [J]. Current Pharmaceutical Design, 2016, 22(8): 987-1012.

[5] Holst S C, Valomon A, Landolt H-P. Sleep pharmacogenetics: personalized sleep-wake therapy [J]. Annual Review of Pharmacology and Toxicology, 2016, 56: 577-603.

[6] Wang S Y, Shi X C, Laborda P. Indole-based melatonin analogues: Synthetic approaches and biological activity [J]. European Journal of Medicinal Chemistry, 2020, 185: 111847.

[7] Oikonomou G, Altermatt M, Zhang R W, et al. The serotonergic raphe promote sleep in zebrafish and mice [J]. Neuron, 2019, 103(4): 686-701.

[8] Sundar I K, Yao H, Huang Y, et al. Serotonin and corticosterone rhythms in mice exposed to cigarette smoke and in patients with COPD: Implication for COPD-associated neuropathogenesis [J]. Public Library of Science ONE, 2014, 9(2): e87999.

[9] Doghramji K. Melatonin and its receptors: a new class of sleep-promoting agents [J]. Journal of clinical sleep medicine : JCSM : official publication of the American Academy of Sleep Medicine, 2007, 3(5 Suppl): S17-S23.

[10] Barboni M T S, Bueno C, Nagy B V, et al. Melanopsin system dysfunction in Smith-Magenis syndrome patients [J]. Investigative Ophthalmology & Visual Science, 2018, 59(1): 362-369.

[11] Qian J, Yu F, Arnold L A, et al. Exploring structural features of sleep-enhancing peptides derived from casein hydrolysates by chemometrics and random forest methodology [J]. Food chemistry, 2024, 461: 140838.

[12] Zhang Q, Zheng L, Luo D, et al. Peptide WCPFSRSF alleviates sleep deprivation-induced memory impairment by inhibiting neuroinflammation and modulating IL-6/JAK/STAT signaling pathway [J]. Food Bioscience, 2022, 50, 102176.

[13] 王禹程，李云亮，杨雪，等. 菜籽多肽改善小鼠睡眠功效的研究 [J]. 粮食与油脂, 2017, 30 (04): 57-60.

[14] 梁曹雯，曹庸，李俊，等. 酸枣仁百合睡眠肽复合物改善失眠模型大鼠的睡眠 [J]. 现代食品科技, 2021, 37 (09): 1-7.

[15] Allada R, Chung B Y. Circadian organization of behavior and physiology in *Drosophila* [J]. Annual Review of Physiology, 2010, 72: 605-624.

[16] Yi G, Safdar B, Zhang Y, et al. A study of the mechanism of small-molecule soybean-protein-derived peptide supplement to promote sleep in a mouse model [J]. Royal Society of Chemistry Advances, 2020, 10 (19): 11264-11273.

[17] Liu C, Meng Z, Wiggin T D, et al. A serotonin-modulated circuit controls sleep architecture to regulate cognitive function independent of total sleep in *Drosophila* [J]. Current Biology, 2019, 29 (21): 3635-3646.

[18] Melancon M O, Dionne I J, Lorrain D. Exercise and sleep in aging: emphasis on serotonin [J]. Pathol Biol (Paris), 2014, 62 (5): 276-283.

[19] Ito H, Yanase M, Yamashita A, et al. Analysis of sleep disorders under pain using an optogenetic tool: possible involvement of the activation of dorsal raphe nucleus-serotonergic neurons [J]. Pathologie Biologie, 2013, 6: 59.

[20] Portas C M, Bjorvatn B, Ursin R. Serotonin and the sleep/wake cycle: special emphasis microdialysis studies [J]. Progress in Neurobiology, 2000, 60 (1): 13-35.

[21] Jagota A, Reddy M Y. The effect of curcumin on ethanol induced changes in suprachiasmatic nucleus (SCN) and pineal [J]. Cellular and Molecular Neurobiology, 2007, 27 (8): 997-1006.

[22] Stauch B, Johansson L C, McCorvy J D, et al. Structural basis of ligand recognition at the human MT_1 melatonin receptor [J]. Nature, 2019, 569 (7756): E6.

第5章 大豆肽改善血糖功能性

5.1 引言

5.1.1 血糖功能性改善对人体健康的重要性

糖尿病是一种全身性代谢疾病，是世界上患病人数增长速度最快、最常见的慢性疾病之一，会引起多种并发症，主要包括 1 型糖尿病和 2 型糖尿病两种类型，其中 2 型糖尿病的发病率高达 90%左右[1]。2 型糖尿病的主要特点是胰岛素敏感性降低和糖耐量受损，主要表现为胰岛素抵抗和分泌不足[2]。对糖尿病患者同时注射胰岛素和葡萄糖可能会出现两种结果：一些糖尿病患者的体内血糖是稳定的或降低的，说明这些患者对胰岛素敏感；还有一些患者体内血糖显著升高，所以他们被认为是对胰岛素不敏感，后者则被称为胰岛素抵抗[3]。其表现为在正常的血浆胰岛素水平下，靶组织不能产生正常的降糖反应，这种胰岛素抵抗需要增加胰岛素分泌来进行补偿，因此空腹时血浆胰岛素水平升高[3]。

5.1.2 肽对血糖功能性改善的研究现状

目前，糖尿病在世界范围内广泛流行，据国际糖尿病联合会统计，2019 年全球糖尿病成年患者人数达到 4.63 亿，患病率高达 9.3%[4]。流行病学数据表明，大豆蛋白的摄入与 2 型糖尿病之间呈一定的正相关性[5]。Jiang 等发现长期服用从豌豆种子中分离出来的多肽 Vglycin 可使糖尿病大鼠空腹血糖水平降低至正常水平，p-Akt 表达水平升高，并使胰岛素敏感性和葡萄糖稳态得到改善[6]。Marthandam 等发现 VHVV 能够恢复经高糖培养基培养的 H9c2 细胞活力，10μg/mL 的 VHVV 显著降低细胞凋亡数量并能有效抑制细胞的肥大效应，并且 VHVV 能够显著降低糖尿病小鼠的餐后血糖水平，改善胰腺细胞的形态结构、数量，表明 VHVV 是大豆蛋白中具有抗糖尿病潜力的一种活性成分[7]。

5.1.3 本章研究内容与意义

有关大豆蛋白肽的抗糖尿病作用，目前焦点仍为对糖尿病小鼠表型的研究，其作用机制以及作用靶点仍没有统一的结论，需通过体外实验和体内实验开展更加深入的研究。通过本章研究明确大豆蛋白肽对胰腺B细胞功能的调控，明确其在正常条件下和高糖毒性条件下对INS-1E细胞功能的调控作用；了解大豆蛋白肽调控血糖的作用机制；通过代谢组学分析解析关键差异代谢物，并进行通路分析以解析其机制。

5.2 大豆蛋白肽对正常条件胰腺B细胞功能的调控及作用机制

5.2.1 研究方法

5.2.1.1 大豆蛋白肽的体外模拟胃肠道消化

按照André Brodkorb等的方法提前制备模拟消化液[8]。其中加入胰酶溶液的为dpep①，加入胰蛋白酶和糜蛋白酶溶液的为dpep②，未经消化的为pep③。

5.2.1.2 细胞培养

大鼠胰腺B细胞（INS-1E）购自上海弘顺生物科技有限公司，在含有5%胎牛血清、1%双抗、1mmol/L丙酮酸钠、50μmol/L β-巯基乙醇、2mmol/L L-谷氨酰胺、10mmol/L HEPES的RPMI 1640培养基中培养。将细胞置于含5% CO_2和95%空气的37℃恒温培养箱中培养。2～3天换一次液，待细胞长至80%～90%即可进行传代或实验。

5.2.1.3 细胞活力测定

通过CCK-8试剂盒来检测INS-1E的细胞活力。分别用浓度为0、0.1mg/mL、0.25mg/mL、0.5mg/mL、1mg/mL、5mg/mL、10mg/mL的三种大豆肽溶液处理INS-1E细胞24h后用CCK-8工作液处理。在恒温培养箱中孵育4h后用酶标仪测定450nm波长下的吸光度值（OD值）。

5.2.1.4 大豆肽对正常条件下INS细胞分泌胰岛素的影响

采用酶联免疫吸附试验法测定葡萄糖刺激下的INS-1E细胞胰岛素分泌水平。待细胞长好后将其在含有2.8mmol/L葡萄糖的Krebs buffer-A（115mmol/L NaCl，4.7mmol/L KCl，1.2mmol/L KH_2PO_4，1.2mmol/L $MgSO_4 \cdot 7H_2O$，1.28mmol/L $CaCl_2$，10mmol/L $NaHCO_3$，0.1%牛血清白蛋白，调pH 7.2～7.4）中预孵育2h。去除培养基，分别用含有0、0.1mg/mL、0.25mg/mL、0.5mg/mL、1mg/mL、5mg/mL、10mg/mL的三种大豆肽和16.7mmol/L葡萄糖的KRB缓冲液替换培养基，在恒温培养箱中培养30min，同时采用含1.1mmol/L葡萄糖的KRB缓冲液作为阴性对照，16.7mmol/L葡萄糖的KRB缓冲液加入10mmol/L的L-丙氨酸作为阳性对照。待培养结束，取细胞培养物上清液，1000*g*离心20min后取上清液用大鼠胰岛素（INS）试剂盒测定胰岛素分泌量。可选择将余下标本放于−20℃或−80℃保存待测。剩余细胞裂解后使用BCA试剂盒测定蛋白浓度。最终数据通过统一蛋白浓度进行归一化处理。

5.2.1.5 线粒体膜电位的测定

用浓度为2.5mg/mL的三种大豆蛋白肽样品处理INS-1E细胞24h后，利用含

2.8mmol/L 葡萄糖的 Krebs buffer-B（135mmol/L NaCl，43.5mmol/L KCl，0.5mmol/L KH_2PO_4，0.5mmol/L $MgSO_4 \cdot 7H_2O$，1.5mmol/L $CaCl_2$，5mmol/L $NaHCO_3$，10mmol/L HEPES，0.1%牛血清白蛋白，调 pH 7.2～7.4）对 INS-1E 细胞饥饿处理 90min 后对细胞进行 JC-1 探针染料装载，以检测其线粒体膜电位的变化情况。最后通过荧光显微镜和酶标仪对 INS-1E 细胞中线粒体膜电位的变化进行量化分析。

5.2.1.6　荧光定量 PCR

荧光定量 PCR 中所用引物序列如表 5-1 所示。

表 5-1　引物序列表

基因	序列(正/反[5′-3′])	碱基数
Mfn2	ACCAGCTAGAAACGAGATGTCC/ GTGCTTGAGAGGGGAAGCAT	22/20
Glut2	TAAGGGGCACTGAGGACATC/ TGCCAGCTGTCTGAAAAATG	20/20
PDK2	GTTGAAGAATGCGTCCCTGG/ GCATTGCTGGATCCGAAGTCT	20/21
Akt	GAAGGAGAAGGCCACAGGTC/ TTCTGCAGGACACGGTTCTC	20/20
GAPDH	GACAGCCGCATCTTCTTGTG/ GAGAAGGCAGCCCTGGTAAC	20/20
AMPK	TGATCAGCACTCCAACAGACTTT/ AGAGAGTCCGAAGTCAGCTATCT	23/23
PDX1	ATCTCCCTTTCCCGTGGATGAAA/ TAGGCTGTACGGGTCCTCTTATT	23/23
MAFA	GGTGGAGGGTGTTCTGAGATG/ TTGTCTAGCGTCCTGTTCAGAAG	21/23
PI3K	GTTTAAACGTGCCGATCCTACAG/ TGGCGTCCTTCACAATCTCTATC	23/23
NKX6-1	AAACACACCAGACCCACATTCT/ GTCTCCGAGTCCTGCTTCTTCTT	22/23
INS	CACCCAAGTCCCGTCGTGAAGT/ GATCCACAATGCCACGCTTCTG	22/22

浓度为 2.5mg/mL 的三种大豆蛋白肽样品处理 INS-1E 细胞 24h 后依次进行裂解、提取、反转录和荧光定量处理。

5.2.1.7　蛋白质免疫印迹检测

用浓度为 2.5mg/mL 的三种大豆蛋白肽样品处理 INS-1E 细胞 24h 后裂解离心收集上清蛋白，并使用 BCA 试剂盒测定蛋白浓度。使用一抗分别为 Mfn2、Akt、PDK4、PDK2、INS、Glut2、GAPDH。

5.2.1.8　正常条件下 INS-1E 细胞 LC-MS 非靶检测

代谢物检测：向样品中按比例加入甲醇和水（比例为 3∶1），涡旋混匀 30s；放入液氮罐中冷冻 1min，取出后解冻，再涡旋混匀 30s。重复 2～3 次于冰水浴中超声处理 10min。接着将样品静置在 −40℃ 条件下 1h。最后，将样品在 4℃ 条件下进行 12000r/min 离心

15min，取上清液放入进样瓶中进行检测；另外取相同量的上清液混合成QC样品进行检测。

上机检测：本研究选用了Vanquish超高效液相色谱仪，配备Waters ACQUITY UPLC HSS T3（2.1mm×100mm，1.8μm）液相色谱柱，对目标化合物进行色谱分离。利用Orbitrap Exploris 120质谱仪，在控制软件的指导下进行一级和二级质谱数据采集。

5.2.2 研究结果

5.2.2.1 大豆蛋白肽对INS-1E细胞活力的影响

选择大豆蛋白肽的浓度分别为0、0.1mg/mL、0.25mg/mL、0.5mg/mL、1mg/mL、5mg/mL、10mg/mL。如图5-1所示，INS-1E细胞的活力均能得到显著提高（$P<0.05$），但当浓度大于5mg/mL时，第三组的细胞活力显著下降（$P<0.05$），说明高浓度的大豆蛋白肽对INS-1E细胞表现出了较强的毒性作用。

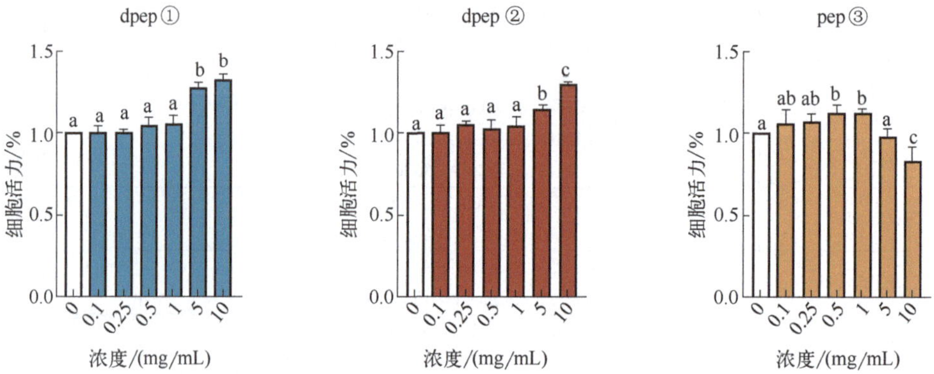

图5-1 三种大豆蛋白肽对INS-1E细胞活力的影响

不同字母代表有显著差异，$P<0.05$

5.2.2.2 大豆蛋白肽对INS-1E细胞胰岛素分泌的影响

根据细胞活力的测定结果，选择了大豆蛋白肽为0、0.1mg/mL、0.5mg/mL、1mg/mL、2.5mg/mL、5mg/mL的样品浓度进行测定，并用含1.1mmol/L葡萄糖的培养基作为阴性对照，10mmol/L的丙氨酸作为阳性对照。如图5-2所示，在0～5mg/mL的浓

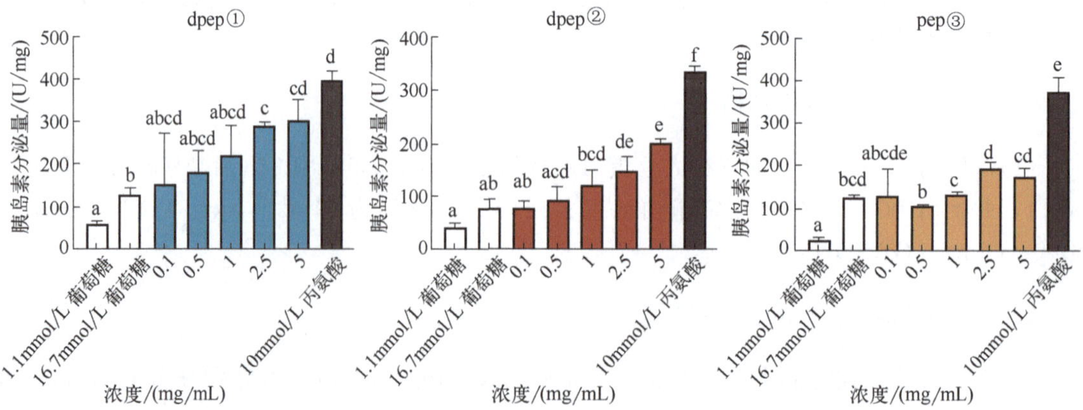

图5-2 三种大豆蛋白肽对葡萄糖刺激INS-1E细胞胰岛素分泌的影响

不同字母代表有显著差异，$P<0.05$

度下，三种样品对胰岛素的分泌量均显著提高（$P<0.05$），并呈现梯度浓度依赖性。值得注意的是，经过体外模拟胃肠道消化后的大豆蛋白肽段活性依然存在，在2.5mg/mL和5mg/mL时，效果最为显著，但两个浓度之间没有显著性差异（$P>0.05$），所以本研究选择2.5mg/mL的浓度进行后续实验。此时三种样品的平均胰岛素分泌量分别为287U/mg、146U/mg、196U/mg（以蛋白计）。

5.2.2.3 大豆蛋白肽对INS-1E细胞线粒体膜电位的影响

胰岛素抵抗与能量储存和代谢有紧密的联系，线粒体功能障碍是导致胰岛素抵抗的重要原因之一[9]。其中细胞内线粒体膜电位和ATP含量的降低会导致线粒体功能异常[10]。如图5-3所示，CCCP为电子传递链抑制剂，作为阳性对照，样品组中红色荧光和绿色荧光的比值显著升高（$P<0.05$），表明在大豆蛋白肽的作用下，INS-1E细胞线粒体功能得到显著改善（$P<0.05$）。

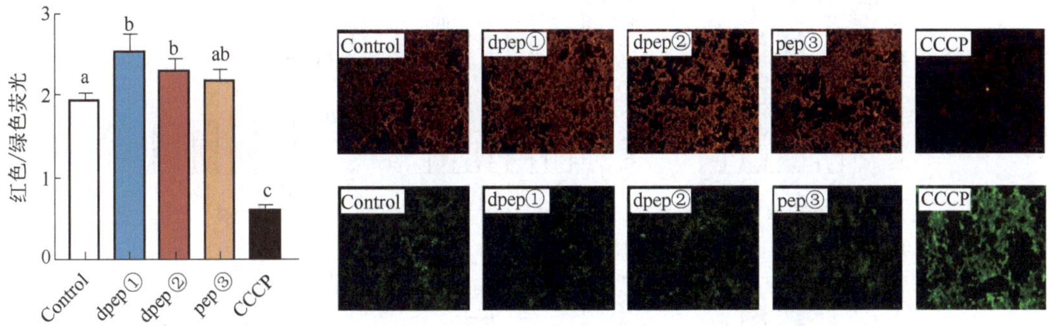

图5-3 三种大豆蛋白肽对INS-1E细胞线粒体膜电位的影响

不同字母代表有显著差异，$P<0.05$

5.2.2.4 大豆蛋白肽对INS-1E细胞调控胰岛素分泌相关基因的影响

胰腺B细胞的质膜上有葡萄糖转运蛋白2（Glut2），能促进葡萄糖穿过细胞膜[11]。K_{ATP}是B细胞膜的一个重要组成部分，包括内向整流的K^+通道（Kir6.2）和磺酰脲受体（SUR），ATP与Kir6.2结合会使K_{ATP}通道关闭，SUR亚单位能够刺激或抑制上述通道打开。一般情况下，葡萄糖代谢后，ATP增加，ADP减少，此时K_{ATP}通道关闭，抑制K^+外流。K^+外流诱导的膜去极化受到抑制，从而抑制Ca^{2+}内流，影响胰岛素的释放[11]。

为了进一步分析探讨大豆蛋白肽调节胰腺B细胞分泌胰岛素的机制，本研究首先分析了大鼠INS-1E细胞中参与胰岛素生物合成的基因。数据显示，INS基因、肌腱膜纤维线粒体融合蛋白（Mfn2）基因、胰腺和十二指肠同源盒1（PDX1）基因和肉瘤癌基因同源物A（MAFA）基因的表达水平均得到显著提高（$P<0.05$）（如图5-4C、D、E、G）。Zheng等的研究结果也显示PDX1、MAFA基因的表达与胰岛素分泌存在一定的正相关性[12]。但是大豆蛋白肽对INS-1E细胞中Glut2基因的表达不产生显著影响（$P>0.05$）（图5-4H），可能是细胞内葡萄糖浓度没有发生变化。另外丙酮酸脱氢酶激酶同工酶2（PDK2）基因和AMP活化蛋白激酶（AMPK）基因的表达水平显著下降（$P<0.05$）（图5-4B、F），这同PDK2的降低能够减少胰岛素抵抗的结果相一致。

另外脂酰肌醇3-激酶（PI3K）/蛋白激酶B（Akt）是参与调节葡萄糖摄取的一个备受瞩目的信号通路，当出现胰岛素抵抗时肝脏和骨骼肌的葡萄糖摄取会减弱[13]。PI3K的激活

导致 *Akt* 的激活，从而驱动葡萄糖转运蛋白 4 的移位和葡萄糖在细胞内的吸收[13]。本研究中，*Akt* 的表达在大豆蛋白肽的影响下得到显著提升（$P<0.05$），但 *PI3K* 的表达并没有显著变化（$P>0.05$）（图 5-4A、I）。以上结果表明，大豆蛋白肽主要通过 K_{ATP} 途径、胰岛素的运输和融合途径促进胰岛素的分泌。

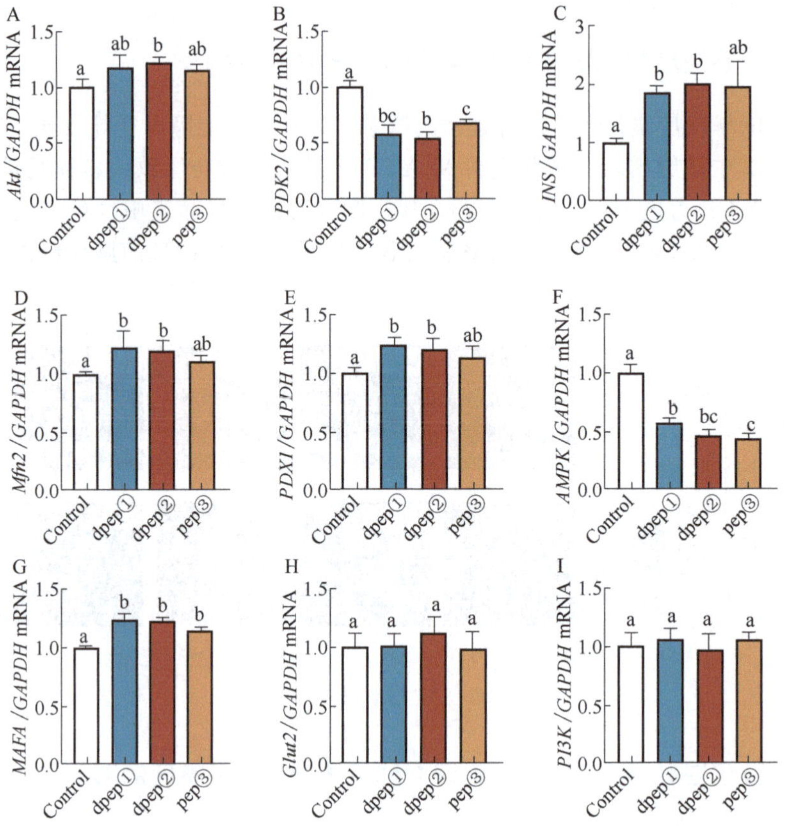

图 5-4　三种大豆蛋白肽样品对 *Akt*（A）、*PDK2*（B）、*INS*（C）、*Mfn2*（D）、*PDX1*（E）、*AMPK*（F）、*MAFA*（G）、*Glut2*（H）、*PI3K*（I）基因的影响

不同字母代表有显著差异，$P<0.05$

5.2.2.5　大豆蛋白肽对 INS-1E 细胞调控胰岛素分泌相关蛋白的影响

根据以上相关基因的表达情况，在蛋白质水平上进行了进一步的验证。如图 5-5 所示，同基因表达趋势一致，INS、Mfn2 蛋白的表达显著上调（$P<0.05$），PDK2 蛋白的表达显著下调（$P<0.05$），Glut2 的表达没有显著变化（$P>0.05$）。而与基因表达情况不同的是，Akt 的水平没有显著变化（$P>0.05$），但趋势一致，可能是因为蛋白变化发生在基因变化之后，或是 Akt 本身处于多个通路之间，所以受到多种情况的影响，加之 *PI3K* 基因没有发生显著变化（$P>0.05$），推测大豆蛋白肽对胰腺 B 细胞的改善作用是主要通过 K_{ATP} 途径实现的。

5.2.2.6　大豆蛋白肽作用下 INS-1E 细胞差异代谢物的变化情况

分别对样品组和对照组的代谢物进行了统计（表 5-2）。共对 745 种代谢物进行了定性分析，差异代谢物数量分别为 145、149、185，主要为上调的差异代谢物，数量分别为 116、137、165，下调差异代谢物质较少，数量分别为 29、12、20。

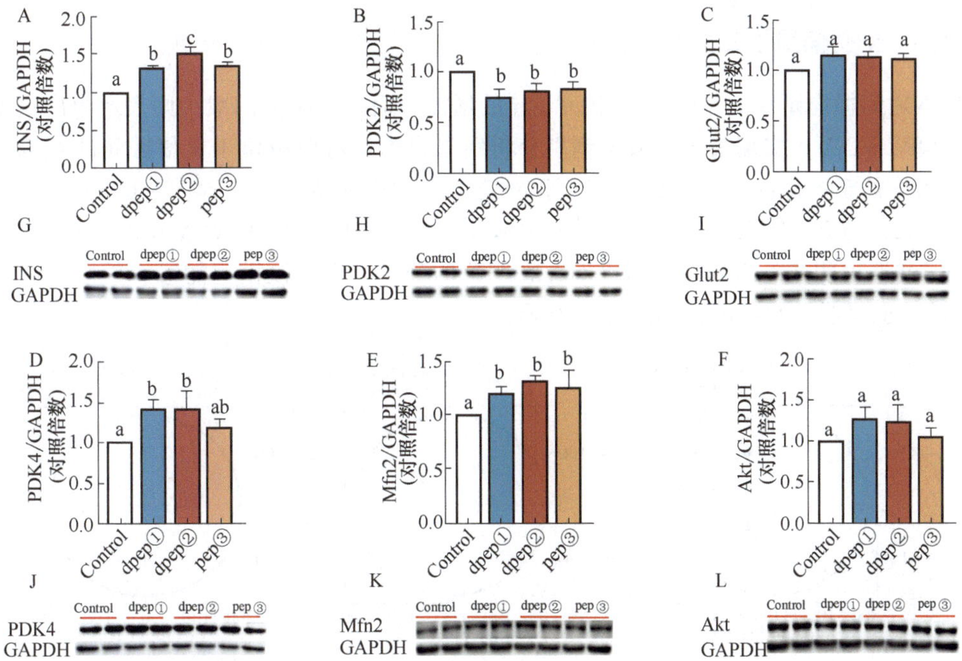

图 5-5　三种大豆蛋白肽样品对 INS（A）、PDK2（B）、Glut2（C）、PDK4（D）、Mfn2（E）、Akt（F）蛋白表达的影响

蛋白条带如图（G）～（L）所示，不同字母代表有显著差异，$P<0.05$

表 5-2　代谢物上下调统计表

分组	定性物质总数	该组对比差异物质个数	该组对比上调差异物质个数	该组对比下调差异物质个数
Cell-dpep① 与 Cell-Control	745	145	116	29
Cell-dpep② 与 Cell-Control	745	149	137	12
Cell-pep③ 与 Cell-Control	745	185	165	20

5.2.2.7　主成分分析

PCA 成分分析显示各组代谢物之间的分离趋势，三组相对应的参数分别为 $R^2X=0.936$，$R^2X=0.917$，$R^2X=0.912$。图表显示了三个样品组和处理组之间代谢物的差异（图 5-6）。

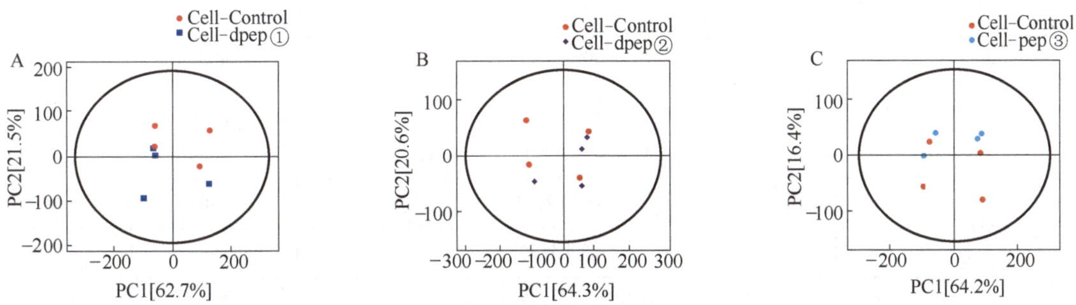

图 5-6　不同样本的 PCA 评分图

（A）Cell-Control 与 Cell-dpep①，$R^2X=0.936$；（B）Cell-Control 与 Cell-dpep②，$R^2X=0.917$；（C）Cell-Control 与 Cell-pep③，$R^2X=0.912$

5.2.2.8 正交偏最小二乘判别分析

样本之间横向距离的增大代表组间差异的增加，而纵向距离的减小则表示组内重复性的提高。OPLS-DA 正交偏最小二乘法判别分析结果显示，对照组位于置信区间的左侧，而三种样品组均处于置信区间的右侧。三组相对应的参数分别为（A）$R^2X=0.356$，$R^2Y=1$，$Q^2=0.652$；（B）$R^2X=0.368$，$R^2Y=1$，$Q^2=0.701$；（C）$R^2X=0.361$，$R^2Y=1$，$Q^2=0.709$。表明样品组和对照组之间存在明显的分离，说明该模型能够有效区分两组样本（图 5-7），也表明了它们的代谢谱存在差异。

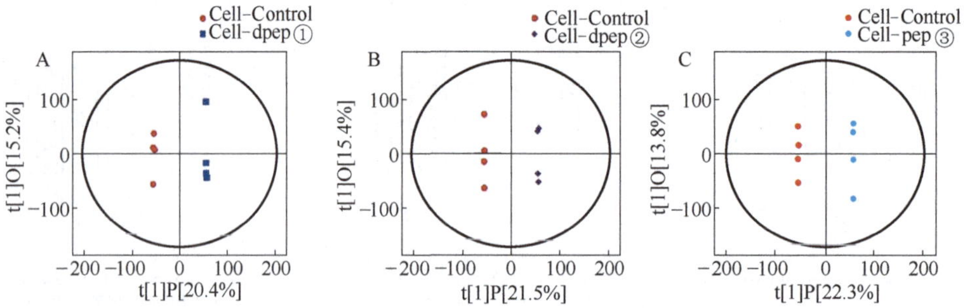

图 5-7 不同样本的 OPLS-DA 评分图

（A）Cell-Control 与 Cell-dpep①，$R^2X=0.356$，$R^2Y=1$，$Q^2=0.652$；（B）Cell-Control 与 Cell-dpep②，$R^2X=0.368$，$R^2Y=1$，$Q^2=0.701$；（C）Cell-Control 与 Cell-pep③，$R^2X=0.361$，$R^2Y=1$，$Q^2=0.709$

5.2.2.9 大豆蛋白肽作用下 INS-1E 细胞差异代谢物的筛选

在 Fold Change≥2，VIP>1，$P<0.05$ 的标准下对差异代谢物进行了筛选（表 5-3）。L-半胱氨酸、PG［(16∶1)/(16∶1)］为三组样品均显著上调的代谢物，半胱氨酸甘氨酸、7-脱水甾醇（7-dehydrodesmosterol）为 dpep①组和 pep③组显著上调代谢物，亮氨酰-酪氨酸为 dpep②组和 pep③组显著上调代谢物。通过 INS-1E 细胞内主要的差异代谢物筛选，发现在大豆蛋白肽作用下，细胞内氨基酸或小肽为主要差异标志物，并得到显著增加，表明胰腺 B 细胞功能的改善可能是由于对大豆蛋白肽的吸收。相关研究也表明一些氨基酸如甘氨酸、亮氨酸等氨基酸模式有利于提高葡萄糖刺激的胰岛素分泌[6]。

表 5-3 差异代谢物的筛选（Fold Change≥2，VIP>1，$P<0.05$）

分组	指数	化合物	差异倍数	类型
dpep①与 Control	760	半胱氨酸-γ-谷氨酸	2.1	上调
	571	5,7-二氢-2-甲基噻吩[3,4-d]嘧啶	3.3	上调
	341	L-半胱氨酸	2.0	上调
	586	7-脱水甾醇	4.6	上调
	296	LysoPC[18∶2(9Z,12Z)]	2.0	上调
	66	PG[(16∶1)/(16∶1)]	2.5	上调
	142	半胱氨酸甘氨酸	3.4	上调

续表

分组	指数	化合物	差异倍数	类型
dpep②与Control	642	异亮氨酰-组氨酸	2.4	上调
	544	γ-谷氨酰亮氨酸	2.0	上调
	482	Cyclo(Leu-Phe)	2.5	上调
	66	PG[(16∶1)/(16∶1)]	2.3	上调
	341	L-半胱氨酸	2.5	上调
	256	亮氨酰-酪氨酸	2.2	上调
	99	异亮氨酰-缬氨酸	2.0	上调
pep③与Control	746	亮氨酰-半胱氨酸	2.9	上调
	658	α-亚麻酸	2.1	上调
	492	谷氨酰异亮氨酸	2.0	上调
	341	L-半胱氨酸	2.9	上调
	256	亮氨酰-酪氨酸	2.2	上调
	244	花生四烯酸	2.3	上调
	142	半胱氨酸甘氨酸	3.3	上调
	66	PG[(16∶1)/(16∶1)]	3.0	上调
	586	7-脱水甾醇	6.4	上调

5.2.2.10　代谢通路分析

利用气泡图对 KEGG 拓扑分析进行了主要代谢通路的比较（图 5-8）。每个气泡代表一个 KEGG 路径；横轴表示该路径中代谢物的相对重要性影响值，纵轴表示代谢物途径对数的富集意义，气泡颜色越深越大，该途径的重要性就越大。图 5-8A 5 个代谢通路的影响因素均高于 0.1，图 5-8B 有 8 个，图 5-8C 有 3 个，说明样品组和代谢组的差异具有重要作用。其中主要包括苯丙氨酸、酪氨酸和色氨酸的生物合成通路，酪氨酸代谢通路，半胱氨酸和蛋氨酸代谢通路，花生四烯酸代谢通路，果糖和甘露糖代谢通路等。氨基酸分解代谢通过 TAC 循环中间产物转化的合成代谢在细胞生物学和胰岛素分泌中发挥重要作用[14]。该研究结果支持了大豆蛋白肽孵育后，细胞内 TAC 循环代谢提高，可能在胰腺 B 细胞功能改善中发挥作用。

5.2.3　研究结论

经过体外模拟胃肠道消化后，大豆蛋白肽的小分子量肽段增多，在<1000 的范围内显著增加，并且依然具有较好的生物活性功能。正常生理模型中三种样品在 2.5mg/mL 的样品浓度下能够有效刺激 INS-1E 细胞分泌胰岛素，并且和未消化的 pep③相比，经过体外胃肠道消化的样品 dpep①和 dpep②刺激胰岛素分泌的量显著增多，线粒体膜电位也显著增高（$P<0.05$）。另外，大豆蛋白肽能够显著促进 *INS*、*Mfn2*、*PDX1*、*MAFA* 基因的表达并抑制 *PDK2*、*AMPK* 基因的表达（$P<0.05$），表明大豆蛋白肽能够通过 K_{ATP} 通路来改善

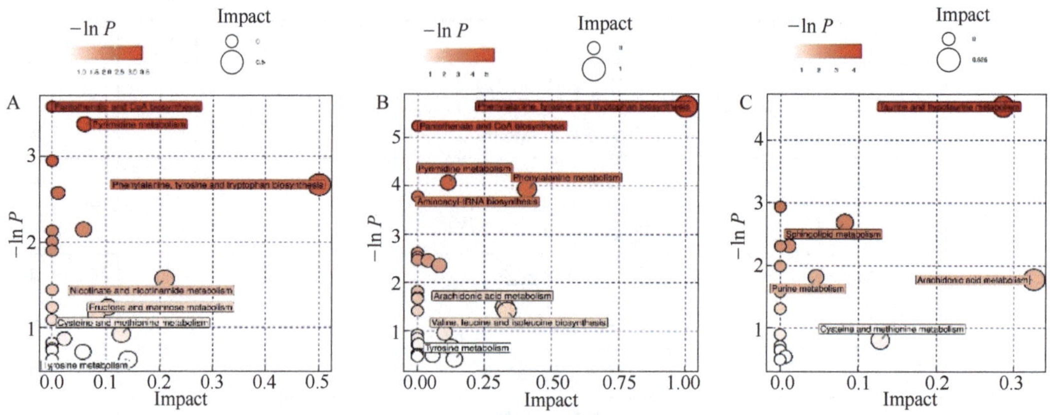

图 5-8 气泡图的 KEGG 拓扑分析

（A）dpep①与 Control；（B）dpep②与 Control；（C）pep③与 Control

胰腺 B 细胞质量。正常生理模型代谢组学分析中，INS-1E 细胞内样品组和对照组的代谢物产生显著差异（$P<0.05$），三组中分别检测出 145、149、185 种差异代谢物，并且主要为上调差异代谢物，主要代谢通路为丙氨酸、酪氨酸和色氨酸的生物合成通路，酪氨酸代谢通路，半胱氨酸和蛋氨酸代谢通路，花生四烯酸代谢通路，果糖和甘露糖代谢通路等，这表明了大豆蛋白肽能够通过触发途径（triggering pathway）和放大途径（amplifying pathway）调节胰岛素的分泌情况。

5.3 大豆蛋白肽对高糖毒性条件下胰腺 B 细胞功能的调控及作用机制

5.3.1 研究方法

5.3.1.1 葡萄糖处理细胞建模

对照组用完全培养基（11.1mmol/L 葡萄糖），通过查阅相关文献选择模型组葡萄糖浓度为 25mmol/L，孵育 20h。处理过程同本章 5.2.1.4。

5.3.1.2 细胞活力测定

通过上述实验，证明 25mmol/L 的葡萄糖浓度可以使 INS-1E 细胞成功建立高糖毒性模型。分别用对照组完全培养基（11.1mmol/L 葡萄糖）、模型组高糖培养基（25mmol/L 葡萄糖）以及样品组含有 25mmol/L 葡萄糖＋2.5mg/mL 的 dpep①、dpep②、pep③处理 INS-1E 细胞 20h，待细胞培养好后用 CCK-8 试剂盒对细胞活力进行测定。

5.3.1.3 大豆肽对葡萄糖刺激下 INS 细胞分泌胰岛素的影响

具体实验方法参照本章 5.2.1.4 和 5.3.1.1。

5.3.1.4 细胞内线粒体膜电位、ATP、cAMP、GSH/GSSG 的测定

线粒体膜电位的测定：将 INS-1E 细胞接种在 96 孔荧光板或 6 孔板中，48h 后分别加入

对照组、模型组和样品组孵育 20h。后续实验方法同 5.2.1.5。

细胞中 ATP 浓度的测定方法：于 6 孔板中每孔接种 4×10^5 个细胞，每孔 2.5mL，48h 后加入对照组、模型组和含样品溶液的完全培养基孵育细胞 20h。每孔加入 200μL 裂解液，反复吹打，冰上裂解 10～20min。在 4℃、12000*g* 条件下离心 5min，取上清液，进行 ATP 的新鲜检测。剩余样品通过 BCA 试剂盒进行蛋白浓度测定，数据进行标准化处理。

细胞中 cAMP 浓度的测定方法：通过竞争法对 INS-1E 细胞中的环磷酸腺苷含量进行测定。将细胞接种于 6 孔板中，具体操作步骤同上，待细胞培养完毕后，提取细胞培养上清液以检测其分泌性成分，并用无菌管进行收集。以 2000～3000r/min 的速度离心约 20min，仔细收集上清液。检测细胞内成分需用 PBS（pH 7.2～7.4）稀释细胞悬液，使细胞浓度达到约 10^6 个/mL。通过反复冻融的方式破坏细胞膜，释放细胞内成分。最后以 2000～3000r/min 的速度离心约 20min，仔细收集上清液，并使用大鼠环磷酸腺苷（cAMP）酶联免疫检测试剂盒进行测定。

细胞中 GSH/GSSG 含量的测定的方法：于 6 孔板中每孔接种 4×10^5 个细胞，消化离心后分别用 1mL PBS 清洗 2 次，离心后加入 0.3～0.5mL 的 0.1mol/L pH 7.4 的等渗 PBS 缓冲液悬浮细胞。超声细胞破碎仪进行冰浴超声破碎细胞：300W 功率，每次进行 3～5s 的超声处理，间隔 30s，重复 4～5 次。取破碎后的细胞悬液 0.5mL，加 0.5mL 试剂混匀，3500r/min，离心 10min，取上清液待测。剩下的稀释为细胞浓度达到 10^6 个/mL 左右，2000～3000r/min，离心 20min 左右，仔细收集上清液，－80℃保存，用于 GSH 含量检测。

T-GSH 和 GSSG 的检测方法同上。

5.3.1.5　荧光定量 PCR

具体操作方法同本章 5.2.1.6 所示。

5.3.1.6　蛋白质免疫印迹检测

具体操作方法同本章 5.2.1.7 所示。

5.3.1.7　高糖毒性条件下 INS-1E 细胞 LC-MS 非靶检测

具体操作方法同本章 5.2.1.8 所示。

5.3.2　研究结果

5.3.2.1　大豆蛋白肽对高糖毒性 INS-1E 细胞胰岛素分泌的影响

根据正常生理模型下测定的样品最佳浓度，选择 2.5mg/mL 的样品浓度建立高糖毒性模型。通过查阅相关文献，选择 25mmol/L 的葡萄糖浓度孵育 INS-1E 细胞 20h 来建立高糖毒性模型。正常情况下，胰腺 B 细胞对血糖水平极为敏感，它通过分泌和释放胰岛素来维持葡萄糖稳态[15]。如图 5-9 所示，在葡萄糖浓度为 11.1mmol/L 时，INS-1E 细胞分泌胰岛素的量在 16.7mmol/L 的葡萄糖刺激时显著高于 1.1mmol/L 的葡萄糖刺激（$P<0.05$）。但在 25mmol/L 的葡萄糖浓度孵育 20h 后，二者之间没有显著性差异（$P>0.05$），表明高糖组对葡萄糖的敏感性显著降低（$P<0.05$），此时胰腺 B 细胞对葡萄糖刺激的胰岛素分泌作

用不显著（$P>0.05$）。但当加入大豆蛋白肽样品后，高糖组葡萄糖刺激的胰岛素分泌量具有升高趋势，其中消化后的大豆蛋白肽作用下胰岛素的分泌量显著升高（$P<0.05$），甚至超过阳性对照组丙氨酸的保护作用。综上所述，研究结果表明，25mmol/L的葡萄糖浓度孵育INS-1E细胞20h能够建立高糖毒性模型。大豆蛋白肽能够保护INS-1E细胞免受高糖毒性的影响，改善其在葡萄糖刺激时胰岛素的分泌，并且经过体外模拟胃肠道消化后的大豆蛋白肽样品作用更加显著。

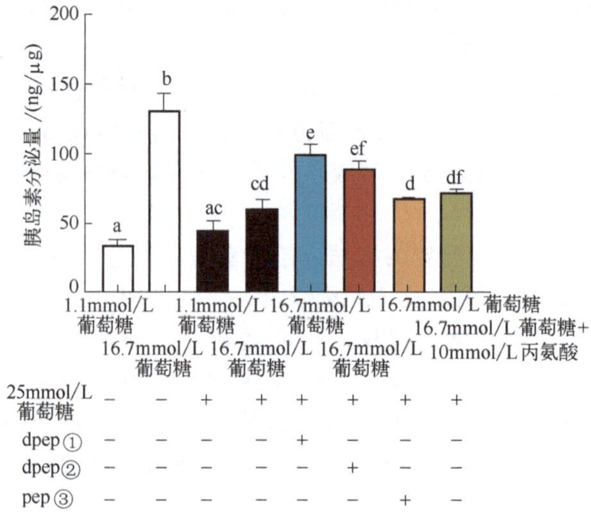

图 5-9　暴露于高浓度葡萄糖20h后INS-1E细胞胰岛素的分泌情况

不同字母代表有显著差异，$P<0.05$

5.3.2.2　大豆蛋白肽对高糖毒性INS-1E细胞活力的影响

确定高糖毒性对INS-1E细胞的胰岛素分泌影响后，评估其对细胞活力的影响。如图5-10所示，高糖毒性模型对INS-1E细胞并没有毒性作用，但由图5-9的结果可知，高糖毒性能够显著影响INS-1E细胞受葡萄糖刺激的胰岛素分泌浓度以及对葡萄糖的敏感性（$P<0.05$）。由此可见高糖模型的建立是成功的。

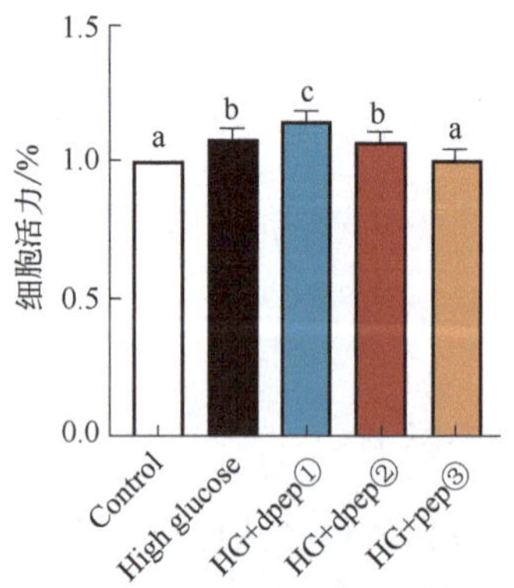

图 5-10　INS-1E细胞暴露于高葡萄糖20h后的细胞活力

不同字母代表有显著差异，$P<0.05$

5.3.2.3　大豆蛋白肽对高糖毒性INS-1E细胞线粒体膜电位的影响

同正常生理模型一致，同样检测了高糖毒性下胰腺B细胞线粒体膜电位的变化情况。如图5-11所示，高葡萄糖浓度使INS-1E细胞的线粒体膜电位显著下降（$P<0.05$），而三种大豆蛋白肽样品均能够显著提升线粒体膜电位（$P<0.05$），但与对照组比显著降低（$P<0.05$）。CCCP为电子传递链抑制剂，作为阳性对照。荧光图片显示结果一致，表明了大豆蛋白肽能够有效提高INS-1E细胞的线粒体膜电位来保护胰腺B细胞。

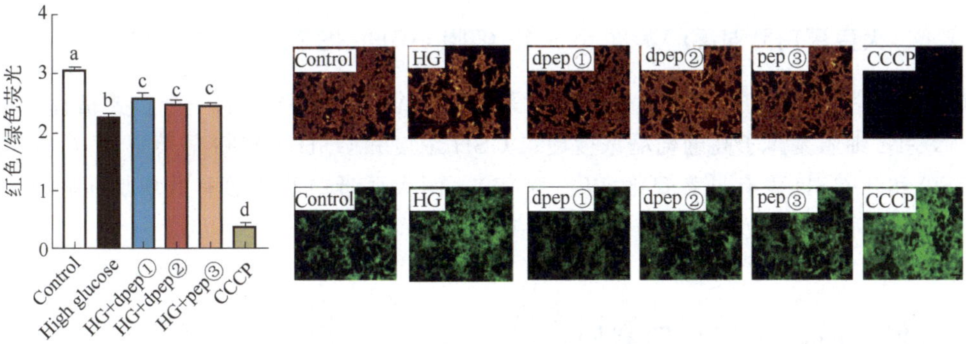

图 5-11　暴露于高浓度葡萄糖 20h 后 INS-1E 细胞的线粒体膜电位变化

不同字母代表有显著差异，$P<0.05$

5.3.2.4　大豆蛋白肽对高糖毒性 INS-1E 细胞 ATP 浓度变化的影响

胰腺 B 细胞中含有葡萄糖激酶，使葡萄糖磷酸化生成葡萄糖-6-磷酸，之后生成糖酵解最终产物丙酮酸，进入 TAC 循环，生成 NADH 和 $FADH_2$ 再氧化成 ATP[11]。Haythorne 等发现胰腺 B 细胞在葡萄糖刺激下线粒体代谢会增强，但在糖尿病和高血糖状态下这种反应被抑制，导致葡萄糖不能提高 NADH，从而降低 ATP 的合成速率[16]。如图 5-12 所示，高糖毒性显著降低了 INS-1E 细胞内 ATP 的含量（$P<0.05$），但大豆蛋白肽能够改善这种情况至正常水平，甚至消化后的大豆蛋白肽对胰腺 B 细胞的改善作用超过对照组，表明大豆蛋白肽能够有效抑制高糖毒性对 ATP 合成的影响。这种作用趋势和以上线粒体膜电位的变化情况一致说明胰腺 B 细胞线粒体代谢受损导致细胞质 ATP 水平降低。

5.3.2.5　大豆蛋白肽对高糖毒性 INS-1E 细胞 cAMP 浓度的影响

葡萄糖刺激的胰岛素分泌由细胞中的第二信使 cAMP 调控，cAMP 不仅能够增强葡萄糖刺激的胰岛素分泌，并且增多的 cAMP 能够提高胰腺 B 细胞的质量和减少凋亡[17]。如图 5-13 所示，高糖浓度显著降低了 INS-1E 细胞内 cAMP 的浓度，但大豆蛋白肽样品能够显著抑制这种高糖毒性导致的 cAMP 减少（$P<0.05$），从而有效刺激胰岛素的分泌。

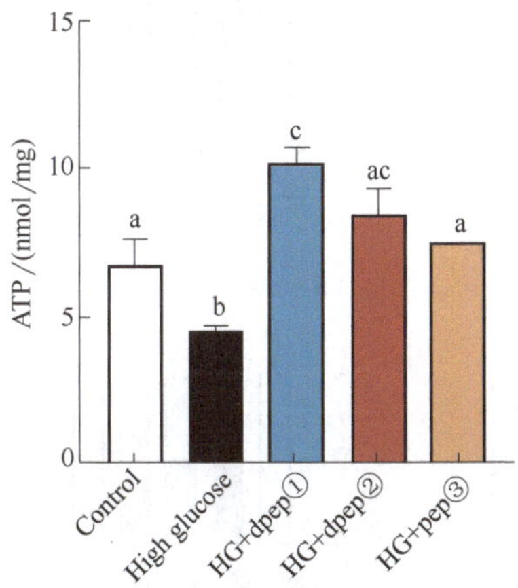

图 5-12　暴露于高浓度葡萄糖 20h 后 INS-1E 细胞的 ATP 浓度变化

不同字母代表有显著差异，$P<0.05$

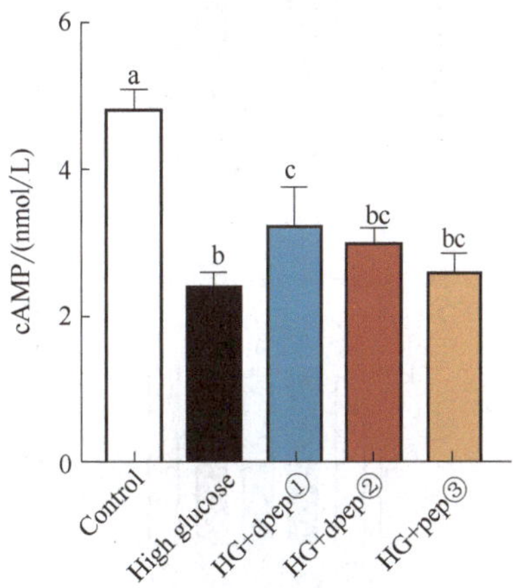

图 5-13　暴露于高浓度葡萄糖 20h 后 INS-1E 细胞的 cAMP 浓度

不同字母代表有显著差异，$P<0.05$

5.3.2.6 大豆蛋白肽对高糖毒性 INS-1E 细胞 GSH/GSSG 浓度的影响

GSH 是一种重要的细胞内抗氧化剂，是糖尿病氧化应激增加的一个重要指标。本研究发现 INS-1E 细胞暴露于高葡萄糖浓度使得 GSH 浓度和 GSH/GSSG 显著下降（$P<0.05$），但 GSSG 和 T-GSH 没有显著变化（$P>0.05$），而大豆蛋白肽能够有效增加胰腺 B 细胞内 GSH 的含量，保护其免受氧化损伤（图 5-14）。

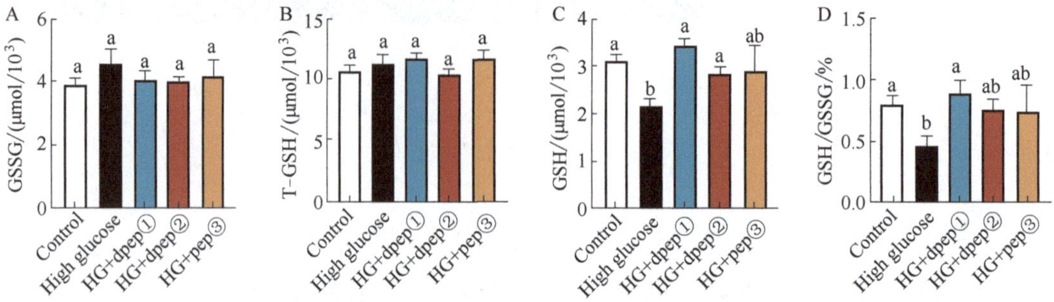

图 5-14 暴露于高浓度葡萄糖 20h 后 INS-1E 细胞的 GSH 浓度等的变化

不同字母代表有显著差异，$P<0.05$

（A）GSSG；（B）T-GSH；（C）GSH；（D）GSH/GSSG

5.3.2.7 大豆蛋白肽对高糖毒性 INS-1E 细胞调控胰岛素分泌相关基因的影响

同正常生理模型研究一致，本章同样测定了高糖毒性对几个相关基因的影响以及大豆蛋白肽的调节作用。如图 5-15 所示，高糖毒性显著降低了 *Mfn2*、*INS*、*PDX1* 以及 *MAFA* 基因的表达水平（$P<0.05$），显著增加了 *PDK2*、*AMPK* 基因的表达水平（$P<0.05$），但大豆蛋白肽均能够将这些基因有效回调，从而调节葡萄糖刺激的胰岛素分泌水平。同正常生理模型结果一致，对 PI3K/Akt 通路的基因表达的影响依然不显著（$P>0.05$）。

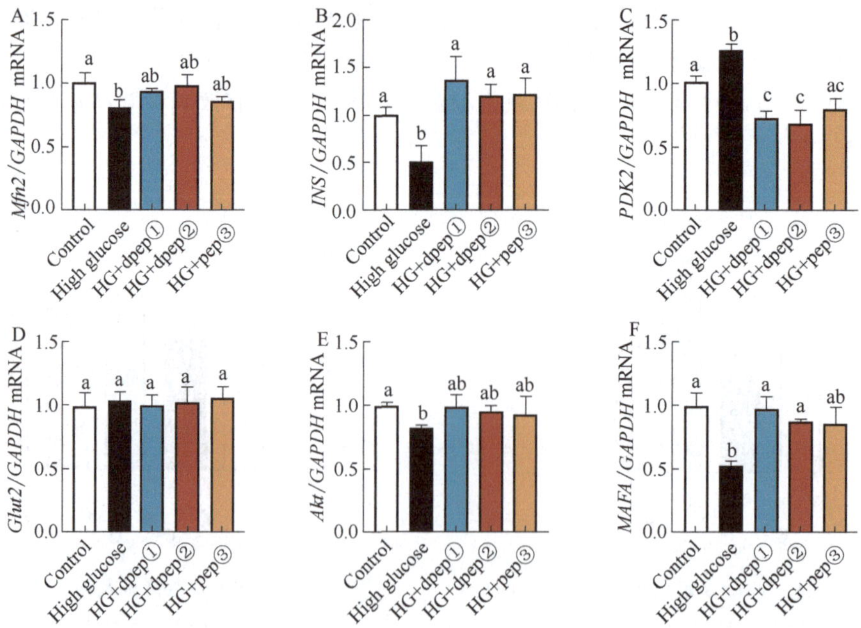

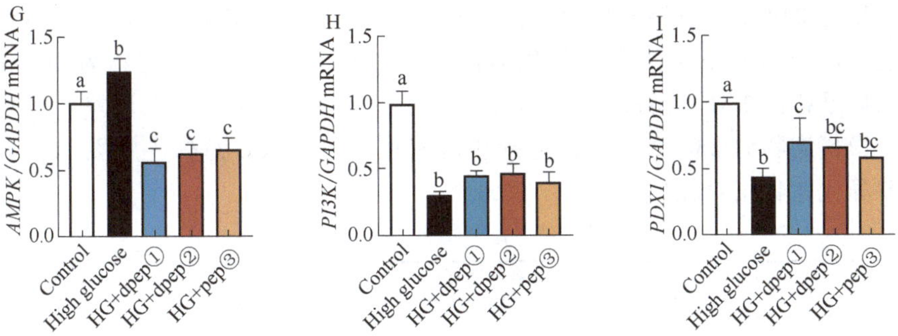

图 5-15　三种大豆蛋白肽样品对高糖毒性 INS-1E 细胞中 *Mfn2*（A）、*INS*（B）、*PDK2*（C）、*Glut2*（D）、*Akt*（E）、*MAFA*（F）、*AMPK*（G）、*PI3K*（H）、*PDX1*（I）基因的影响

不同字母代表有显著差异，$P<0.05$

5.3.2.8　大豆蛋白肽对高糖毒性 INS-1E 细胞调控胰岛素分泌相关蛋白的影响

同样地，对主要的几个相关蛋白进行了检测，如图 5-16 所示，结果显示蛋白水平变化和基因水平变化一致，再次证明了大豆蛋白肽对高糖毒性的有效缓解作用。

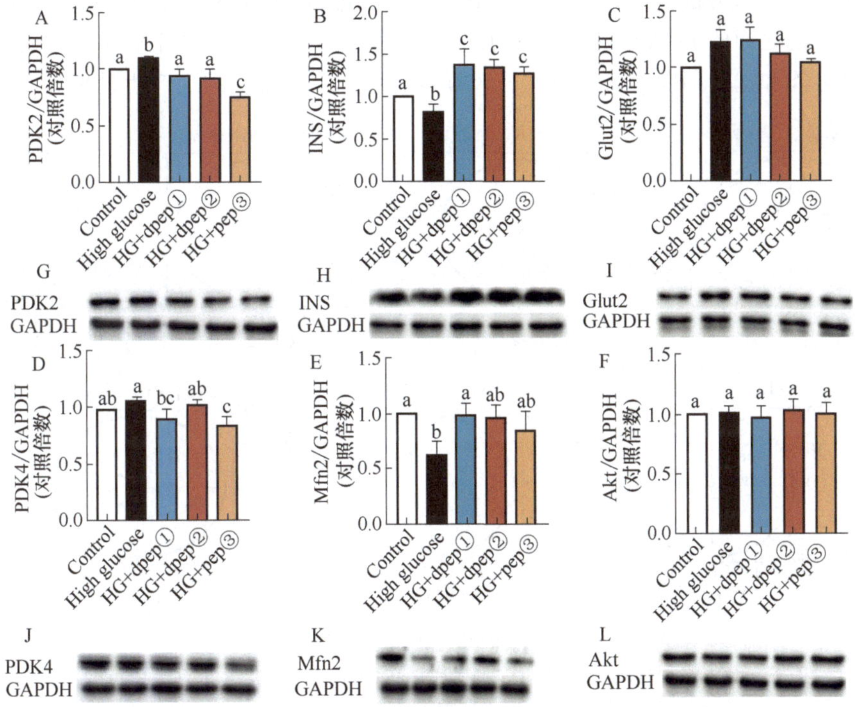

图 5-16　暴露于高葡萄糖 20h 后 INS-1E 细胞中 PDK2（A）、INS（B）、Glut2（C）、PDK4（D）、Mfn2（E）、Akt（F）蛋白表达变化

蛋白条带如图（G）～（L）所示，不同字母代表有显著差异，$P<0.05$

5.3.2.9　大豆蛋白肽作用下 INS-1E 细胞差异代谢物的变化情况

分别对对照组、高糖毒性模型组和样品处理组的代谢物进行了统计（表 5-4）。共对 15097 种代谢物进行了定性分析。其中模型组相对于对照组产生的差异代谢物有 442 个，上

调差异代谢物为 348 个，下调差异代谢物为 94 个。和模型组相比，样品①处理组产生的差异代谢物最多，为 1074 个，上调差异代谢物为 811 个，下调差异代谢物为 263 个。和对照组相比，同样是样品①处理组产生的差异代谢物最多，为 2297 个，上调差异代谢物为 2031 个，下调差异代谢物为 266 个。其他组别相对变化趋势一致，总体上主要为上调差异代谢物，下调差异代谢物相对较少。

表 5-4 代谢物上下调统计表

分组	定性物质总数	该组对比差异物质个数	该组对比上调差异物质个数	该组对比下调差异物质个数
Control 与 HG	15097	442	348	94
Control 与 HG+dpep①	15097	2297	2031	266
Control 与 HG+dpep②	15097	702	535	167
Control 与 HG+pep③	15097	890	693	197
HG 与 HG+dpep①	15097	1074	811	263
HG 与 HG+dpep②	15097	396	191	205
HG 与 HG+pep③	15097	985	481	503

5.3.2.10 主成分分析

同正常模型分析方法一致，首先对各个样本之间进行 PCA 成分分析。如图 5-17 所示，可以看到每个组别之间的 PCA 图并没有显示出很好的分离效果，但这并不代表两组之间没有产生差异，这可能和选择的映射条件有关。该样本有可能在三维空间上产生显著分离效果。

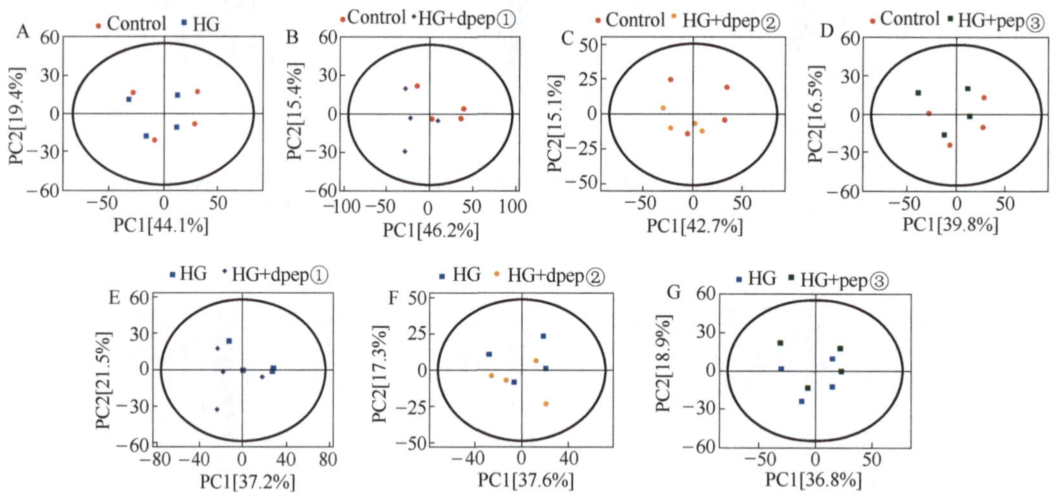

图 5-17 不同样本的 PCA 评分图

(A) Control 与 HG，R^2X=0741；(B) Control 与 HG+dpep①，R^2X=0.731；(C) Control 与 HG+dpep②，R^2X=0.706；(D) Control 与 HG+pep③，R^2X=0.72；(E) HG 与 HG+dpep①，R^2X=0.73；(F) HG 与 HG+dpep②，R^2X=0.682；(G) HG 与 HG+pep③，R^2X=0.731

5.3.2.11 正交偏最小二乘判别分析

OPLS-DA 正交偏最小二乘法判别分析结果显示，两种样本分别分布在图的左右两侧，它们之间存在明显的分离，说明该模型能够有效区分两组样本（图 5-18），也表明了它们的代谢谱存在差异。

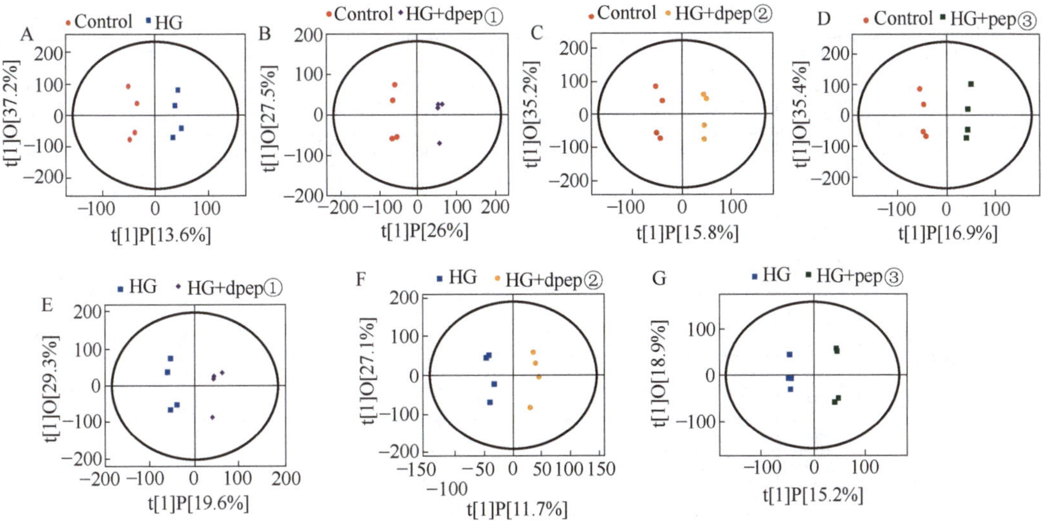

图 5-18　不同样本的 OPLS-DA 评分图

(A) Control 与 HG，$R^2X=0.508$，$R^2Y=1$，$Q^2=0.977$；(B) Control 与 HG+dpep①，$R^2X=0.535$，$R^2Y=994$，$Q^2=0.548$；(C) Control 与 HG+dpep②，$R^2X=0.51$，$R^2Y=0.992$，$Q^2=0.195$；(D) Control 与 HG+pep③，$R^2X=0.523$，$R^2Y=0.992$，$Q^2=0.55$；(E) HG 与 HG+dpep①，$R^2X=0.488$，$R^2Y=0.973$，$Q^2=0.357$；(F) HG 与 HG+dpep②，$R^2X=0.388$，$R^2Y=0.982$，$Q^2=0.144$；(G) HG 与 HG+pep③，$R^2X=0.341$，$R^2Y=0.997$，$Q^2=0.552$

5.3.2.12　大豆蛋白肽作用下 INS-1E 细胞差异代谢物的筛选

通过表 5-5 可知，高糖浓度暴露后，细胞中山梨醇等糖类物质和甘露醇、山梨醇等脂肪酰类物质以及 L-赖氨酸等肽类物质增多，甘油磷脂类物质减少。细胞中葡萄糖浓度增加或消耗的减少和糖酵解反应变化有关[18]。糖酵解过程中通过丙酮酸脱氢酶（PDH）提供作为氧化底物的乙酰辅酶 a 和丙酮酸羧化酶（PC）与草酰乙酸结合[19]。脂肪酰类物质的合成由乙酰辅酶 a 作为前体，乙酰辅酶 a 的减少表明在高糖暴露后通过 PDH 进入 TAC 循环的通量减少。PDH 的减少和 Wallace 等的研究一致，都表明高糖毒性导致糖酵解途径和 TAC 循环发生改变[18]。说明高糖毒性抑制了 K_{ATP} 通路。然而和高糖模型组相比，大豆蛋白肽处理组中 γ-谷氨酰谷氨酸、甘氨酸等氨基酸和肽类物质增多，5-十七烷基间苯二酚等酚类物质增多，脂肪酰类等物质减少，能够有效减少高糖毒性导致的代谢物质的改变。氨基酸分解代谢和通过 TAC 循环中间产物转化的合成代谢在细胞生物学和胰岛素分泌中发挥重要作用，以上代谢物的改变再次表明高糖处理细胞中丙酮酸和 TAC 循环代谢的改变。该研究结果表明大豆蛋白肽能够通过 triggering pathway 和 amplifying pathway 对胰腺 B 细胞进行高糖毒性保护。

表 5-5　差异代谢物的筛选（VIP>1，$P<0.05$）

分组	指数	化合物	差异倍数	类型
Control 与 HG	199	Glucitol	1.4	上调
	218	Lysine	1.6	上调
	187	Mannitol	1.4	上调
	228	Iditol	1.4	上调

续表

分组	指数	化合物	差异倍数	类型
Control 与 HG	235	Galactitol	1.4	上调
	919	PC[(18∶3)(6Z,9Z,12Z)/(15∶0)]	0.7	下调
	1077	PE[P-(18∶1)(9Z)/(18∶3)(6Z,9Z,12Z)]	0.9	下调
	1117	PS[(18∶0)/(22∶5)(7Z,10Z,13Z,16Z,19Z)]	0.9	下调
Control 与 HG+dpep①	32	Glycine	2.5	上调
	16	Xanthine	2.0	上调
	11	Pyroglutamic acid	2.3	上调
	81	Asparagine	2.1	上调
	109	Pantothenic acid	2.4	上调
	100	Glu-Gly	2.1	上调
	105	Serine	2.5	上调
	162	Cysteic acid	2.3	上调
	265	Glu-Glu	2.4	上调
Control 与 HG+dpep②	34	4-Hydroxyproline	2.1	上调
	36	LacCer[(d18∶1)/(16∶0)]	2.4	上调
	105	Serine	2.0	上调
	124	5-Aminolevulinic acid	2.1	上调
	227	Alfacalcidol	2.0	上调
	699	5-Heptadecyl-1,3-benzenediol	4.0	上调
Control 与 HG+pep③	36	LacCer[(d18∶1)/(16∶0)]	3.9	上调
	109	Pantothenic acid	2.0	上调
	173	7-Ketocholesterol	2.2	上调
	180	gamma-Glutamylglutamic acid	2.5	上调
	265	Glu-Glu	2.3	上调
	453	N-Oleoyl glycine	2.1	上调
	699	5-Heptadecyl-1,3-benzenediol	4.4	上调
	918	L-Agaridoxin	2.9	上调
HG 与 HG+dpep①	32	Glycine	2.2	上调
	105	Serine	2.2	上调
	128	Ketoleucine	2.0	上调
	173	7-Ketocholesterol	3.8	上调
	180	gamma-Glutamylglutamic acid	3.1	上调
	265	Glu-Glu	2.7	上调
	453	N-Oleoyl glycine	2.4	上调
HG 与 HG+dpep②	36	LacCer[(d18∶1)/(16∶0)]	2.6	上调
	231	Mannitol	0.4	下调
	228	Glucitol	0.5	下调
	235	Galactitol	0.5	下调
	99	Glu-Arg	1.5	上调
	927	PC[(15∶0)/(14∶1)(9Z)]	1.2	上调
	972	LysoPC[(24∶1)(15Z)]	1.6	上调
	1019	LysoPC[(22∶6)(4Z,7Z,10Z,13Z,16Z,19Z)]	1.7	上调
HG 与 HG+pep③	36	LacCer[(d18∶1)/(16∶0)]	4.1	上调
	173	7-Ketocholesterol	2.5	上调
	180	gamma-Glutamylglutamic acid	2.5	上调
	265	Glu-Glu	2.6	上调
	699	5-Heptadecyl-1,3-benzenediol	2.0	上调

5.3.2.13 代谢通路分析

对 INS-1E 细胞的代谢组学分析也显示大豆蛋白肽对 INS-1E 细胞的高糖毒性具有改善

作用。由图 5-19A 所示，暴露高糖浓度后，主要通过半乳糖代谢以及果糖和甘露糖代谢通路来影响糖酵解反应和 TAC 循环，从而抑制 K_{ATP} 通路。大豆蛋白肽主要通过精氨酸和脯氨酸代谢通路，甘氨酸、丝氨酸和苏氨酸代谢通路，谷胱甘肽代谢通路，嘌呤代谢通路等对 INS-1E 细胞进行改善调节来达到促进葡萄糖刺激下的胰岛素分泌作用（图 5-19B～G）。

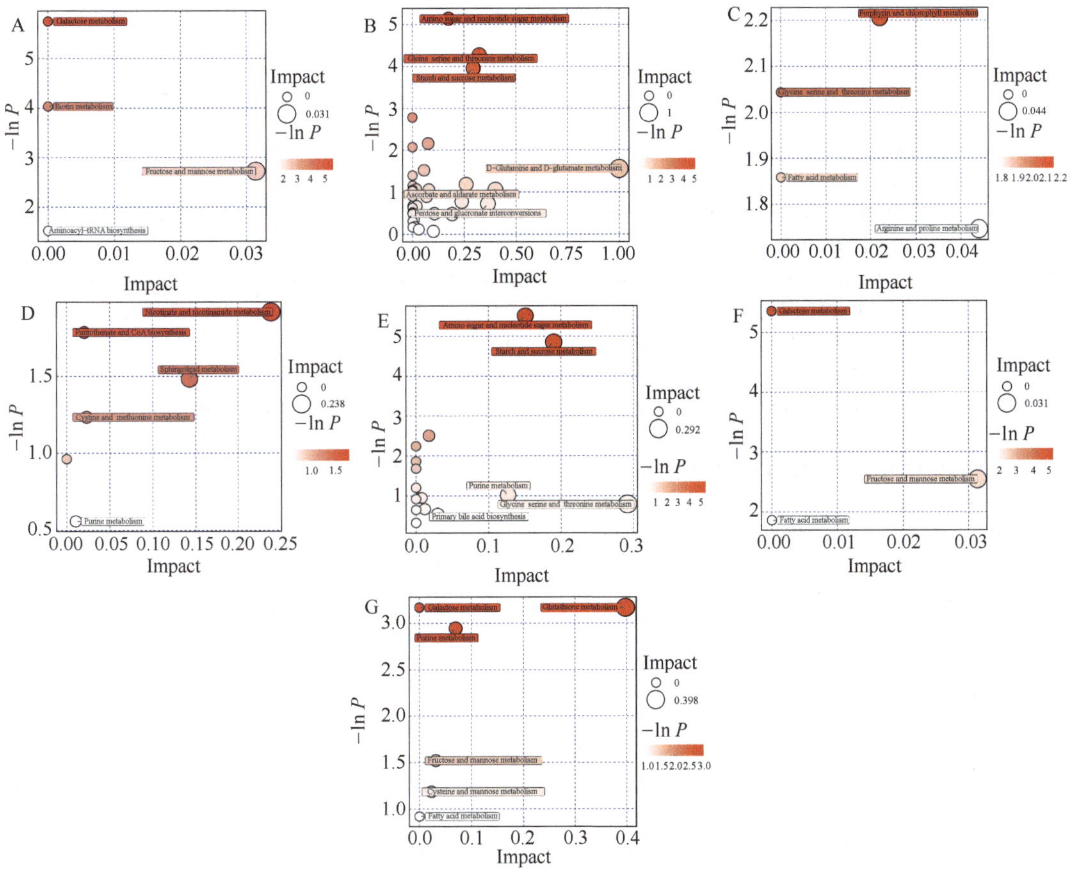

图 5-19 气泡图的 KEGG 拓扑分析

（A）Control 与 HG；（B）Control 与 HG+dpep①；（C）Control 与 HG+dpep②；（D）Control 与 HG+pep③；（E）HG 与 HG+dpep①；（F）HG 与 HG+dpep②；（G）HG 与 HG+pep③

5.3.3 研究结论

大豆蛋白肽能够显著提高高糖模型组葡萄糖刺激的胰岛素分泌量以及 INS-1E 细胞对葡萄糖刺激的敏感性，并且经过体外消化的大豆蛋白肽对高糖毒性改善的效果要优于阳性对照组。各种理化指标的研究结果显示和高糖毒性组相比，大豆蛋白肽样品处理组均得到显著提高。基因和蛋白结果同样也显示大豆蛋白肽能够显著提高 *INS*、*Mfn2*、*PDX1*、*MAFA* 基因的表达并抑制 *PDK2*、*AMPK* 基因的表达。该研究结果表明大豆蛋白肽能够显著改善高糖毒性导致的胰腺 B 细胞胰岛素敏感性降低以及氧化应激情况。高糖毒性生理模型中，细胞内样品组和高糖模型组以及对照组的代谢物均产生显著差异，两两比较分别检测出 442、2297、702、890、1074、396、985 种差异代谢物，其中上调差异代谢物较多，主要的代谢通路包括精氨酸和脯氨酸代谢通路，甘氨酸、丝氨酸和苏氨酸代谢通路，谷胱甘肽代谢通路，嘌呤代谢通路等。通过代谢组学分析代谢物的变化情况，表明了大豆蛋白肽能够通过 triggering pathway 和 amplifying pathway 改善胰岛素的分泌情况。

参考文献

[1] Shen M, Wang W, Ge Y, et al. Antidiabetic effects of soluble dietary fiber from steam explosion-modified black soybean hull in low-dose streptozotocin-induced type 2 diabetic mouses [J]. Journal of Chemistry, 2019, 2019: 1-9.

[2] Galicia-Garcia U, Benito-Vicente A, Jebari S, et al. Pathophysiology of type 2 diabetes mellitus [J]. International Journal of Molecular Sciences, 2020, 21 (17): 6275-6308.

[3] Petersen M C, Shulman G I. Mechanisms of insulin action and insulin resistance [J]. Physiological Reviews, 2018, 98 (4): 2133-2223.

[4] Saeedi P, Petersohn I, Salpea P, et al. Global and regional diabetes prevalence estimates for 2019 and projections for 2030 and 2045: Results from the international diabetes federation diabetes atlas, 9 (th) edition [J]. Diabetes Research and Clinical Practice, 2019, 157: 107843-107852.

[5] Tang J, Wan Y, Zhao M, et al. Legume and soy intake and risk of type 2 diabetes: a systematic review and meta analysis of prospective cohort studies [J]. The American Journal of Clinical Nutrition, 2020, 111 (3): 677-688.

[6] Jiang H, Feng J, Du Z, et al. Oral administration of soybean peptide Vglycin normalizes fasting glucose and restores impaired pancreatic function in Type 2 diabetic Wistar rats [J]. The Journal of Nutritional Biochemistry, 2014, 25 (9): 954-963.

[7] Marthandam Asokan S, Wang T, Su W T, et al. Short Tetra-peptide from soy-protein hydrolysate attenuates hyperglycemia associated damages in H9c2 cells and ICR mice [J]. Journal of Food Biochemistry, 2018, 42 (6): 1-9.

[8] Brodkorb A, Egger L, Alminger M, et al. INFOGEST static *in vitro* simulation of gastrointestinal food digestion [J]. Nature Protocols, 2019, 14 (4): 991-1014.

[9] Knowles J W, Shulman G I, Petersen K F, et al. Mitochondrial dysfunction, insulin resistance, and potential genetic implications [J]. Endocrinology, 2020, 161 (4): 1-10.

[10] Luan G, Li G, Ma X, et al. Dexamethasone-induced mitochondrial dysfunction and insulin resistance-study in 3T3-L1 adipocytes and mitochondria isolated from mouse liver [J]. Molecules, 2019, 24 (10): 1982-1997.

[11] Saeedi Borujeni M J, Esfandiary E, Baradaran A, et al. Molecular aspects of pancreatic β-cell dysfunction: Oxidative stress, microRNA, and long noncoding RNA [J]. Journal of Cellular Physiology, 2019, 234 (6): 8411-8425.

[12] Zheng Y, He H, Wei X, et al. Comparison of Regulation Mechanisms of Five Mulberry Ingredients on Insulin Secretion under Oxidative stress [J]. Journal of agricultural and food chemistry, 2016, 64 (46): 8763-8772.

[13] Yuan Q-C, Zhan B-Y, Du M, et al. Dietary milk fat globule membrane regulates JNK and PI3K/Akt pathway and ameliorates type 2 diabetes in mice induced by a high-fat diet and streptozotocin [J]. Journal of Functional Foods, 2019, 60: 103435-103443.

[14] Newsholme P, Bender K, Kiely A, et al. Amino acid metabolism, insulin secretion and diabetes [J]. Biochemical Society Transactions, 2007, 35 (5): 1180-1186.

[15] Chang C C, Houng J Y, Wang S W, et al. Protective effect of siegesbeckia orientalis on pancreatic β-cells under high glucose-induced glucotoxicity [J]. Applied Sciences, 2021, 11 (22): 10963-10975.

[16] Haythorne E, Rohm M, Van De Bunt M, et al. Diabetes causes marked inhibition of mitochondrial metabolism in pancreatic beta-cells [J]. Nature Communications, 2019, 10 (1): 2474-2490.

[17] Pratt E P S, Harvey K E, Salyer A E, et al. Regulation of cAMP accumulation and activity by distinct phosphodiesterase subtypes in INS-1 cells and human pancreatic beta-cells [J]. PLoS One, 2019, 14 (8): e0215188-e0215214.

[18] Wallace M, Whelan H, Brennan L. Metabolomic analysis of pancreatic beta cells following exposure to high glucose [J]. Biochim Biophys Acta, 2013, 1830 (3): 2583-2590.

[19] Spegel P, Mulder H. Metabolomics analysis of nutrient metabolism in beta-cells [J]. Journal of Molecular Biology, 2020, 432 (5): 1429-1445.

第6章 大豆肽对预防和治疗肌肉萎缩的作用

6.1 引言

6.1.1 肌肉健康对人体健康的重要性

肌肉健康对于人体健康和生活质量至关重要。失用性肌肉萎缩是骨骼肌长期不受负荷引起形态、结构、功能发生改变的一种机体变化，可由禁食[1]、卧床[2]、肢体制动[3]、失神经[2]、失重[2] 等原因导致，同时也是心血管病、糖尿病等多种疾病的常见并发症。根据2016年全球疾病负担报告，肌肉相关疾病是影响寿命损失的重要因素之一。近十年全球患肌肉相关疾病的人数比二十世纪九十年代翻了一倍[4]。这一疾病不仅影响患者生活质量，严重时还会带来生命危险。寻找合适有效的治疗肌肉萎缩的方法或进行早期预防，对临床医学、运动医学和航天医学等领域具有重要的科学意义及社会意义。

6.1.2 肽对预防和治疗肌肉萎缩作用的研究内容

除运动及功能训练外，治疗肌肉萎缩的方法主要有药物干预和营养干预。由于药物具有潜在副作用，因此营养干预受到广泛关注。营养干预普遍从增加蛋白质合成、减少蛋白质分解等方面缓解肌肉萎缩症状。Lee等人发现乳清肽显著增加了肌肉萎缩小鼠的小腿肌肉体积和表面积，增加了肌肉纤维的面积并促进了胶原蛋白沉积。此外，乳清肽显著降低了与肌肉损伤、肾功能和促炎性细胞因子相关的血清生物标志物水平，通过IGF-1/PI3K/Akt通路增加了p-mTOR和p-p70S6K水平，同时通过FOXO通路降低了蛋白质分解代谢水平。此外，与肌细胞分化相关的蛋白质的表达显著增加[5]。

6.1.3 本章研究内容与意义

大豆肽是大豆蛋白酶解成的小分子产物，必需氨基酸齐全且平衡，同时较大豆蛋白更易消化吸收，具有广阔的应用前景。目前关于大豆肽对机体的功能性研究主要集中在抗氧化、降血脂、降血压、调节血糖等方面，对蛋白质合成和分解的作用鲜有报道。因此，本章通过建立大鼠尾吊模型模拟失重，针对大豆肽对蛋白质代谢和氧化应激的影响进行深入探讨，以期为探究营养干预预防和治疗肌肉萎缩的方法提供实验基础。

本实验方案符合动物福利和伦理要求，得到谱尼测试集团股份有限公司动物实验伦理审查委员会批准（PONY-BJ-FL-2022-112）。

6.2 研究方法

6.2.1 动物分组及灌胃设计

将35只大鼠分笼饲养，每天昼夜循环光照12h，环境温度控制在20～25℃，相对湿度50%～60%。自由进食进水，每天更换饲料和饮水。适应性喂养1周后，随机选取15只用于验证大豆肽预防作用实验，设为地面-对照组1（C1）、尾吊-对照组（M）、尾吊-肽组（P），每组5只，灌胃40d；剩余20只用于验证大豆肽治疗作用实验，其中随机选取5只作为地面-对照组2（C2），15只进行尾吊。饲养40d后，将15只尾吊大鼠放回地面，分为尾吊后-高剂量肽治疗组（HT）、尾吊后-中剂量肽治疗组（MT）、尾吊后-低剂量肽治疗组（LT），每组5只，与C2共同灌胃60d。尾部悬吊方法：使大鼠后肢离地30°、前肢可自由活动，随大鼠生长及时调节尾吊高度。按照人体每天额外补充5g大豆肽进行换算得到大鼠每天补充量并以此作为治疗中剂量，即0.45g/(kg·d)，治疗高剂量和低剂量分别设为0.75g/(kg·d)和0.15g/(kg·d)，预防剂量设为0.30g/(kg·d)。所有大鼠均按照0.5mL/(kg·d)进行灌胃，对照组灌胃蒸馏水。

6.2.2 血清和肌肉样品采集

预防实验中，于5d、10d、17d、25d、32d、40d称量大鼠体质量并记录。治疗实验中，每周第4d和第7d称量大鼠体质量并记录，并于7d、21d、35d进行尾静脉采血。预防实验灌胃40d时，对C1、M、P组进行解剖。治疗实验灌胃40d时，对C2、HT、MT、LT组大鼠进行解剖。解剖前禁食不禁水12h。解剖时，麻醉后采用腹主动脉法取血。将血液室温静置1～2h，于4℃放置一夜。次日4℃、3000r/min离心10min，取上层血清，－80℃保存备用。取大鼠左侧后肢腓肠肌和比目鱼肌，分别称量腓肠肌和比目鱼肌湿重，并计算腓肠肌和比目鱼肌湿重/体质量比：腓肠肌或比目鱼肌湿重/体质量比（mg/g）＝腓肠肌或比目鱼肌湿重/大鼠体质量。于－80℃冻藏备用。

6.2.3 血清相关指标测定

采用双抗体夹心法酶联免疫吸附试验检测大鼠血清中类胰岛素生长因子1（IGF-1）、叉头框蛋白O3（FoxO3）、超氧化物歧化酶（SOD）浓度。

6.2.4 总蛋白提取及蛋白定量

取0.1g肌肉组织剪碎，加入1mL RIPA裂解液（PMSF浓度为1mmol/L），在冰水浴条件下用玻璃匀浆器研磨10min，冰上裂解30min。于4℃、12000r/min离心10min，收集上清液即提取的总蛋白，制得肌肉匀浆样品，于－80℃保存备用。采用BCA法对各个样品进行蛋白定量，最终将样品统一稀释成同一蛋白浓度。

6.2.5 Western blotting 分析

将样品于 100℃煮沸 5min 使蛋白充分变性，采用 12%的十二烷基硫酸钠-聚丙烯酰胺凝胶电泳分离蛋白，浓缩胶浓度为 5%。初始电压为 80V，20min 后将电压调至 120V，约 1h 停止。将胶上蛋白转移至 PVDF 膜，5%BSA 中（溶于 TBST）于 37℃封闭 2h，在 1∶1000 稀释的一抗中于 4℃孵育过夜，TBST 洗膜 3 次，每次 5min。加入 HRP 标记的二抗于 37℃孵育 2h，TBST 洗膜 3 次，每次 5min。加入 ECL 化学发光底物对条带进行染色，避光结合 2min，在凝胶成像仪中对目的蛋白 Atrogin-1 和内参蛋白 GAPDH 进行显影，利用 Image J 软件对图像进行分析。

6.3 研究结果

6.3.1 大豆肽营养干预对大鼠肌肉萎缩的预防作用

6.3.1.1 大豆肽对大鼠体质量、肌肉湿重及肌肉湿重/体质量比的影响

由图 6-1A 可知，各组大鼠初始体质量无显著性差异。随饲养时间延长，与 C1 组相比，M 组和 P 组体质量增长趋势明显减缓，10d 后，M 组和 P 组体质量显著低于 C1 组（$P<0.05$）。尾吊时，由于后肢活动减少能量消耗减少、摄食减少，机体无法正常合成蛋白质，不能满足身体生长需要，因此与 C1 组相比，M 组大鼠肌肉质量减少、体质量减轻。5～10d 时，M 组和 P 组体质量稳步增加；10～25d 时，M 组体质量增长平缓，P 组仍保持一定速度持续增长，且在 17～25d 期间，P 组体质量增长速率提升较快、体质量超过 M 组，但无显著性差异。将三组大鼠在预防实验始末的平均体质量变化量进行对比发现（图 6-1B），M 组体质量增长量显著低于 C1 组（$P<0.05$），P 组体质量增长量较 M 组有一定提升，但未达到统计学水平上的显著性差异。大豆肽营养干预为机体提供了外源蛋白质，作为合成身体生长所需蛋白质的原料，因而可在一定程度上改善大鼠体质量增长缓慢问题。

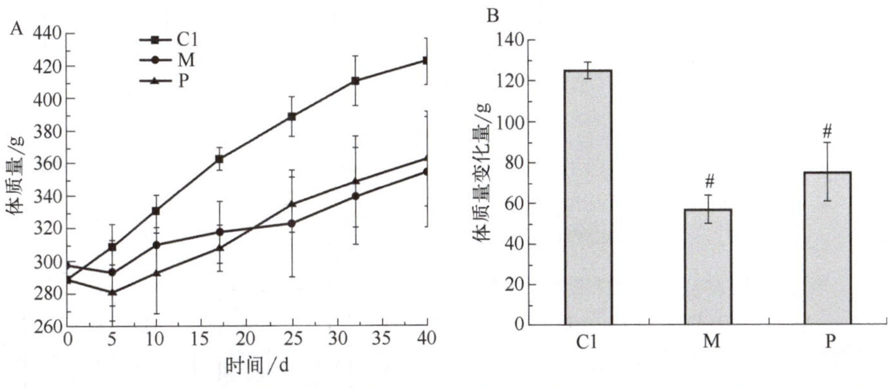

图 6-1 预防实验：大豆肽营养干预对大鼠体质量（A）和体质量变化量（B）的影响

#代表与 C1 具有显著性差异（$P<0.05$）

肌肉湿重是衡量肌肉萎缩程度最常用的指标之一。由图 6-2A 可知，M 组腓肠肌湿重和比目鱼肌湿重均显著低于 C1 组（$P<0.05$），表明大鼠发生肌肉萎缩，尾吊模型建立成功。由图 6-2B 可知，M 组腓肠肌湿重/体质量比显著低于 C1 组（$P<0.05$），但比目鱼肌湿重/

体质量比与 C1 组无显著性差异，这可能是由比目鱼肌质量小造成的。同时说明，因尾吊导致的体质量减少量中，腓肠肌湿重减少占大部分。

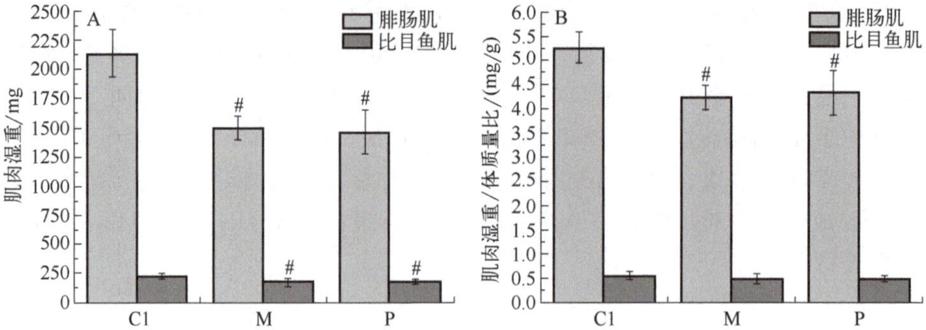

图 6-2　预防实验：大豆肽营养干预对大鼠肌肉湿重（A）及肌肉湿重/体质量比（B）的影响

#代表与相应腓肠肌/比目鱼肌 C1 具有显著性差异（$P<0.05$）

6.3.1.2　大豆肽对蛋白质合成代谢和分解代谢相关因子及蛋白质表达水平的影响

当蛋白质合成代谢通路中 IGF-1 浓度升高时，依次激活 PI3K、Akt、mTOR 使其磷酸化，蛋白质合成速率增加；同时，Akt 下游 FoxO3 发生去磷酸化、活性被抑制，蛋白质分解速率降低。反之，当 IGF-1 浓度降低时，PI3K 和 Akt 的磷酸化水平降低，FoxO3 磷酸化水平升高，蛋白质合成速率降低、分解速率提升。

由图 6-3 可知，与 C1 组相比，M 组大鼠血清中 IGF-1 浓度显著降低（$P<0.05$），血清中

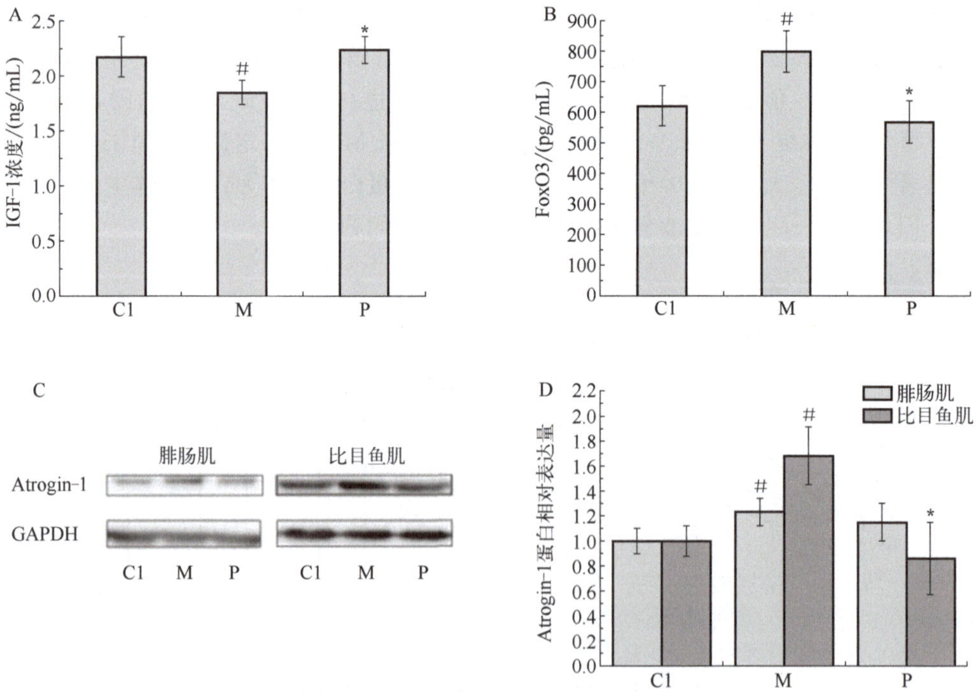

图 6-3　预防实验：大豆肽营养干预对大鼠血清中 IGF-1（A）和 FoxO3（B）浓度及肌肉中 Atrogin-1 蛋白相对表达量（C）（D）的影响

（A）（B）中，#代表与 C1 组具有显著性差异（$P<0.05$），*代表与 M 组具有显著性差异（$P<0.05$）；（D）中，#代表与 C1 组具有显著性差异（$P<0.05$），*代表与 M 组具有显著性差异（$P<0.05$）

FoxO3 浓度显著升高（$P<0.05$），腓肠肌和比目鱼肌中 Atrogin-1 蛋白相对表达量显著升高（$P<0.05$）。与 M 组相比，P 组大鼠血清中 IGF-1 浓度显著升高（$P<0.05$），血清中 FoxO3 浓度显著降低（$P<0.05$），比目鱼肌中 Atrogin-1 蛋白相对表达量显著降低（$P<0.05$）。这一结果表明，尾吊使蛋白质合成速率降低、分解速率增加，导致大鼠腓肠肌和比目鱼肌质量减少，发生肌肉萎缩。大豆肽营养干预可减轻这一现象的发生程度，增加机体中蛋白质合成、抑制比目鱼肌中蛋白质的加速分解，减轻尾吊对蛋白质代谢造成的影响，但对腓肠肌无明显作用。

6.3.1.3　大豆肽对机体氧化应激水平的影响

SOD 是一种含金属的酶，可清除体内代谢产生的过多的超氧阴离子自由基，使氧化产物维持在相对稳定的数量状态，延缓由自由基累积侵害导致的机体衰老，间接影响蛋白质代谢。由图 6-4 可知，与 C1 组相比，M 组大鼠血清中 SOD 浓度显著降低（$P<0.05$）。与 M 相比，P 组血清中 SOD 浓度有所提高，但未达到统计学水平上的显著性差异，与 C1 也无显著性差异。由此说明，尾吊造模使大鼠体内抗氧化物酶浓度降低，氧化产物积累较多至超过机体的抗氧化能力，导致氧化应激水平升高。大豆肽营养干预可在一定程度上提高抗氧化物酶浓度，最终与机体内氧化产物达到平衡，减轻体内氧化应激反应。

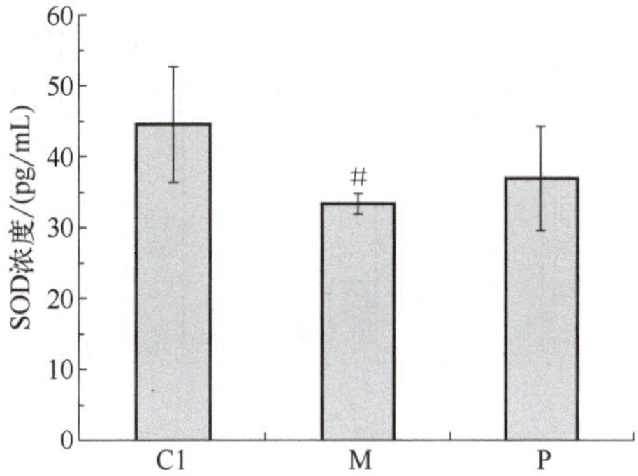

图 6-4　预防实验：大豆肽营养干预对大鼠血清 SOD 浓度的影响

＃代表与 C1 具有显著性差异（$P<0.05$）

6.3.2　大豆肽营养干预对大鼠肌肉萎缩的治疗作用

6.3.2.1　大豆肽对大鼠体质量、肌肉湿重及肌肉湿重/体质量比的影响

由图 6-5A 可知，通过 40d 尾吊造模，HT、MT、LT 三组大鼠在治疗时的初始体质量显著低于 C2（$P<0.05$）；LT 略高于 HT 和 MT，这可能是由个体差异造成的。在治疗期间，C2

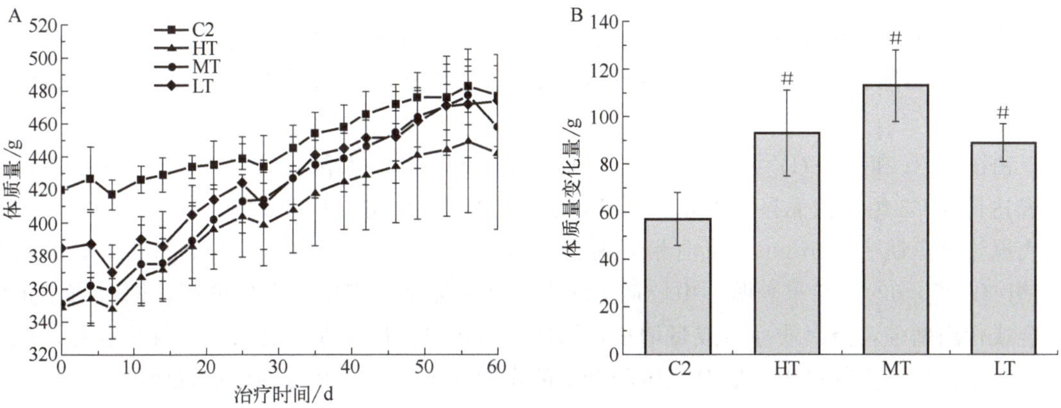

图 6-5　治疗实验：大豆肽营养干预对大鼠体质量（A）及体质量变化量（B）的影响

＃代表与 C2 具有显著性差异（$P<0.05$）

组大鼠体质量增长较为平缓，HT、MT、LT 三组增长速度较快。治疗 60d 结束时，四组大鼠体质量无显著性差异。通过对比图 6-5B 治疗始末四组大鼠的平均体质量变化量发现，HT、MT、LT 的体质量增长量均显著高于 C2（$P<0.05$）。结果表明，不同剂量的大豆肽可提高大鼠体质量增长速率，使发生肌肉萎缩的大鼠逐步恢复正常生长。

由图 6-6 可知，治疗 60d 结束时，HT、MT、LT 三组大鼠腓肠肌和比目鱼肌湿重及湿重/体质量比与 C2 组均无显著性差异。这一结果表明，不同剂量大豆肽营养干预可使发生肌肉萎缩的大鼠损失的肌肉质量提升至恢复正常。

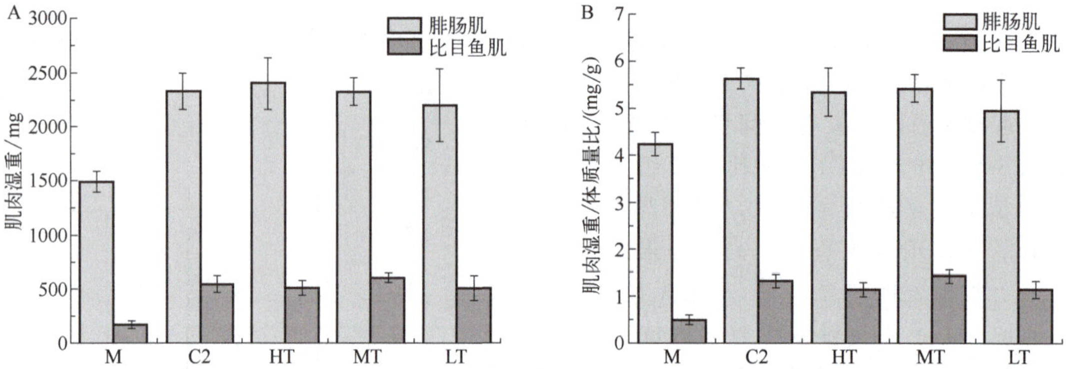

图 6-6 治疗实验：大豆肽营养干预对大鼠肌肉湿重（A）及肌肉湿重/体质量比（B）的影响

6.3.2.2 大豆肽对蛋白质合成代谢和分解代谢相关因子及蛋白表达水平的影响

由图 6-7A 和图 6-7B 可知，治疗 7d 时，HT、MT、LT 三组大鼠血清中 IGF-1 浓度与尾吊造模第 40d 时的 M 组相比几乎无变化且均显著低于 C2（$P<0.05$）；三组大鼠血清中 FoxO3 浓度与 M 组相比有一定程度降低，但 HT 和 LT 仍显著高于 C2（$P<0.05$）。随治疗时间延长，HT 组大鼠血清中 IGF-1 浓度有一定程度提高，HT 和 LT 组大鼠血清中 FoxO3 浓度显著降低（$P<0.05$）。治疗末期，HT、MT、LT 三组大鼠血清中 IGF-1 和 FoxO3 浓度与 C2 均无显著性差异。结果表明，不同剂量的大豆肽可提升肌肉萎缩大鼠机体内蛋白质合成代谢速率，减缓蛋白质分解代谢速率。营养干预一段时间后，发生肌肉萎缩的大鼠体内蛋白质合成和分解代谢可重新达到平衡。此外，推测大豆肽营养干预对大鼠肌肉萎缩的治疗作用首先表现在抑制蛋白质分解，而后对促进蛋白质合成产生作用。

由图 6-7C 和图 6-7D 可知，治疗 60d 后，MT 和 LT 组大鼠腓肠肌中 Atrogin-1 蛋白相对表达量与 C2 组相比无显著性差异，HT 组显著高于 C2 组（$P<0.05$）。同时，MT 和 LT 组大鼠比目鱼肌中 Atrogin-1 蛋白相对表达量与 C2 组相比无显著性差异，HT 组显著低于 C2 组（$P<0.05$）。结果表明，中低剂量的大豆肽可抑制肌肉中蛋白质分解，同时由于蛋白质合成作用增强，蛋白质净生成量增多，因此中低剂量组腓肠肌和比目鱼肌湿重提高，肌肉质量恢复正常。高剂量大豆肽对快肌和慢肌的作用并不相同，其可抑制比目鱼肌中蛋白质分解、增强腓肠肌中蛋白质分解。但结合图 6-6 得知，治疗 60d 后，HT 组腓肠肌湿重及湿重/体质量比与 C2 组无显著性差异，因此推测治疗期间高剂量大豆肽对增强腓肠肌中蛋白质合成的作用更显著。

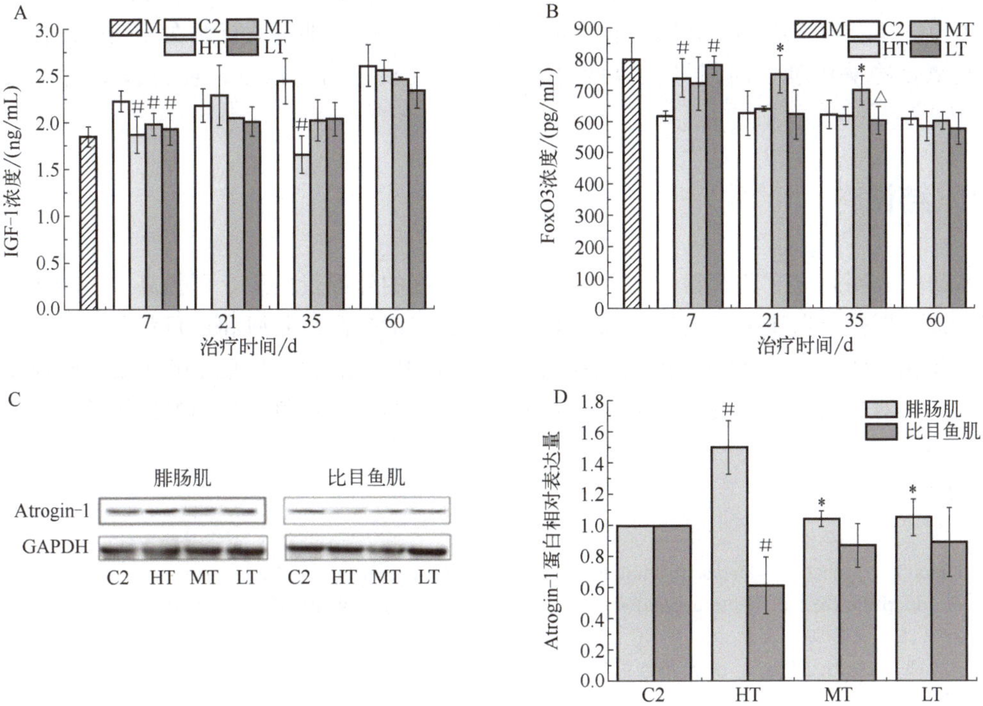

图 6-7　治疗实验：大豆肽营养干预对大鼠血清中 IGF-1（A）和 FoxO3（B）浓度及肌肉中 Atrogin-1 蛋白相对表达量（C）（D）的影响

6.3.2.3　大豆肽对机体氧化应激水平的影响

由图 6-8 可知，治疗初期，MT 组大鼠血清中 SOD 浓度与 M 组相比显著提高（$P<0.05$），但仍显著低于 C2 组（$P<0.05$），HT 和 LT 组与 M 组相比无明显变化。治疗 21d 时，MT 和 LT 组大鼠血清中 SOD 浓度与 M 组相比极显著提高（$P<0.01$）且与 C2 组无显

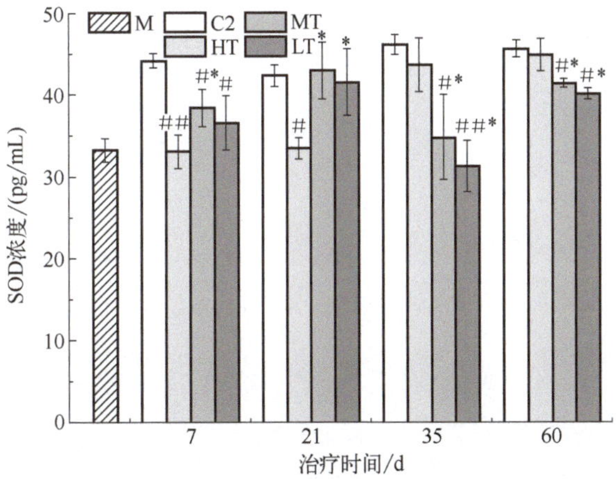

图 6-8　治疗实验：大豆肽营养干预对大鼠血清 SOD 浓度的影响

#代表与同一时间点 C2 组具有显著性差异（$P<0.05$），##代表与同一时间点 C2 组具有极显著性差异（$P<0.01$），*代表与同一时间点 HT 组具有显著性差异（$P<0.05$）

著性差异。治疗后期 35～60d 期间，HT 组大鼠血清中 SOD 浓度与 M 组相比极显著提高（$P<0.01$）且与 C2 组无显著性差异。这一结果表明，中低剂量大豆肽在短期内能提高大鼠体内抗氧化物酶浓度，高剂量大豆肽可逐步提高抗氧化物酶浓度，使机体氧化应激水平降低。

6.4 结论

本研究表明，大豆肽营养干预为机体提供了良好的外源蛋白质，可提高大鼠体质量增长速率，通过增强蛋白质合成代谢、减缓蛋白质分解代谢提高腓肠肌和比目鱼肌湿重，同时降低体内氧化应激水平，在一定程度上能有效预防肌肉萎缩的发生或治疗修复肌肉损伤。因此，大豆肽对失用性肌肉萎缩的预防和治疗具有重要的研究价值和广阔的应用前景。

参考文献

［1］ Kawai N, Hirasaka K, Maeda T, et al. Prevention of skeletal muscle atrophy *in vitro* using anti-ubiquitination oligopeptide carried by atelocollagen ［J］. Biochimica Et Biophysica Acta-Molecular Cell Research, 2015, 1853（5）: 873-880.

［2］ 周永战，陈佩杰，郑莉芳，等. 废用性肌萎缩的发生机制及治疗策略 ［J］. 中国康复医学杂志，2017，32（11）: 1307-1313.

［3］ 陈麟，王巧灵，余德标，等. 废用性肌萎缩近十年治疗进展 ［J］. 按摩与康复医学，2015，6（17）: 1-4.

［4］ Vos T, Abajobir A A, Abbafati C, et al. Global, regional, and national incidence, prevalence, and years lived with disability for 328 diseases and injuries for 195 countries, 1990-2016: a systematic analysis for the Global Burden of Disease Study 2016 ［J］. Lancet, 2017, 390（10100）: 1211-1259.

［5］ Lee J A, Shin M R, Kim M, et al. Whey peptide alleviates muscle atrophy by strongly regulating myocyte differentiation in mice ［J］. Medicina-Lithuania, 2024, 60（3）, 433.

第7章

大豆肽对伤口恢复的促进作用

7.1 引言

7.1.1 创伤对人体健康的危害

创伤是世界范围内导致人类死亡的主要原因之一，因创伤死亡的人数占全球死亡人数的9%以上，预计到2030年将成为第七大死因[1]。创伤也是最严重的健康问题之一，其发生率高，恢复过程复杂，容易发生伤口恢复不良等问题[2]。在创伤后，会发生组织损伤并伴有急性炎症，导致局部组织免疫反应的激活[3]。当受到大面积严重创伤时，免疫系统高度激活，促炎性细胞因子大量释放，会导致全身炎症反应综合征[4]。如果创伤后不能够及时恢复伤口完整性，或发生感染、缺血等状况可进一步增强炎症免疫反应，这个过程会导致免疫系统的失调，并可能导致压倒性的全身炎症，增加死亡率[5]。因此，研究开发促进伤口恢复的有效手段一直是研究和应用的热点问题。

7.1.2 肽对伤口恢复促进作用的研究现状

对于开放性创伤的恢复，营养干预是关键手段之一，积极正确的营养干预，可改善体内营养状况，抑制过度炎症反应，加速恢复进程。蛋白质营养干预是应对开放性创伤的积极有效的手段。研究表明，从陆地蜗牛 *Cryptozona bistrialis* 中提取的肽能有效促进正常和糖尿病 Wistar 大鼠的伤口恢复[6]。Zheng 等人发现，海参肽 VTPY 和 VLLY 可促进人皮肤成纤维细胞和血管内皮细胞的增殖和迁移，有望成为食源性伤口恢复剂[7]。罗非鱼胶原肽混合物可通过增加伤口中的生长因子和胶原沉积从而促进糖尿病相关伤口恢复[8]。小麦胚芽肽 YDWPGGRN 可通过抗炎反应，并增强角质形成细胞和成纤维细胞的增殖和迁移，促进伤口恢复[9]。大豆肽作为蛋白质营养补充剂，具有全部必需氨基酸，且氨基酸比例平衡，吸收速度快，生物利用率高，具有促进伤口恢复的潜力。

7.1.3 本章研究内容与意义

本章研究通过建立背部全层皮肤创伤蛋白营养不良大鼠模型，给予大豆肽进行营养干预，探究大豆肽对大鼠背部皮肤伤口的恢复作用。通过对大鼠体内白细胞数量、伤口皮肤组织病理学进行分析，研究大豆肽对伤口恢复炎症阶段、增殖阶段的影响，探究大豆肽促进皮肤伤口恢复的具体途径。

本实验方案符合动物福利和伦理要求，得到谱尼测试集团股份有限公司动物实验伦理审查委员会批准（PONY-2019-FL-21）。

7.2 研究方法

7.2.1 实验动物分组及处理

实验动物选择 21 只 SPF 级 3 月龄 Wistar 雄性大鼠，体重为 425～475g。所有实验动物均购自北京维通利华实验动物技术有限公司。所有大鼠在 SPF 级动物房进行饲养，实验全程动物房温度 25℃，相对湿度 60%，12h/12h 昼夜明暗交替。大鼠单笼饲养，自由摄食、饮水，适应性饲养一周后，随机分为 3 组，每组 7 只：①对照组（PBS）；②大豆蛋白组（SPro）；③大豆肽组（SPep）。随后制备背部全层皮肤创伤模型，术后通过转换饲喂无蛋白饲料诱导蛋白质营养不良。

7.2.2 背部全层皮肤创伤模型的建立

在适应性饲养一周后，按照 Huang 的方法建立大鼠背部全层皮肤创伤模型[10]。对大鼠腹部进行消毒，腹腔注射 1.5%戊巴比妥钠（37.5mg/kg）进行麻醉后固定，使用剃毛器除去大鼠背部毛发，然后用纱布蘸取 8%硫化钠涂抹于剃毛部位脱毛，充分暴露出手术部位，之后用温水洗净，使用干纱布将水擦拭干净。75%酒精对背部实验部位进行消毒后，将直径为 2.5cm 的皮肤打孔器置于大鼠背部裸露部位进行打孔定位，用无菌镊子从圆圈中心将大鼠皮肤夹起，然后使用无菌手术剪沿打孔印迹剪除背部全层皮肤，创建直径约为 2.5cm 的大小、深浅基本一致的圆形伤口，伤口深至筋膜。手术完成后使用无菌敷贴覆盖伤口区域，用医用弹性绷带进行包扎固定。对大鼠进行保温直至所有大鼠苏醒，为了进行术后护理和监测，防止大鼠间摩擦打斗引起伤口感染，每只大鼠被放置在一个单独的笼子里进行饲养。

7.2.3 实验动物的营养干预

背部全层皮肤创伤模型建立成功后，次日起每天早晨 8 点对大鼠开始灌胃进行营养干预：①PBS 组大鼠每日灌胃 2mL PBS；②SPro 组大鼠每日灌胃 2mL 大豆蛋白溶液（682mg/kg）；③SPep 组大鼠每日灌胃 2mL 大豆肽溶液（682mg/kg）。实验中使用的大豆蛋白和大豆肽的剂量，是根据体表面积折算的等效剂量比值按照人服用蛋白剂量 10g/(70kg · d)进行计算。每两天对大鼠体重进行称量。

7.2.4 伤口观察及测量

为了从宏观上评价伤口恢复的情况，对伤口部位进行了观察。从模型建立（第 0 天）至第 16 天，每两天对各组大鼠伤口进行拍照，同时用透明膜描迹法记录伤口大小，再将透明膜进行扫描，使用 Image J 图像分析软件计算伤口面积，计算伤口恢复率。

$$伤口恢复率=\frac{原始伤口面积-未恢复伤口面积}{原始伤口面积}\times 100\%$$

7.2.5　白细胞总数的测定

于背部全层皮肤创伤模型建立（第 0 天）至第 16 天，每两天对各组大鼠进行尾尖采血，收集全血约 100μL 于含有肝素的离心管，抗凝全血用于测定大鼠白细胞总数。采用白细胞（white blood cell，WBC）显微镜计数法对采集的大鼠抗凝全血中白细胞总数进行测定。

7.2.6　细胞因子的测定

于背部全层皮肤创伤模型建立后第 4 天、第 8 天、第 12 天、第 16 天对各组大鼠进行尾尖采血，收集血液约 500μL 于灭菌离心管中。血液样品室温放置约 30min 后，于 4℃下 1000*g* 离心 15min，分离上清液得到血清分装于灭菌离心管中，于－80℃保存，避免反复冻融。取保存的血清，参照 ELISA 试剂盒说明书测定第 4 天、第 8 天、第 12 天大鼠血清中 IL-1β、IL-6、TNF-α、IL-10 浓度。

7.2.7　大鼠血清蛋白含量的测定

取保存的血清，参照 ELISA 试剂盒说明书测定第 16 天大鼠血清中 TP、ALB 浓度。

7.2.8　组织病理学检查

用 PBS 对经过固定的皮肤组织清洗后，取材 3mm 厚，70%、80%、95%、100%梯度酒精脱水各 30min，二甲苯两瓶各 20min，石蜡浸蜡两缸各 30min，进行包埋，切成 4μm 组织薄片。将组织薄片贴于载玻片并放入烤箱烘干后进行苏木精-伊红（HE）染色和 Masson 染色（染胶原纤维）。使用光学显微镜观察组织切片，进行组织学特征分析。

7.3　研究结果

7.3.1　大豆肽营养干预对大鼠体重的影响

本研究评估了大豆肽营养干预对背部全层皮肤切除大鼠体重的影响。结果如图 7-1 所示，背部全层皮肤切除后，三组大鼠体重均出现了下降，三组间体重无显著差异（$P>0.05$）。结果表明背部全层皮肤切除会导致大鼠营养消耗和体重减轻。与对照组相比，额外的大豆肽营养干预对背部全层皮肤切除后大鼠体重的下降没有显著的缓解作用。这是因为在皮肤恢复过程中，需要大量的蛋白质供应，用来生成皮肤恢复所需的胶原蛋白等物质。实验中大豆蛋白与大豆肽的补充被用来促进伤口的恢复，从而导致对缓解体重下降作用不显著。

7.3.2　大豆肽营养干预对大鼠血清蛋白浓度的影响

皮肤创伤的恢复过程需要大量蛋白质的参与，实验测定了大豆肽营养干预对大鼠体内蛋白水平的影响。血清 TP 和 ALB 可反映体内的蛋白质水平。如图 7-2 所示，创伤后第 16 天，大豆蛋白组与大豆肽组大鼠血清 TP 和 ALB 浓度均显著高于对照组（$P<0.01$）。结果表

明，大豆蛋白和大豆肽的营养干预可改善大鼠体内的蛋白质营养供应状况，缓解蛋白质营养不良情况。

大多数接受侵入性手术的患者会表现出慢性营养不良的情况，而皮肤伤口的恢复需要保持足够的营养，蛋白质营养不良会减缓皮肤伤口恢复进程[11]。有关营养与伤口恢复之间关系的动物实验表明，低蛋白血症会延迟伤口恢复[12]。此外，饲喂无蛋白质饮食的动物胶原纤维的形成较少[13]。这些证据表明，进行蛋白质营养干预对于促进伤口恢复是必要的。

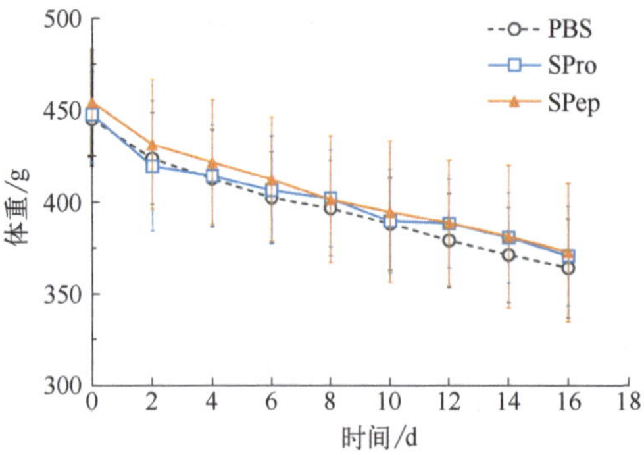

图 7-1 营养干预对大鼠体重的影响

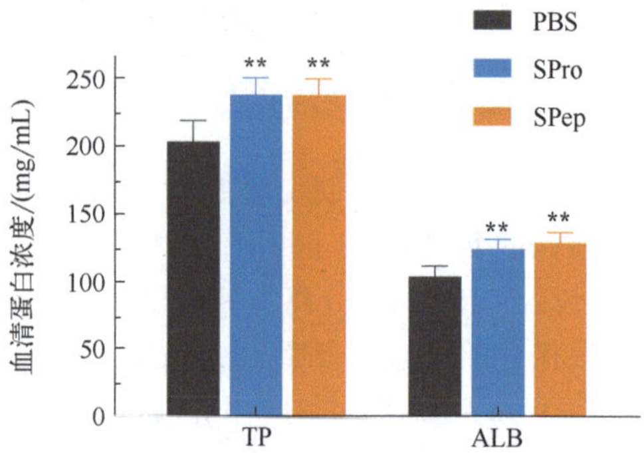

图 7-2 营养干预对大鼠血清蛋白水平的影响

7.3.3 大鼠伤口恢复的宏观观察

图 7-3 为三组大鼠皮肤创伤不同时间点的伤口外观照片。对伤口恢复过程进行宏观观察，各组大鼠伤口组织情况良好，伤口恢复期间未出现感染情况。大豆肽组在第 4 天时肉芽组织已经长出，表皮增生已覆盖整个伤口。而大豆蛋白组与对照组表皮尚未完全覆盖伤口。与对照组相比，大豆肽与大豆蛋白能够加快伤口结痂速度。从第 6 天开始，大豆蛋白组与大豆肽组伤口面积开始明显减小。从第 8 天开始，大豆肽组伤口结痂开始脱落，被粉红色的肉芽组织取代。从第 10 天开始，大豆蛋白组伤口结痂开始脱落。在第 16 天，大豆蛋白组与大豆肽组伤口接近于完全闭合，而对照组伤口结痂才开始脱落并发生出血现象。结果表明，大豆蛋白和大豆肽的营养干预可加速伤口恢复的进程，且大豆肽的促进作用更显著。

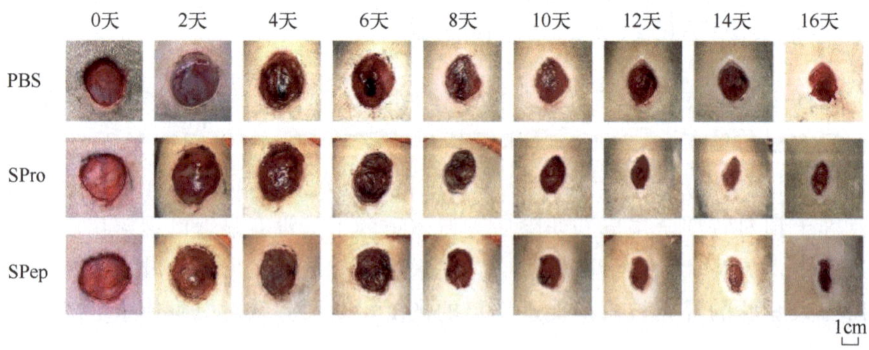

图 7-3 大鼠伤口恢复过程的宏观观察

7.3.4 大豆肽营养干预对大鼠伤口恢复率的影响

伤口尺寸测量长期以来一直用于评估伤口恢复的进程[14]，本实验对各组大鼠皮肤伤口恢复情况进行定量分析，使用透明膜描迹法记录了伤口大小，并使用 Image J 软件进行分析，计算了伤口恢复率，结果如图 7-4 所示。在创伤后第 2 天，三组大鼠伤口面积均有所增加。在伤口恢复早期，三组伤口恢复率没有观察到显著差异（$P>0.05$）。从创伤后第 8 天开始，大豆蛋白组与大豆肽组伤口恢复开始加快。从第 10 天开始，大豆蛋白组与大豆肽组伤口恢复率开始显著高于 PBS 组（$P<0.05$）。在第 16 天，大豆蛋白组与大豆肽组的伤口恢复率分别达到了 80.83%和 84.87%，而 PBS 组的伤口恢复率只有 57.62%。结果表明，大豆蛋白和大豆肽的营养干预可在伤口恢复中后期显著加速恢复进程。

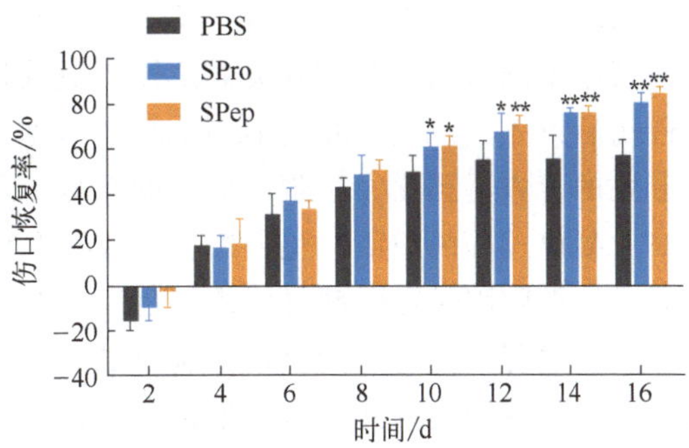

图 7-4 营养干预对大鼠伤口恢复率的影响

7.3.5 大豆肽营养干预对大鼠白细胞总数的影响

图 7-5 显示了背部皮肤损伤后蛋白质营养干预对大鼠血液白细胞总数的影响。在受到创伤后，三组大鼠血液白细胞总数均显著升高（$P<0.05$）。对照组大鼠的血液白细胞总数在第 10 天才到达峰值。而蛋白质营养干预后，大豆蛋白组与大豆肽组大鼠血液白细胞总数迅速升高，在创伤后第 4 天达到峰值，显著高于对照组（$P<0.05$），随后略有下降。在创伤第 6 天后，三组大鼠血液白细胞总数呈现先升高后降低趋势，且水平相当。此时，白细胞通过分泌生长因子和蛋白质，将免疫系统细胞吸引到伤口部位来促进组织恢复。这些结果表明，大豆蛋白和大豆肽的营养干预可在创伤前期有效地使白细胞的产生增加。

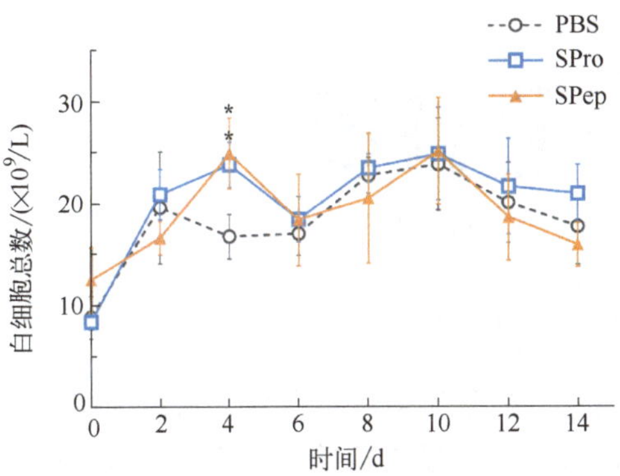

图 7-5 营养干预对大鼠血液白细胞总数的影响

通常伤口恢复过程可以分为三个阶段：炎症、增殖和重塑。第一个阶段是炎症阶段，在创伤后立即开始，包括血液凝固，通过形成纤维蛋白凝块作为临时填充物来止血，同时白细胞进入受伤区域以防止细菌入侵[15]。止血会引发炎症，确保在 96h 内产生大量中性粒细胞和巨噬细胞[16]。在此阶段，白细胞负责清除伤口区域的微生物，并在抗原呈递、吞噬以及炎症细胞因子和生长因子的产生中发挥作用[17]。这些细胞的适当补充对于有效清除微生物以确保正常的伤口恢复过程至关重要。本研究中创伤后第 1 天至第 4 天，大豆蛋白组与大豆肽组血液白细胞迅速生成，数量显著高于对照组，这表明蛋白质的营养干预有助于在伤口恢复的炎症阶段促进伤口部位微生物的清除，避免感染的发生。

7.3.6 大豆肽营养干预对大鼠细胞因子的影响

研究表明，促炎性细胞因子 IL-1β、IL-6 和 TNF-α 水平在炎症过程中急剧升高，因此被视为炎症的指标。如图 7-6 所示，在创伤后第 4 天，大豆蛋白组 IL-6 和 TNF-α 水平与大豆肽组 IL-1β、IL-6 和 TNF-α 水平均显著低于对照组（$P<0.01$），表明在皮肤创伤后，蛋白质的营养干预可以显著抑制炎症阶段中炎症因子 IL-1β、IL-6 和 TNF-α 的过度生成。同时，在创伤后第 4 天，大豆肽组 IL-1β 和 IL-6 水平显著低于大豆蛋白组（$P<0.01$），表明大豆肽形式的营养干预比大豆蛋白形式的营养干预更有效地抑制炎症阶段过度的炎症反应。血管收缩、凝血过程的激活、免疫细胞的浸润和细胞因子的分泌通常发生在炎症期[18]。高浓度的促炎性细胞因子可引起过度的炎症反应造成组织损伤。过度的炎症反应和基质降解会延缓伤口恢复过程，同时可能直接抑制第二阶段成纤维细胞的生长和胶原的合成[19]。实验结果表明大豆蛋白和大豆肽的营养干预可以在伤口恢复炎症阶段抑制促炎性细胞因子的过量生成并促进伤口恢复下一阶段的正常进行。

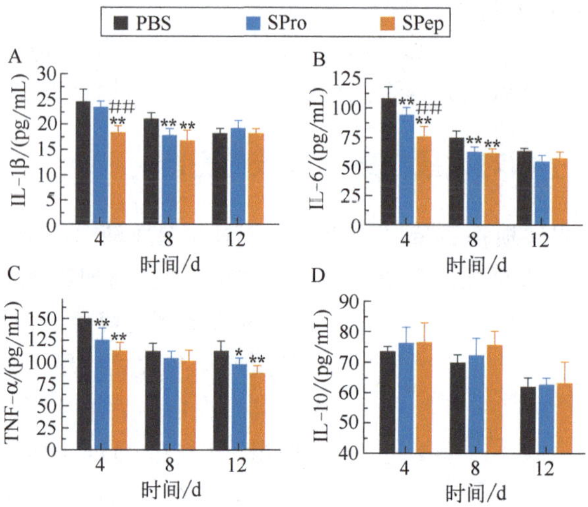

图 7-6　营养干预对大鼠血清细胞因子 IL-1β（A）、IL-6（B）、TNF-α（C）、IL-10（D）水平的影响

伤口中持续高水平的促炎性细胞因子会诱导高水平的基质金属蛋白酶，从而抑制伤口恢复所需的生长因子、受体和基质蛋白生成，导致伤口恢复过程的延长。图 7-6 显示，在创伤后第 8 天，大豆蛋白组和大豆肽组 IL-1β 和 IL-6 水平显著低于对照组（$P<0.01$）。同时在创伤后第 12 天，大豆蛋白组和大豆肽组 TNF-α 水平显著低于对照组（$P<0.05$）。而大豆蛋白组和大豆肽组抗炎因子 IL-10 水平均高于对照组。这些结果均表明蛋白质的营养干预可在伤口恢复过程中抑制高水平的促炎性细胞因子，并通过促进抗炎因子 IL-10 的生成来抑制过度的炎症反应。Kulac 证实通过减少炎症细胞因子的释放，可以加速肉芽组织和新生血管的形成，以及增加胶原蛋白水平来促进伤口恢复[20]。在这项研究中，通过蛋白质的营养干预抑制促炎性细胞因子的过量生成将防止正常生物分子的破坏，以及促进增殖阶段肉芽组织的生成，从而加速伤口恢复的进程。

7.3.7　大豆肽营养干预对大鼠伤口皮肤组织病理结构的影响

伤口恢复过程的第二阶段为增殖阶段，在创伤后的第四天左右开始，一直持续到第二周结束。这个阶段可以分为四个基本步骤，包括上皮形成、血管生成、肉芽组织形成、胶原蛋白沉积和伤口收缩。蛋白质营养干预对大鼠伤口皮肤组织病理变化的影响见图 7-7、图 7-8。

图 7-7 为皮肤组织 HE 染色结果，如图 7-7（40×）所示，大豆肽组显示出完整的上皮

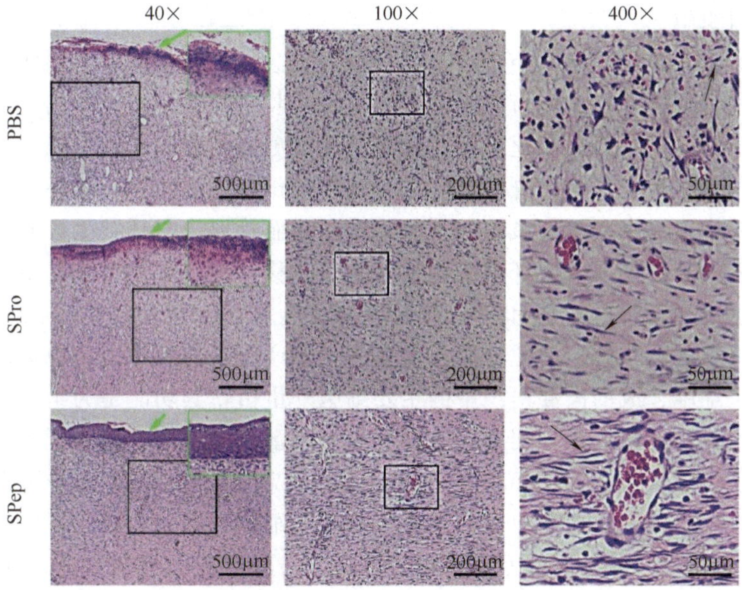

图 7-7 大鼠皮肤组织切片 HE 染色代表图像

后一列是前一列图中标记黑框的放大视图，绿色箭头表示表皮，绿框是表皮的放大图，黑色箭头表示成纤维细胞

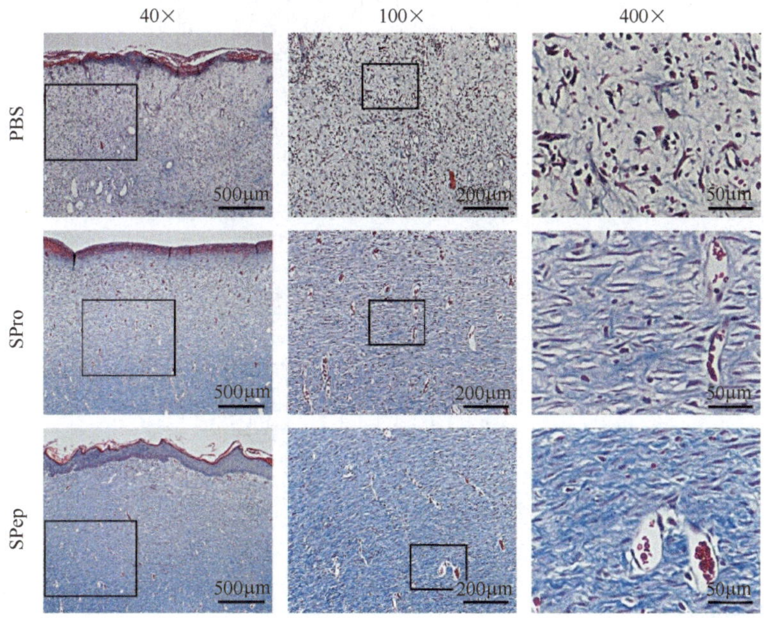

图 7-8 营养干预对大鼠血液白细胞总数的影响

后一列是前一列图中标记黑框的放大视图，蓝色的是胶原纤维

层，而大豆蛋白组新形成的上皮层较薄，结构不完整。此外，对照组几乎没有上皮形成。如图 7-7（100×）所示，大豆蛋白组和大豆肽组的皮肤组织中显示出大量分布密集的新血管。而对照组的皮肤组织中只有少量新生血管，同时存在大量血细胞扩散在肉芽组织中。如图 7-7（400×）所示，在对照组肉芽组织中，成纤维细胞（纺锤形）的数量稀少，细胞之间的间隙较大，且存在大量炎症细胞浸润。大豆蛋白组和大豆肽组存在大量成纤维细胞，并在肉芽组织中广泛分布，炎症细胞数量较少。与大豆蛋白组相比，大豆肽组存在更多的成纤维细

胞分布在肉芽组织中。

图 7-8 为皮肤组织 Masson 染色结果，大豆蛋白组和大豆肽组皮肤组织中胶原纤维呈深蓝色，组成致密，排列有序。而对照组的皮肤组织中胶原纤维呈不规则的松散排列，颜色较浅，数量较少。与大豆蛋白组相比，大豆肽组呈现出更多的胶原纤维沉积。

创伤皮肤肉芽组织中新生血管的功能之一是改善伤口部位的物质循环，从而为包括再上皮化在内的恢复过程提供必要的氧气和营养物质。新血管形成与纤维生成的过程是同时发生的，在增殖过程中必不可少。成纤维细胞被认为是迁移细胞，在伤口恢复中起着至关重要的作用，包括促进肉芽组织的形成和一系列促进血管生成、增殖和基质沉积的生长因子的分泌。增殖的成纤维细胞在伤口部位分泌胶原蛋白，并产生新的组织。胶原蛋白被认为是由伤口区域的成纤维细胞合成的肉芽组织中的主要细胞外蛋白，其功能是为组织基质提供强度和完整性。在增殖期胶原蛋白沉积明显，这需要大量的蛋白质供应。此外，增殖的成纤维细胞与周围的胶原蛋白结合可使伤口面积迅速减少。如图 7-9 所示，本实验结果显示，大豆蛋白和大豆肽的营养干预促进了新生血管的形成，成纤维细胞的增殖和胶原蛋白的合成，最终促进了伤口皮肤的再生。同时，大豆肽比大豆蛋白对伤口恢复的增殖期具有更加显著的促进作用。

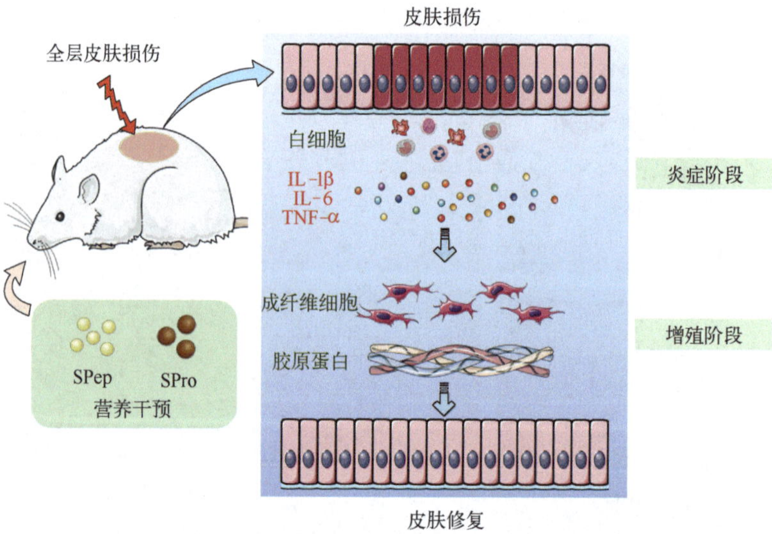

图 7-9　大豆肽营养干预促进皮肤伤口恢复机制示意图

7.4　研究结论

本研究通过对背部全层皮肤创伤大鼠进行大豆肽和大豆蛋白营养干预，证实大豆肽和大豆蛋白可通过加速伤口恢复的炎症阶段和增殖阶段的进程，从而促进伤口皮肤的再生。大豆肽和大豆蛋白的营养干预可以在炎症早期阶段提高白细胞数量，促进微生物的清除，同时抑制血清促炎性细胞因子（IL-1β、IL-6、TNF-α）的大量生成，从而抑制过度的炎症反应以加速伤口恢复的进程。同时，大豆肽和大豆蛋白的营养干预可以在增殖阶段促进新血管的形成、成纤维细胞的增殖和迁移、胶原蛋白的形成的沉积。本研究还证明了大豆肽形式的营养干预比大豆蛋白形式的营养干预在抑制促炎性细胞因子的过度生成，以及促进增殖期伤口皮肤的恢复上具有更显著的作用。因此，加强大豆肽蛋白营养干预对促进创伤患者皮肤恢复至关重要，相信本研究结果可帮助建立有效的伤口护理与治疗方法。

参考文献

[1] Haagsma J A, Graetz N, Bolliger I, et al. The global burden of injury: incidence, mortality, disability-adjusted life years and time trends from the Global Burden of Disease study 2013 [J]. Injury Prevention, 2016, 22 (1): 3-18.

[2] Lord J M, Midwinter M J, Chen Y F, et al. The systemic immune response to trauma: an overview of pathophysiology and treatment [J]. Lancet, 2014, 384 (9952): 1455-1465.

[3] Lenz A, Franklin G A, Cheadle W G. Systemic inflammation after trauma [J]. Injury-international journal of the care of the injured, 2007, 38 (12): 1336-1345.

[4] Wafaisade A, Lefering R, Bouillon B, et al. Epidemiology and risk factors of sepsis after multiple trauma: An analysis of 29, 829 patients from the Trauma Registry of the German Society for Trauma Surgery [J]. Critical Care Medicine, 2011, 39 (4): 621-628.

[5] Hoover L, Bochicchio G V, Napolitano L M, et al. Systemic inflammatory response syndrome and nosocomial infection in trauma [J]. Journal of Trauma-Injury Infection and Critical Care, 2006, 61 (2): 310-316.

[6] Ulagesan S, Sankaranarayanan K, Kuppusamy A. Functional characterisation of bioactive peptide derived from terrestrial snail *Cryptozona bistrialis* and its wound-healing property in normal and diabetic-induced Wistar albino rats [J]. International Wound Journal, 2018, 15 (3): 350-362.

[7] Zheng Z, Li M, Jiang P, et al. Peptides derived from sea cucumber accelerate cells proliferation and migration for wound healing by promoting energy metabolism and upregulating the ERK/AKT pathway [J]. European Journal of Pharmacology , 2022, 921.

[8] Xiong X, Liang J, Xu Y, et al. The wound healing effects of the Tilapia collagen peptide mixture TY001 in streptozotocin diabetic mice [J]. Journal of the Science of Food and Agriculture, 2020, 100 (7): 2848-2858.

[9] Sui H, Wang F, Weng Z, et al. A wheat germ-derived peptide YDWPGGRN facilitates skin wound-healing processes [J]. Biochemical and Biophysical Research Communications, 2020, 524 (4): 943-950.

[10] Huang L, Wang Y, Liu H, et al. Local injection of high-molecular hyaluronan promotes wound healing in old rats by increasing angiogenesis [J]. Oncotarget, 2018, 9 (9): 8241-8252.

[11] Yamane T, Shimura M, Konno R, et al. Wound fluid of rats fed protein-free diets delays wound healing through the suppression of the IGF-1/ERK (1/2) signaling pathway [J]. Molecular and Cellular Biochemistry, 2019, 452 (1-2): 177-185.

[12] Austin R E, Lista F, Khan A, et al. The impact of protein nutritional supplementation for massive weight loss patients undergoing abdominoplasty [J]. Aesthetic Surgery Journal, 2016, 36 (2): 204-210.

[13] Costarelli V, Emery P W. The effect of protein malnutrition on the capacity for protein synthesis during wound healing [J]. Journal Of Nutrition Health & Aging, 2009, 13 (5): 409-412.

[14] Flanagan M. Wound measurement: can it help us to monitor progression to healing? [J]. Journal of wound care, 2003, 12 (5): 189-194.

[15] Hamzah N H C, Mohammed A, Sirajudeen K N S, et al. Keladi candik (*Alocasia longiloba* Miq.) petiole extracts promote wound healing in a full thickness excision wound model in rats [J]. Asian Pacific Journal of Tropical Biomedicine, 2019, 9 (4): 140-149.

[16] Ashcroft G S, Mills S J. Androgen receptor-mediated inhibition of cutaneous wound healing [J]. Journal of Clinical Investigation, 2002, 110 (5): 615-624.

[17] Khallou-Laschet J, Varthaman A, Fornasa G, et al. Macrophage plasticity in experimental atherosclerosis [J]. PLoS One, 2010, 5 (1): 8852.

[18] Beyranvand F, Gharzi A, Abbaszadeh A, et al. Encapsulation of *Satureja khuzistanica* extract in alginate hydrogel accelerate wound healing in adult male rats [J]. Inflammation and regeneration, 2019, 39: 2.

[19] Loots M A, Lamme E N, Zeegelaar J, et al. Differences in cellular infiltrate and extracellular matrix of chronic diabetic and venous ulcers versus acute wounds [J]. The Journal of investigative dermatology, 1998, 111 (5): 850-857.

[20] Kulac M, Aktas C, Tulubas F, et al. The effects of topical treatment with curcumin on burn wound healing in rats [J]. Journal of Molecular Histology, 2013, 44 (1): 83-90.

第8章 大豆肽通过改善内皮细胞功能调节心血管疾病

8.1 引言

8.1.1 内皮功能改善对心血管健康的重要性

内皮细胞又称血管内皮细胞，是人体上皮细胞的一种。成年人体内大约有 1×10^{13} 个内皮细胞，总质量和总面积分别约为 1kg 和 $350m^2$。内皮细胞是一层连续覆盖在心、血管和淋巴管内表面的扁平单层鳞状细胞，它覆盖了机体的整个循环系统，位于血管不同部位的内皮细胞也存在着一定的差异，如形状、表达的标志物以及面对刺激时反应的程度等[1]，它在机体中发挥着多种生理功能。

血管内皮的正常血管舒张功能受损或者失调是内皮功能障碍的早期表现。内皮功能障碍是动脉粥样硬化发生的早期始动环节，另外它还促进高血压、糖尿病以及冠心病等疾病的发生和恶化。当机体长期受到外界因素的刺激（如辐射、废气、纳米材料刺激等）、饮食不健康（如高盐、高糖等）、生活习惯不良（如吸烟等）都会引起内皮功能障碍。现代医学研究表明，血管内皮细胞损伤或异常时最主要的现象是引起血管舒张功能障碍（如血管的舒张减弱），同时伴随着其他的内皮功能异常（如血小板聚集、氧自由基和抗氧化自由基失衡、过多的 ROS 在机体中积累、炎症细胞聚集和炎症因子的过多表达以及细胞渗透增强等现象），最终导致心血管类疾病的发生。心血管疾病的发生与内皮功能障碍密切相关，目前内皮功能障碍已作为独立预测心血管疾病的危险因子。内皮功能障碍的发病机制多与机体分泌功能障碍、氧化应激和炎症反应有关[2]。

8.1.2 大豆肽对内皮功能改善的研究现状

8.1.2.1 大豆肽对内皮功能的作用研究进展

近些年来心血管疾病的发病率持续升高，该病的死亡病例是癌症的两倍，已成为居民死亡的首要原因。大豆蛋白由于对胆固醇和血压的有利作用被推荐为保护心血管的健康食品，2000 年美国心脏协会建议每日摄入富含大豆蛋白的食品来改善血脂状况和降低心血管疾病风险。而大豆肽作为大豆蛋白的水解物，在机体中的功能得到了人们的广泛关注。大豆肽的抗氧化和抗炎作用已被广泛报道，同时关于它在预防和治疗心血管疾病方面的作用也有一定的研究。Burris 等为了排除大豆中的活性物质（大豆异黄酮）对动脉粥样硬化的作用[3]，采用了酪蛋白喂养的小鼠作为对照组，发现无异黄酮大豆蛋白饮食可以降低高脂血症小鼠的动脉粥样硬化病变程度，尽管血脂水平没有变化，但是发现大豆蛋白/肽组分的抗炎特性可能是预防动脉粥样硬化等慢性炎症性疾病的一种可能机制。Ringseis 等的研究表明酪蛋白和大豆蛋白中的肽和水解产物能通过调节内皮细胞的增殖和改变血管中的活性物质来影响内皮细胞的功能[4]，而且发现细胞增殖不受二肽和大多数三肽的影响。然而 Matthan 等通过对 28 名 50 岁的高胆固醇血症受试者进行为期 6 周的实验调查发现食用大豆制品和不同类型的蛋白质（动物和大豆）对心血管疾病的影响不大[5]。目前关于大豆蛋白和大豆肽对心血管疾病危险因素影响的研究主要集中在人体和动物试验中，并且有些研究结论不一致，这可能是由大豆蛋白或肽的来源和成分不同以及研究对象、营养基线、身体因素、地域环境等差异造成的，使得很多不可控因素影响了实验结果。

8.1.2.2 大豆低聚肽调控内皮功能机制的探索

据报道，早期的内皮功能障碍可以通过改变生活方式、服用药物以及食用功能食品进行治疗以达到修护或逆转的效果。目前治疗心血管类疾病的药物不仅具有一定的毒副作用，而且对内皮功能以及其他靶器官的损伤还没达到很好的治疗效果。大豆低聚肽（soybean oligopeptide，PEP）作为一种天然产物几乎无任何副作用，它除了具有一定的营养价值和良好口感之外，还对内皮功能障碍和机体的损伤有一定的修护、改善甚至治疗的作用[6]。尽管大豆低聚肽对内皮功能的影响已有报道，但是作用机制尚不明确。所以本章以内皮细胞为研究模型来探索大豆低聚肽对内皮功能的影响及作用机制。内皮功能障碍通常继发于血管活性物质（NO）的生物利用度降低以及氧化应激和炎症反应[2]，这使得建立这些途径成为治疗干预的目标。

（1）NO 释放

NO 作为内皮细胞分泌的主要舒血管物质，当其分泌量下降时，血管的收缩作用加强，这是引起内皮功能障碍的主要原因。NO 依赖性内皮功能障碍作为动脉粥样硬化的起始阶段，与多种心血管疾病的发生和发展有关。通常通过测定 NO 的分泌量来衡量血管内皮功能。临床研究表明，通过激活 eNOS 途径可提高 NO 分泌量来改善内皮功能，以起到治疗动脉粥样硬化、心肌病、高血压等心血管疾病的作用[7]。实验表明，采用发酵的大豆蛋白喂养自发性高血压大鼠六周后，可显著增加 SOD 和 NO 水平并降低血清中 MDA 水平和 ACE 活性[8]。大豆肽作为大豆蛋白的水解产物，是一种潜在的抗高血压的功能食品。有研究发现，用大豆蛋白水解物培养内皮细胞，可显著增加培养液中 NO 的含量[4]。

（2）抗氧化

Kelch 样环氧氯丙烷相关蛋白-1（Keap1）-Nrf2-抗氧化反应元件（antioxidant response element，ARE）通路已被证实是最重要的内源性抗氧化通路之一。激活该通路可以使 Nrf2 与 Keap1 解离，从而促进 Nrf2 易位至细胞核内与 ARE 结合，启动其下游抗氧化基因［如血红素加氧酶 1（heme oxygenase-1，HO-1/HMOX1）基因、谷氨酸半胱氨酸连接酶催化亚基（glutamate-cysteine ligase catalytic subunit，GCLC）基因、SOD 基因］的表达来发挥其防御氧化应激的功能，在预防心血管疾病中起着重要的作用。大豆低聚肽作为天然的抗氧化剂能够清除自由基，削弱氧化应激，有益于防治各种与自由基相关的疾病。研究发现，从消化后的大豆肽中分离的部分肽段可以通过提高 Keap1/Nrf2 抗氧化途径，进而提高细胞防御氧化应激的能力[9]，而且食用大豆还与低密度脂蛋白氧化的易感性降低相关，这些都与动脉粥样硬化早期阶段的形成有关[10]。

(3) 抗炎

炎症是内皮功能障碍发生和发展的重要决定因素。据报道，以大豆为基础的饮食可以防止内皮功能损伤引起的慢性疾病的发展，然而具体的作用机制仍未可知。通过动物实验模型发现，大豆对动脉粥样硬化的保护作用可能是通过抑制炎症诱导的 CD54D、CD62E、CD106 的表达来实现的[11]。大豆食品/大豆蛋白中具有抗炎作用的生物活性成分大豆肽，可能是改善内皮功能的潜在物质。现在关于大豆肽的抗炎作用通过人体试验和动物模型已被报道过，其中 NF-κB、MAP 激酶和 Akt 活化被认为是大豆蛋白/肽抗炎特性的机制[3]，但是关于其在内皮功能障碍方面的作用的研究较少，需要进一步探索大豆肽对炎症反应引起的内皮细胞活化的抑制作用。

8.1.3 本章研究内容与意义

内皮细胞位于血管的内膜，它具有调控血管舒缩和屏障功能，参与炎症和免疫反应，具有促进细胞迁移和血管生长等功能。尤其是内皮细胞分泌的舒张因子（NO）在血管功能调控中起着重要的作用。NO 的生物利用度降低被认为是内皮功能障碍的起始阶段。内皮功能障碍是动脉粥样硬化、冠心病、高血压等心血管疾病的早期表现。因此保障内皮功能稳定是血管健康的重要条件。据报道，大豆饮食可以预防心血管疾病的发展，而且研究发现大豆蛋白也可以改善动脉粥样硬化[3]。大豆肽作为大豆蛋白的水解物，氨基酸含量更加丰富，性能更加稳定，营养价值较高。目前大豆肽对机体的功能研究主要集中在抗氧化、治疗烧伤、降血脂、提高免疫力、降低胆固醇、降血压、调节血糖等方面。但关于大豆肽对内皮功能的影响研究较少，而且机制尚待明确。本课题主要研究大豆低聚肽对内皮功能的影响及调控机制，可为探究肽等功能食品对内皮功能的作用提供理论基础，以期为内皮功能损伤引起的心血管疾病的治疗和预防提供一些理论和实验依据。

本章以大豆低聚肽为研究对象，应用细胞模型（EA. hy926）来评价正常生理条件及高血压模型条件下大豆低聚肽对内皮功能的作用，并进一步探索大豆低聚肽介导 miRNAs 调控血管内皮舒张功能的作用机制。研究内容主要分为以下三部分：

第一部分：探究大豆低聚肽对正常生理模型下的内皮细胞（EA. hy926）的影响。利用大豆低聚肽孵育内皮细胞 24h 后，通过研究 NO/ET-1 平衡和抗氧化水平来探讨大豆低聚肽对内皮功能的调控作用。

第二部分：探究大豆低聚肽对高血压模型下的内皮细胞（EA. hy926）的影响。利用 AngⅡ诱导内皮细胞损伤模型，探索在高血压模型下大豆低聚肽介导 NO/ET-1 平衡和抗氧化水平对内皮功能的调控作用。

第三部分：探究大豆低聚肽通过 miRNAs 对内皮功能的调控。筛选与内皮功能相关的 miRNAs，通过实验进一步验证调控内皮功能的关键 miRNAs，并从基因水平和蛋白水平来进行验证，从而阐明 miRNAs 介导大豆低聚肽调控内皮功能的作用机制。

8.2　研究方法

8.2.1　细胞培养和大豆低聚肽处理细胞

人脐静脉内皮细胞株（EA. hy926）购自北京协和细胞库。于 37℃、5%CO_2 的恒温培养箱中培养，当细胞长至 80%～90%时可进行传代及实验。

将稀释好的细胞悬浮液接种到培养板中，间隔 24h 后用 0.50mg/mL、0.75mg/mL、1.00mg/mL 的大豆低聚肽溶液预孵育 24h，再用 1.00μmol/L 的血管紧张素Ⅱ（AngⅡ）处理 24h，测定细胞各项指标的变化。分别命名为空白组、Ang Ⅱ 组、LPA 组（0.50mg/mL PEP＋AngⅡ）、MPA 组（0.75mg/mL PEP＋AngⅡ）、HPA（1.00mg/mL PEP＋AngⅡ）。

8.2.2　细胞活力测定

采用灵敏度较高的 CCK-8 试剂盒来检测细胞活力。将对数期生长的细胞接种于 96 孔板中，置于 37℃、5%CO_2 的培养箱中培养。待细胞长至 80%～90%时，弃去培养基，加入大豆低聚肽溶液和佛波酯（PMA）。每组设 8 个副孔，培养 24h 后弃去培养基，每孔加入 100μL CCK-8 工作液（10%CCK-8 溶液＋90%DMEM），然后在细胞培养箱中孵育 1h 后，在 450nm 波长下测定。

8.2.3　内皮细胞炎症因子 IL-6 和 IL-8 的测定

采用双抗体夹心法测定细胞中 IL-6 和 IL-8 水平。将经过 0.50mg/mL、0.75mg/mL、1.00mg/mL 的大豆低聚肽溶液孵育后的细胞，用曲拉通 X-100 溶液进行裂解，离心后取上清液并用 BCA 试剂盒测定蛋白质浓度。然后按 ELISA 试剂盒说明书进行操作，并在 450nm 波长下进行测定。

8.2.4　细胞内 NO、 MDA 和 SOD 的测定

将经过 0.50mg/mL、0.75mg/mL、1.00mg/mL 的大豆低聚肽溶液孵育的细胞，用曲拉通 X-100 溶液裂解，离心后收集上清液，根据南京建成试剂盒说明书，分别在 550nm、532nm、450nm 波长测定细胞内 NO、MDA、SOD 含量。

8.2.5　细胞中 ROS 的测定方法

采用 DCFH-DA 探针法测定细胞内 ROS 水平。稀释好的细胞先经过大豆低聚肽的孵育后，再用 AngⅡ处理 24h 后，加入 DCFH-DA 探针溶液（终浓度为 10μmol/L）。在 37℃ 细胞培养箱内孵育 20min 后用 DMEM 洗涤细胞 3 次，以完全去除未进入细胞内的 DCFH-DA。为了更好地反映细胞中 ROS 积累的水平，本章采用两种仪器测定其含量。先用倒置荧光显微镜进行荧光拍照观察各组细胞中 ROS 水平。再用胰酶消化细胞，转移到黑色不透明的 96 孔板中，在荧光酶标仪 485nm 激发波长和 535nm 发射波长下进行检测分析，以确定各组细胞中 ROS 水平，公式如下。

$$\text{ROS 相对含量}=\frac{\text{处理组 OD}}{\text{对照组 OD}}\times 100\%$$

8.2.6 细胞转染

转染步骤根据锐博公司提供的说明书进行操作。将稀释好的细胞悬浮液接种到6孔板中，培养于体积为1858μL的无双抗的完全培养基中（V1）。转染试剂的配制如下：将120μL 1×riboFECT^{TM}CP缓冲液和5μL 20μmol/L miRNA mimic/control mimic混合均匀，然后加入12μL riboFECT^{TM}CP试剂吹打混匀，室温孵育0～15min。将上述配制好的ribo-FECT^{TM}CP混合液加入无双抗的完全培养基中（V1），置于37℃、5%CO_2的培养箱中24～96h进行转染。转染结束后，弃去培养液并用PBS洗涤，再用0.75mg/mL的大豆低聚肽溶液孵育24h，收集细胞上清并提取总RNA备用。

8.2.7 荧光定量PCR

用大豆低聚肽和PMA孵育细胞后，加入裂解液，将裂解后的细胞液转移到离心管，加入氯仿进行离心（10000*g*/15min）。取上清液与等体积的无水乙醇混匀后，将溶液转移至离心柱中，离心后弃掉流出液。然后依次加入全式金试剂盒自带的缓冲液进行离心，最后加入RNase-free水，室温静置1min后，进行离心得到RNA溶液，在－80℃保存。然后根据逆转录试剂盒的说明进行操作。最后根据Real-Time PCR剂盒的说明将反转录反应得到的cD-NA与引物（如表8-1）进行荧光定量PCR。

表8-1 引物序列表

名称	F引物序列	R引物序列
ACTB	AGAGCTACGAGCTGCCTGAC	AGCACTGTGTTGGCGTACAG
NOS3	GCAGCCTCACTCCTGTTTTC	GGTCTTCTTCCTGGTGATGC
EDN1	GATGCCAATGTGCTAGCCAA	GCTGTTTCTCATGGTCTCCG
HMOX1	CTTCTTCACCTTCCCCAACA	AGCTCCTGCAACTCCTCAAA
GCLC	CAATGGGAAGGAAGGTGTGT	GCGATAAACTCCCTCATCCA

8.2.8 蛋白质免疫印迹检测

8.2.8.1 细胞内总蛋白的提取

将经过大豆低聚肽和PMA孵育的细胞，用裂解液（RIPA：PMSF：磷酸酶抑制剂＝100：1：1）裂解3min后，转移到离心管中。在冰上静置15min后，在4℃、12000*g*的条件下离心5min，取上清液备用。

8.2.8.2 免疫印迹分析

采用BCA法测定蛋白质浓度，并统一稀释所有样品蛋白。向蛋白上清液中加1×蛋白上样缓冲液（protein loading buffer），在PCR仪中，95℃预变性5min。冷却至室温后，用10%的聚丙烯酰胺凝胶进行电泳[80V（20min），120V（90min）]，当溴酚蓝移至玻璃板底端时关闭电源。采用 PVDF 膜转移蛋白（25V，0.5h，1A）。待转印结束后，用 5%脱脂牛奶进行封闭 1h。封闭结束后，TBST 洗 3 次，每次 5min。加入 PBS 稀释的一抗（NOS3 1∶1000；GCLC 1∶1000；EDN1 1∶1000；HMOX1 1∶1000；β-actin 1∶3000 稀释），室温中摇晃孵育 1h，4℃孵育过夜。TBST 洗膜后，用二抗（兔二抗 1∶5000 稀释）在室温下孵育 2h 并再次用 TBST 洗膜。分别将溶液 A 和溶液 B 按照 1∶1 比例混合，配制成化学发光液，将膜均匀地沾满发光液后，将其置于成像系统托盘中加入 ECL 显色液显影，拍摄并保存图片。将采集的图片在 Image J 软件上读取灰度值并进行后续的分析处理。

8.2.9　数据处理与分析

所有实验皆进行三次重复以排除偶然误差。用平均值±标准差（Mean±SE）表示实验结果，分别采用 SPSS 26.0 的 t 检验、one-way ANOVA 和 Duncan′s test 进行统计分析来比较两样本及多样本之间差异。组间同一指标差异显著性（$P<0.05$）用不同字母表示。

8.3　研究结果

8.3.1　大豆低聚肽在正常生理模型下对内皮功能的调节机制

8.3.1.1　大豆低聚肽对 NO/ET-1 机制的调节作用

PMA 作为蛋白激酶 C（protein kinase C，PKC）的激动剂，可以通过调节 NOS 活性来促进 NO 的产生。如图 8-1E 所示，浓度为 1nmol/L 的 PMA 对细胞活力无显著影响，可将该浓度用于后续实验中。PEP 浓度保持在 0.25～1mg/mL 时，细胞存活未受到影响。而浓度大于 2mg/mL 时会对内皮细胞的存活产生显著抑制（$P<0.05$），且细胞的存活率随着 PEP 浓度的增加呈逐渐下降的趋势，表明高浓度（2～8mg/mL）的 PEP 对内皮细胞具有严重的损伤。

NO 的生物利用率降低或合成不足将会引起 NO 依赖的血管内皮功能紊乱，进而导致多种心血管疾病的发生。在生理条件下，NOS3 释放 NO 到血管中可以起到促进血管舒张，抑制血小板聚集和黏附等作用。NO 作为主要的内皮源性舒张因子，在维持血管正常功能方面发挥着关键作用，因此，NOS3 的功能和活性在内皮功能中至关重要。ET-1 是一种较强的缩血管物质，与 NO 具有拮抗的作用，它可通过降低 NOS3 启动子活性和 NOS3 蛋白水平等来抑制 NO 的分泌[12]。NO 和 ET-1 平衡是维持血管正常功能的关键，其水平可间接反应血管内皮细胞功能，因此本课题考察了细胞内 *NOS3*、*EDN1* mRNA 和蛋白质的表达水平，来评价不同浓度的 PEP 对内皮功能的调控作用。*NOS3* 和 *EDN1* mRNA 测定结果分别如图 8-1A 和 B 所示，与空白相比，PEP 孵育细胞 24h，可以显著增加细胞 *NOS3* mRNA 的表达水平（低于 PMA 组），并显著降低 *EDN1* mRNA 的表达水平，其中 0.75mg/mL 浓度的 PEP 的作用效果最好。后期我们选择低剂量（0.5mg/mL）、中剂量（0.75mg/mL）、高剂量（1mg/mL）以及 1nmol/L 的 PMA 处理细胞 24h 后，检测了细胞内 NOS3 和 EDN1 蛋白表达，结果如图 8-1C 和 D 所示，PMA 能显著促进 NOS3 蛋白表达（图 8-1C），其表达水平相比空白组增加了 92%。与空白组相比，PEP 能显著促进 NOS3 蛋白表达并抑制 EDN1 蛋白表达（图 8-1D），且不同浓度之间其作用效果无显著差异。同时测定 PEP 对内皮细胞分

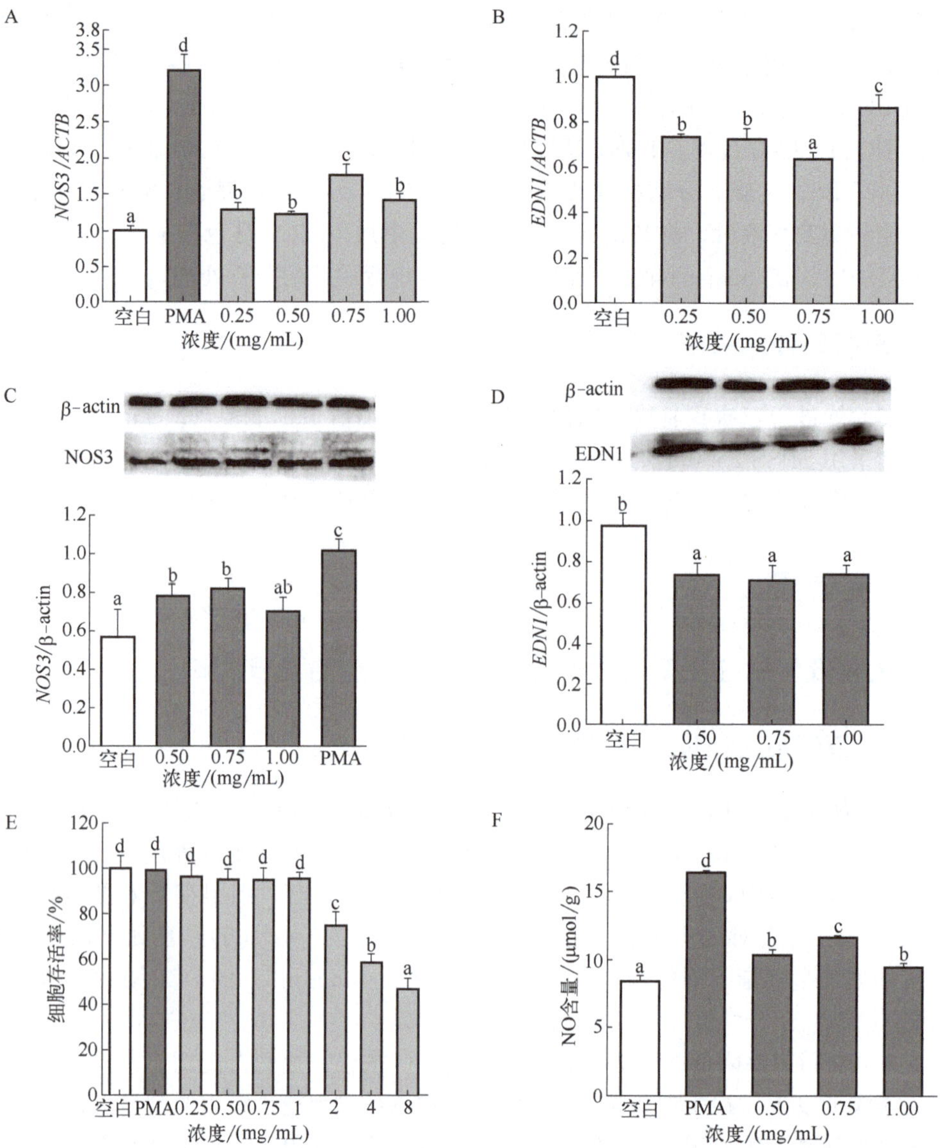

图 8-1　不同 PEP 浓度对 EA. hy926 细胞活力的影响（E）；*NOS3* 和 *EDN1* mRNA 的表达水平如图（A）和（B）所示；NOS3 和 EDN1 蛋白的表达水平如图（C）和（D）所示；不同 PEP 浓度对 EA. hy926 细胞 NO 分泌的影响（F）

泌 NO 的影响（图 8-1F），PMA 和 PEP 可显著增加细胞内 NO 的含量。与空白组相比，不同剂量的 PEP 皆可显著增加 NO 的分泌量（小于 PMA 组），低、高剂量组间无显著差异，中剂量组具有明显优势（$P<0.05$），表明 PEP 能够促进 NO 的释放，并且 0.75mg/mL 的 PEP 作用效果最明显。大量研究表明，大豆蛋白以及其水解产物会影响内皮细胞的功能，可能是通过对 ACE 的非特异性抑制来抑制血管扩张剂缓激肽的分解[4]，还可通过抑制 Ca^{2+} 调节蛋白的水解来改变血管活性物质（NO）的释放[13]。另外存在于大豆肽中的 L-精氨酸可减弱 Lipofundin MCT/LCT（0.2%）介导的乙酰胆碱诱导的 eNOS 磷酸化抑制[14]。同时临床试验也证明，富含大豆蛋白/肽的饮食干预对血管舒张度、血管舒张压和血清中 NO 的分泌有明显的改善作用[15]。综合来看 PEP 孵育细胞对 *NOS3*、*EDN1* mRNA 和蛋

白质的表达分别具有促进和抑制的效果，而 NOS3 和 EDN1 的变化会直接影响 NO 的生成，这与测定 NO 的生成相互呼应。说明 PEP 可以调节 NO/ET-1 平衡来改善内皮功能。

8.3.1.2　大豆低聚肽对抗氧化水平的调控作用

Nrf2 被称为是细胞抗氧化的第一道防线，调节机体内多种抗氧化相关基因的表达。研究表明，当 Nrf2 易位至细胞核时可激活 *HMOX1*、*GCLC* 等靶基因进行转录并对氧化应激损伤进行修复[16]。作为 Nrf2 信号下游的抗氧化因子 SOD，它是评价机体抵抗氧化应激能力大小的主要指标之一。SOD 主要是通过清除自由基以及 MDA 等来抵御过高水平 ROS 造成的细胞氧化损伤，它在维持细胞内平衡中起着重要的作用，其中高血压患者的血压与 SOD 活性呈负相关。为探索 PEP 在抗氧化水平上对内皮功能的调控，我们测定了 PEP 处理 24h 后，细胞内与 Nrf2 信号通路相关基因（*HMOX1* 和 *GCLC*）的 mRNA 和蛋白表达以及细胞内 MDA 和 SOD 含量的变化情况。

图 8-2A 和 B 显示的是不同浓度的 PEP 孵育内皮细胞后，其细胞内 *HMOX1* 和 *GCLC* mRNA 变化情况。与空白组相比，PEP 可以显著增加 *HMOX1* 和 *GCLC* mRNA 的表达水平。随着 PEP 浓度的增加，*HMOX1* mRNA 的表达水平整体呈先升高后降低的趋势，但是 *GCLC* mRNA 的表达水平整体差异较小，总的来说 0.75mg/mL 浓度的 PEP 的作用效果最好。进一步检测细胞中与 Nrf2 信号通路相关蛋白（HMOX1 和 GCLC）的表达。实验结果如图 8-2C 和 D 所示，与空白组相比，不同浓度的 PEP 预处理后细胞内 HMOX1 和 GCLC 蛋白的表达水平均显著增加，其中 PEP 对 HMOX1 和 GCLC 蛋白的表达水平的影响呈先增加后降低的趋势，中剂量组的作用效果最显著，且低、高剂量组组间无显著差异。图 8-2E 和 F 显示的是 PEP 孵育后，细胞内 MDA 和 SOD 含量的变化情况。与空白组相比，PEP 可以显著减少细胞内 MDA 含量同时显著增加 SOD 活力，且中、高剂量组与低剂量组相比并无明显优势（$P>0.05$）。可知 PEP 处理细胞 24h 后，能够减少细胞内 MDA 含量并增加 SOD 酶的活力。研究表明[17]，大豆肽可激活 Nrf2/ARE 信号通路，来提高机体的抗氧化能力。综上可知，大豆低聚肽对于内皮障碍的改善效果，可能与其降低氧化应激引起的内皮损伤密切相关，表明 PEP 的抗氧化作用在改善内皮功能的过程中起到重要的作用。

8.3.1.3　大豆低聚肽对炎症因子 IL-6 和 IL-8 的分泌的影响

研究发现多种心血管疾病的发生都伴有多种炎症因子浓度上调。由多种活化细胞分泌的促炎性细胞因子可刺激肝脏产生 CRP 诱导内皮细胞活化，从而协同上调 CD54、CD62E 和 CD106 的表达。另外炎症因子还可活化下游 AP-1 和 NF-κB，抑制 eNOS 的活化与表达，使 NO 的合成和生物利用率降低，最终导致血栓形成和动脉粥样硬化。为确定 PEP 与促炎因子分泌之间的关系，测定细胞内 IL-6 和 IL-8 的分泌情况。以低、中、高剂量的 PEP 处理内皮细胞后，其分泌的促炎因子 IL-6 和 IL-8 的浓度如图 8-3A 和 B 所示：当添加低剂量的 PEP 时，对内皮细胞的 IL-6 和 IL-8 抑制无明显影响。但随着浓度的增加，PEP 抑制内皮细胞分泌 IL-6 和 IL-8 效果增强，其中中、高剂量间无统计学上的差异。说明 PEP 在一定的浓度范围内可以抑制内皮细胞中 IL-6 和 IL-8 的分泌。Burris 研究发现，大豆蛋白/肽组分可通过靶向 I-κB 磷酸化和 Akt 激活抑制 NF-κB 依赖性炎症反应[3]。研究表明，在维持机体氧化还原平衡中，Nrf2 与 NF-κB 信号通路呈相互作用关系，对调节氧化应激和炎症反应起着重要作用[18]。结合前期的实验结果，可以推测 PEP 可能是通过激活 Nrf2 信号通路来抑制

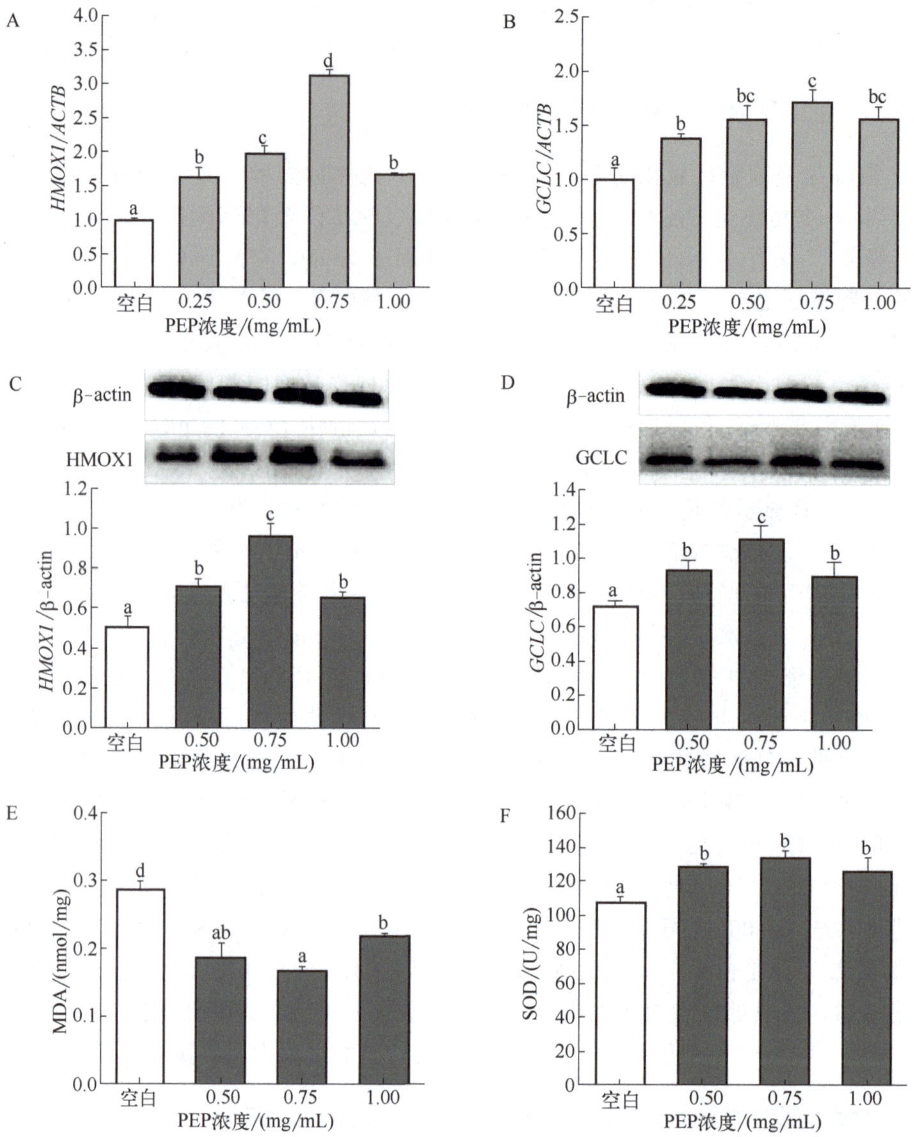

图 8-2　不同 PEP 浓度对 EA. hy926 中 *HMOX1* 和 *GCLC* mRNA 的表达水平的影响如图（A）和（B）所示；对 HMOX1 和 GCLC 蛋白表达水平的影响如图（C）和（D）所示；对 MDA 和 SOD 水平的影响如图（E）和（F）所示

NF-κB 炎症反应。表明 PEP 的抗炎特性可能成为改善内皮障碍的一种机制。

8.3.2　大豆低聚肽在高血压模型下对内皮功能的调控

8.3.2.1　筛选 Ang Ⅱ 刺激内皮细胞建立高血压模型的最佳浓度

引起内皮功能障碍促进心血管疾病发生的强大诱导因子 Ang Ⅱ，不仅可以激活血管平滑肌细胞膜上的 NADPH 氧化酶复合物，使机体产生过量的 ROS，促进氧化应激，而且还能与血管紧张素受体 1（ATR1）结合，除了发挥调节血压的作用外，还激活与 RAS 相关的几种病理事件，如细胞增殖上调、细胞凋亡抑制、细胞迁移、侵袭和血管生成等[19]。血管

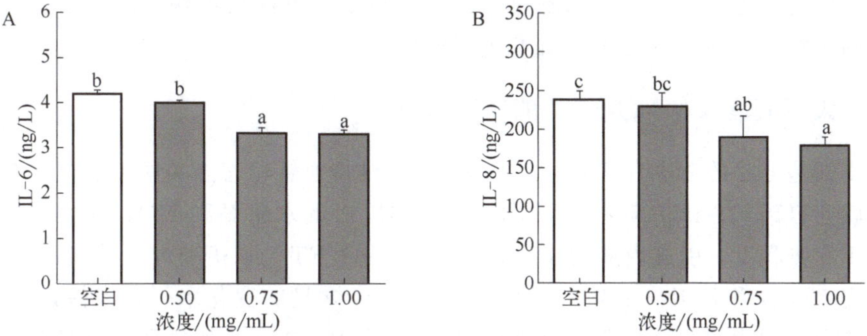

图 8-3　大豆低聚肽对细胞上清液中 IL-6（A）和 IL-8（B）含量的影响

内皮细胞的损伤程度与高血压的严重程度呈正相关，而且细胞模型的损伤程度可以通过联合测定 MDA 和 SOD 的含量来进行评价。首先检测不同浓度的 AngⅡ对内皮细胞生长状况的影响。测定结果如图 8-4 所示，AngⅡ对内皮细胞有促进增殖的作用，且 1μmol/L 的 AngⅡ促增殖作用最明显，表明一定浓度范围的 AngⅡ处理 24h，能促进内皮细胞增殖。AngⅡ对细胞内 MDA 含量和 SOD 活性的影响如图 8-4B 和 C 所示，与空白组相比，经过诱导剂处理后 MDA 含量显著增加，SOD 活性显著降低。整体来看，MDA 和 SOD 与 AngⅡ的浓度具有量效关系，即随着 AngⅡ浓度增加，MDA 含量呈增加趋势，SOD 活性呈降低趋势。在低浓度范围（0.001～1μmol/L）细胞内 MDA 和 SOD 变化速率较慢，这可能是由于诱导剂 AngⅡ被细胞代谢的同时，细胞本身也发挥了修复作用。但 10μmol/L AngⅡ损伤组的 MDA 含量上升速率和 SOD 活力下降速率较快，可能是因为细胞内过多的 MDA 会损伤细胞膜和细胞器中的脂肪酸，并诱导细胞释放更多的 ROS 加剧氧化应激的发生，进一步引起内皮功能损伤。另外 SOD 活力的下降，导致细胞无法及时清除自由基和氧化因子，使细胞的

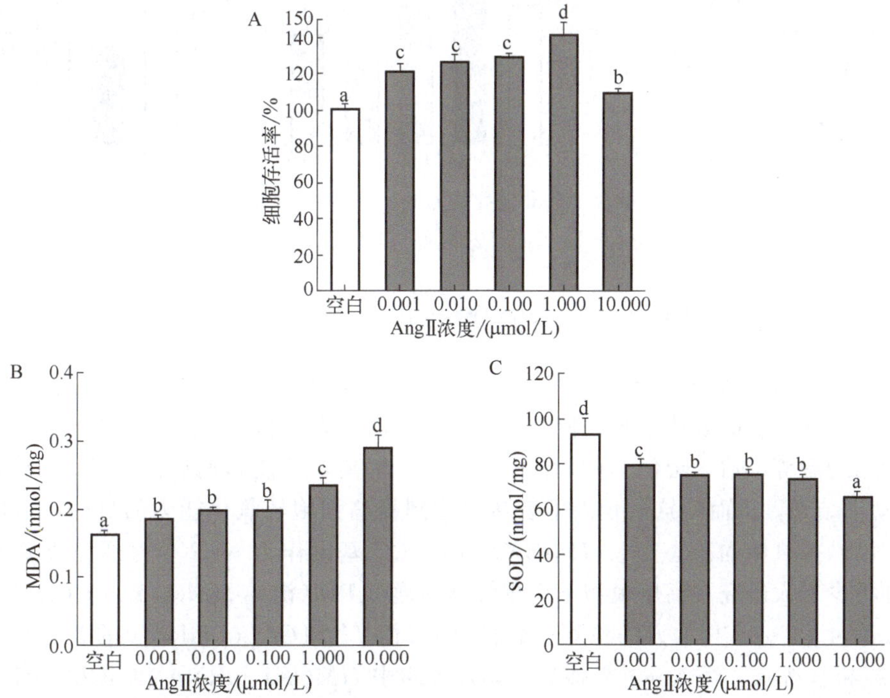

图 8-4　AngⅡ对 EA. hy926 细胞存活率（A）以及 MDA（B）和 SOD（C）生成的影响

损伤进一步加剧。为了防止内皮细胞过度活化，造成不可逆的损伤，以及结合 AngⅡ对细胞存活率的影响，选择 1μmol/L AngⅡ进行诱导。

8.3.2.2 大豆低聚肽对 NO/ET-1 的调控作用

由内皮细胞分泌的 NO 和 ET-1 之间的平衡对维持血管稳态至关重要。当内皮细胞受到刺激时，就会打破 ET-1 与 NO 之间的平衡，使 ET-1 的水平高于 NO，导致局部血管的收缩程度大于舒张程度，引起内皮功能障碍[12]。因 NO/ET-1 平衡与内皮功能障碍密切相关，本节将测定 *NOS3* 和 *EDN1* mRNA 的表达以及 NO 含量的变化水平，来探索 PEP 对高血压模型下的内皮功能的调控机理。如图 8-5A 和 B 所示，AngⅡ刺激后，细胞内 *NOS3* mRNA 的表达水平显著降低，*EDN1* mRNA 的表达水平显著升高；当 PEP 预处理后，AngⅡ诱导的变化受到显著的抑制，尤其是中剂量 PEP 处理的细胞内 *NOS3* 和 *EDN1* mRNA 的表达水平相比模型组分别增加了 79%和降低了 54%。如图 8-5C 所示，与空白组相比，模型组中 NO 含量显著降低，而不同浓度的 PEP 预处理后细胞内 NO 水平均显著增加。研究表明，小分子肽不仅可上调 *NOS3* 的表达，而且能促进冠状动脉血管舒张和负性肌力作用，因此小分子肽在治疗高血压方面具有潜在的功效[20]。同时，Wen 等人[21]，通过 UPLC-MS/MS 从大豆蛋白水解物中鉴定出了 46 个免疫调节肽，发现都可通过上调 *iNOS* mRNA 的表达来增加 NO 的分泌。存在于大豆中的天然肽露那辛（lunasin）可通过逆转 ox-LDL 对 *eNOS* 的抑制作用来改善动脉粥样硬化[22]。可知 PEP 可通过上调 *NOS3* mRNA 和下调 *EDN1* mRNA 的表达水平，来提高 NO 含量，从而起到改善或治疗动脉粥样硬化等心血管疾病的作用。

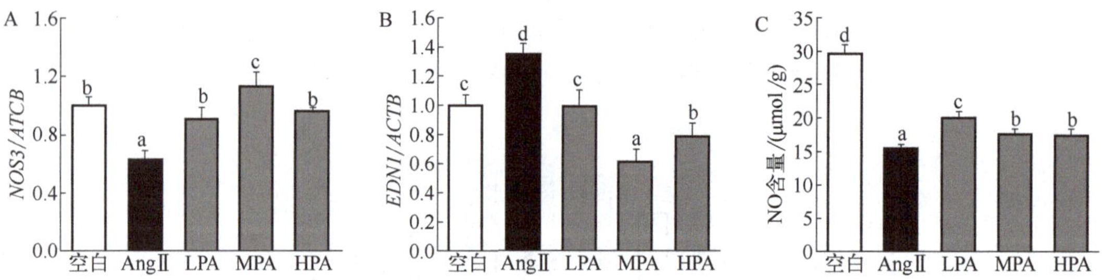

图 8-5 大豆低聚肽对 AngⅡ诱导的 EA. hy926 中 *NOS3* mRNA（A）和 *EDN1* mRNA（B）表达以及 NO 分泌量（C）的影响

8.3.2.3 大豆低聚肽对抗氧化水平的调控作用

Nrf2 作为氧化应激的关键调节因子。正常情况下，Nrf2 处于细胞质中，它使细胞内抗氧化酶类维持在一定的表达水平，使细胞处于稳定的状态。当细胞受到刺激（如氧化应激因子或激活剂刺激等）后，会使 Nrf2 和 Keap1 发生解离，并使解离后的 Nrf2 进入细胞核与 ARE 启动子结合，进而使抗氧化因子表达以达到提高细胞抗氧化能力的目的，来抵抗有害的刺激，以维持机体的稳态[16]。*HMOX1* 和 *GCLC* 基因作为 Nrf2 信号通路重要的抗氧化基因，却很少有人研究在高压模型下内皮细胞中通过 PEP 诱导 *HMOX1* 和 *GCLC* 基因的表达，因此通过 RT-qPCR 的方法检测了细胞内 *HMOX1* 和 *GCLC* mRNA 的表达水平。结果如图 8-6A 和 B 所示，经 AngⅡ刺激后，内皮细胞中 *HMOX1* mRNA 和 *GCLC* mRNA 的表达水平显著降低，值得注意的是，PEP 预处理后能够显著减少上述抑制作用。即与模型组相比，不同浓度的 PEP 预处理内皮细胞 24h 后，*HMOX1* 和 *GCLC* mRNA 的表达水平显著增加，组间作用效果差异显著，且与 PEP 的浓度呈量效关系。其中高剂量的 PEP 处理的细胞内 *HMOX1* 和 *GCLC* mRNA 的表达水平相比模型组分别增加了 97%和 70%。PEP＋Ang Ⅱ试验组的结果显示，PEP 通过减轻 AngⅡ对 *HMOX1* 和 *GCLC* mRNA 表达的抑制，从而对内皮细胞起到保护作用。图 8-6C 和 D 反映了不同组细胞内 ROS 的表达水平，可知与空白组相比，AngⅡ处理细胞后，细胞内的 ROS 含量大幅增加（$P<0.05$）。当在细胞中添加 PEP 后，与模型组相比，细胞内的 ROS 含量呈明显下降趋势（均大于空白组）。为了探索 PEP 是否能减轻 AngⅡ诱导的氧化损伤，测定了与氧化应激相关的指标 MDA 和 SOD 的释放情况。如图 8-6E 和 F 所示，与对照组相比，AngⅡ刺激内皮细胞后，细胞内 MDA 含量显著增加，SOD 活力显著降低（$P<0.05$）。PEP 预处理内皮细胞后，可显著降低由 AngⅡ诱导的 MDA 活性，并逆转 AngⅡ对抗氧化酶 SOD 活力产生的抑制作用，但不同剂量 PEP 预处理的作用效果并无显著差异。

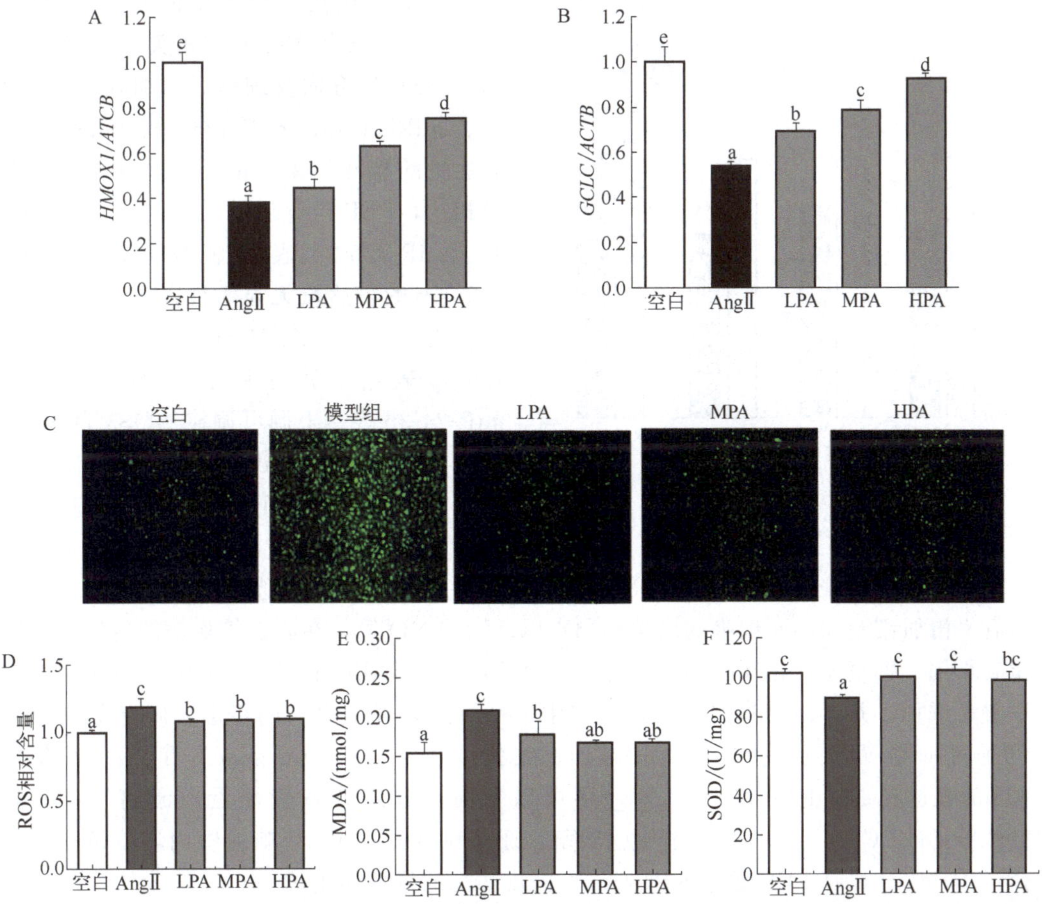

图 8-6 大豆低聚肽对 AngⅡ诱导的 EA. hy926 中 *HMOX1* mRNA（A）和 *GCLC* mRNA（B）表达以及 ROS［(C）和（D)］、MDA（E）和 SOD（F）含量的影响

AngⅡ能增加 HUVEC 中 ROS 水平和黏附分子的表达来促进细胞炎症和内皮功能障碍的发生。而生物活性肽可通过下调 AngⅡ刺激的 AT1R 表达和细胞外信号调节激酶的磷酸化以及提高 Nrf2 通路中 HMOX1 和 GCLC 等氧化蛋白的表达，来减少内皮细胞中的氧化应

激损伤[23]。采用碱性蛋白酶水解得到的大豆蛋白水解物以及经过纯化得到的两种肽（Trp-Pro-Lys 和 Ala-Tyr-Leu-His）在体内以及体外的试验表明，两者都表现出较强的抗氧化活性，即能抑制 MDA 的分泌以及激活 Nrf2 上调抗氧化酶 SOD 的活性，有效改善机体的氧化应激损伤，而且其抗氧化能力显著高于牡蛎和海参的蛋白水解物的抗氧化能力[24]。同时动物实验表明，大豆生物活性肽可通过 Nrf2 途径减轻高血压引起的氧化损伤[25]。综上可知 PEP 可通过减少氧化应激和激活抗氧化途径来维护内皮细胞功能。

8.3.3 大豆低聚肽通过 miRNAs 调控内皮功能作用机制

8.3.3.1 大豆低聚肽对 miRNAs 表达的影响

miRNAs 的异常表达与心肌梗死、高血压、动脉粥样硬化等心血管疾病的发病机制密切相关，通过调节 miRNAs 表达来改善内皮功能障碍，成为现在的研究热点。已有文献报道，miR-21-5p、miR-24-3p、miR-126-3p、miR-146a-5p 在内皮功能中发挥着重要的作用，并且与 eNOS 的调控密切相关[26]。图 8-7 展示了 PEP 孵育内皮细胞后，细胞内 miR-21-5p、miR-24-3p、miR-126-3p、miR-146a-5p 表达量的检测结果。由图 8-7 可知，与空白组相比，PEP 孵育后的 miR-21-5p、miR-24-3p、miR-126-3p 表达显著下调，而 miR-146a-5p 的表达量无显著性差异。Kang 等研究发现[27-29]，miR-21-5p、miR-24-3p、miR-126-3p 表达上调可调控 NOS3 表达下调，miR-24-3p 表达下调可调控 NOS3 表达上调，可知 miR-21-5p、miR-24-3p、miR-126-3p 表达与 NOS3 表达呈负相关，因此 PEP 可能通过下调 miR-21-5p、miR-24-3p、miR-126-3p 表达来调控 eNOS 表达。已知，miR-21 在血管内皮细胞中高度表达，可促进血管新生、调节血管平滑肌细胞和心肌细胞的增殖和凋亡以及增加 NO 等，在心血管疾病发生发展中发挥着重要作用。据报道，在动脉粥样硬化、低氧环境下或损伤的心脏/肌组织中，miR-21 表达水平显著增加，并且易于检测，其在血浆中水平可用来评估血管的稳态。研究发现，miR-21 可通过抑制沉默调节蛋白 1（SIRT1）、纹状体基因（striatin gene）和 A20 等来抑制 eNOS 的表达和 NO 的分泌[30]，另外还可以靶向磷酸腺苷依赖性蛋白激酶（AMPK）、PI3K/Akt、PDCD-4[31] 等来调节细胞增殖、迁移和侵袭，从而影响血管内环境稳态。因此选择 miR-21-5p 探究 PEP 通过 miRNAs 对内皮功能的调控作用。

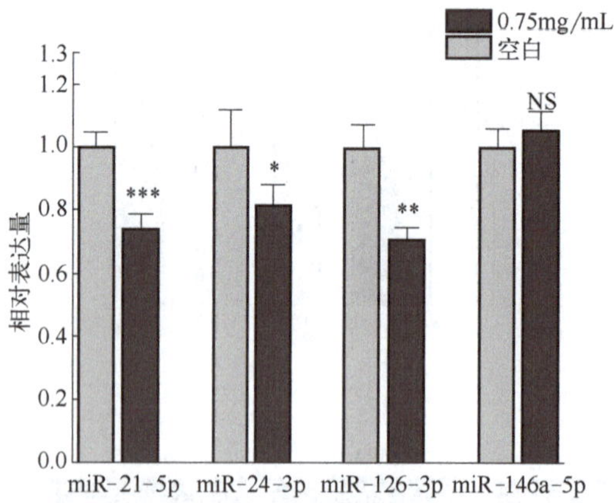

图 8-7　大豆低聚肽对 miR-21-5p/24-3p/126-3p/146a-5p 水平的影响

8.3.3.2 miR-21-5p 超表达对*eNOS* mRNA 和蛋白质的调控作用

miRNAs 是基因表达的关键调节因子，但是目前关于大豆肽介导 miRNAs 调控内皮功能的研究较少，作用机制尚待明确。为进一步探索大豆低聚肽对 miR-21-5p 表达的影响，我们构建了 miR-21-5p 超表达细胞模型，首先是在基因水平上来进行验证。由图 8-8A 可知，与 control mimic 组相比，mimic 组的 *miR-21-5p* mRNA 的表达水平显著增加，说明 mimic

已成功转染细胞。由图 8-8B 可知，与 control mimic 组相比，mimic 组的 *eNOS* mRNA 的表达水平显著降低，说明 miR-21-5p mimic 对 *eNOS* mRNA 的表达有明显的抑制作用，这与 Penaloza 等人[32] 的研究结果一致，即 miR-21-5p 上调导致 eNOS 表达显著降低，从而导致内皮功能障碍。PEP control mimic 组的 *eNOS* mRNA 的表达水平远高于 control mimic 组，说明 PEP 可以显著提高 *eNOS* mRNA 的表达水平，这与前期的实验结果一致。与 mimic 组相比，PEP mimic 组的 *eNOS* mRNA 的表达水平有着明显提升，说明 PEP 可以减缓 miR-21-5p mimic 对 *eNOS* mRNA 的抑制作用。为进一步在蛋白质水平上验证 PEP 介导 miR-21-5p 对 eNOS 表达的调控作用，我们采用 ELISA 法测定细胞内 eNOS 蛋白的分泌情况。如图 8-8C 和 D 所示，eNOS 标准与测定的 OD 值呈良好的线性关系，与 control mimic 组相比，mimic 组的 eNOS 蛋白水平显著降低，而 PEP control mimic 组的 eNOS 蛋白水平显著增加，说明 miR-21-5p mimic 可以降低 eNOS 蛋白水平而 PEP 能增加 eNOS 蛋白水平；与 mimic 组相比，PEP mimic 组 eNOS 蛋白水平显著提升，说明 PEP 可以显著减弱 miR-21-5p mimic 对 eNOS 蛋白的抑制作用。

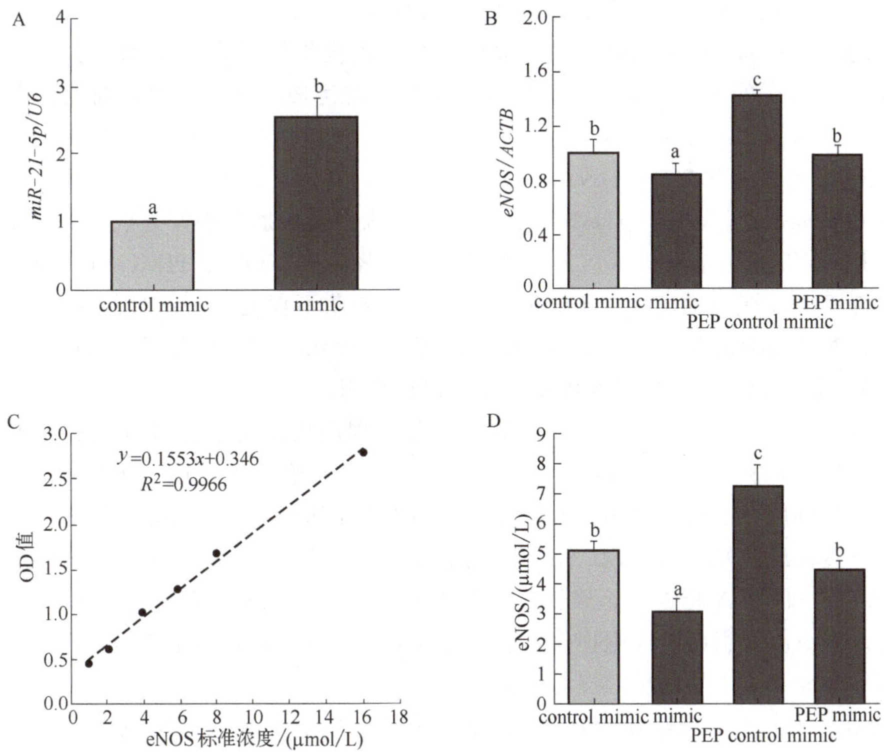

图 8-8　miR-21-5p mimic 和大豆低聚肽对基因和蛋白表达的影响：miR-21-5p mimic 对 *miR-21-5p* mRNA 表达的影响（A）；miR-21-5p mimic 和大豆低聚肽对 *eNOS* mRNA 表达的影响（B）；eNOS 酶联免疫标准曲线（C）；miR-21-5p mimic 和大豆低聚肽对细胞上清液中 eNOS 含量的影响（D）

研究发现，Ang Ⅱ 可以显著诱导血管平滑肌细胞中 miR-22、miR-143、miR-145 和 miR-155 的表达，导致内皮功能障碍，然而大豆源性抗高血压肽（LSW）可以通过降低这些 miRNAs 的表达来改善内皮功能[33]。综上可知，miR-21-5p 上调导致 *eNOS* mRNA 表达显著降低，而大豆低聚肽则可以减轻 miR-21-5p 对 *eNOS* mRNA 表达的抑制作用。临床试验发现，高血压患者血浆中 miR-21 的表达水平显著高于正常组，而且 miR-21 的表达水平与临床收缩压、舒张压呈正相关，与 eNOS 蛋白的表达呈负相关[34]。另外在妊娠早期连续 12 天喂食大鼠大豆，可调节其新生儿的 miR-21-5p 的表达[35]。综上可知 miR-21-5p 在基因和蛋白水平上皆可抑制 eNOS 的表达，表明 miR-21-5p 上调可导致内皮功能障碍的发生，而 PEP 能抑制 miR-21-5p 的表达，说明 PEP 可以通过抑制 miR-21-5p 表达来改善内皮功能，在维持血管稳态中起着重要的作用。

8.4 研究结论

本章节以大豆低聚肽为研究对象，来探索其对内皮功能的调控机制。采用细胞实验，探索在正常生理状态和高血压模型下大豆低聚肽在 NO/ET-1 平衡和抗氧化水平方面对内皮功能的调控作用。最后通过 RT-qPCR 和 ELISA 法验证了 miR-21-5p mimic 以及 miR-21-5p mimic+PEP 对内皮细胞中 *eNOS* mRNA 和 eNOS 蛋白表达的影响，初步探索了 miRNAs 介导大豆低聚肽调控内皮功能的作用机制。主要结论如下：

① 低浓度（0.25～1mg/mL）的大豆低聚肽对内皮细胞的存活率无显著影响，而高浓度（2～8mg/mL）的大豆低聚肽则会抑制内皮细胞的生长。选择对内皮细胞无害的大豆低聚肽浓度孵育细胞，结果发现大豆低聚肽孵育内皮细胞后能显著促进 *NOS3*、*HMOX1*、*GCLC* mRNA 的表达并抑制 *EDN1* mRNA 的表达，其中 0.75mg/mL 的作用效果最显著，因此选择 0.5mg/mL、0.75mg/mL 和 1mg/mL 的大豆低聚肽分别作为低、中和高剂量组进行后续试验。WB 测定结果显示，大豆低聚肽可显著促进 NOS3、HMOX1、GCLC 蛋白的表达并抑制 EDN1 蛋白的表达。不同浓度的大豆低聚肽不仅能显著增加细胞内 NO 和 SOD 的分泌量，而且能抑制 MDA、IL-6 和 IL-8 的表达，表明大豆低聚肽可以通过调节 NO/ET-1 平衡和提高抗氧化水平来发挥对内皮功能的保护作用。

② 一定浓度（0.001～10μmol/L）的 AngⅡ处理内皮细胞会促进细胞的增殖，另外还会促进 MDA 的生成并抑制 SOD 活性，而且具有一定的浓度依赖性。实验发现，1μmol/L 的 AngⅡ处理细胞 24h 可以模拟高血压环境下的内皮细胞的损伤。AngⅡ处理内皮细胞会显著降低 *NOS3*、*HMOX1*、*GCLC* mRNA 的表达，抑制 NO 和 SOD 的生成，并提高 *EDN1* mRNA 的表达和 MDA 释放量。经大豆低聚肽预孵育后，与模型组相比，AngⅡ+PEP 组可以显著改善 AngⅡ引起的细胞损伤，表明大豆低聚肽可以通过调节 NO/ET-1 平衡和提高抗氧化水平来改善 AngⅡ诱导的高血压损伤。

③ 实验发现，大豆低聚肽对 miR-21-5p、miR-24-3p、miR-126-3p 的表达有着显著的抑制作用，但对 miR-146a-5p 表达影响甚微。最终选择 miR-21-5p 作为关键 miRNA，并采用 RT-qPCR 和 ELISA 方法来验证大豆低聚肽对内皮功能的调节机制。经转染后发现，miR-21-5p mimic 可以显著降低 eNOS 的表达量，但是大豆低聚肽能显著减少 miR-21-5p mimic 对 eNOS 的抑制作用，表明大豆低聚肽可以通过下调 miR-21-5p 来改善内皮功能。

参考文献

[1] Yuan Y F, Khan S, Stewart D J, et al. Engineering blood outgrowth endothelial cells to optimize endothelial nitric oxide synthase and extracellular matrix production for coating of blood contacting surfaces [J]. Acta

Biomaterialia, 2020, 109: 109-120.

[2] Zhong S, Li L, Shen X, et al. An update on lipid oxidation and inflammation in cardiovascular diseases [J]. Free Radical Biology and Medicine, 2019, 144: 266-278.

[3] Burris R L, Ng H P, Nagarajan S. Soy protein inhibits inflammation-induced VCAM-1 and inflammatory cytokine induction by inhibiting the NF-kappa B and AKT signaling pathway in apolipoprotein E-deficient mice [J]. European Journal of Nutrition, 2014, 53 (1): 135-148.

[4] Ringseis R, Matthes B, Lehmann V, et al. Peptides and hydrolysates from casein and soy protein modulate the release of vasoactive substances from human aortic endothelial cells [J]. Acta Biochimica et Biophysica Sinica, 2005, 1721 (1-3): 89-97.

[5] Matthan N R, Jalbert S M, Ausman L M, et al. Effect of soy protein from differently processed products on cardiovascular disease risk factors and vascular endothelial function in hypercholesterolemic subjects [J]. American Journal of Clinical Nutrition, 2007, 85 (4): 960-966.

[6] Demir V, Doğru M, Ede H, et al. The effects of treatment with atorvastatin versus rosuvastatin on endothelial dysfunction in patients with hyperlipidaemia [J]. Cardiovascular Journal of Africa, 2018, 29 (3): 162-166.

[7] Carrizzo A, Moltedo O, Damato A, et al. New nutraceutical combination reduces blood pressure and improves exercise capacity in hypertensive patients via a nitric oxide-dependent mechanism [J]. Journal of the American Heart Association, 2020, 9 (5): e014923.

[8] Daliri E B M, Ofosu F K, Chelliah R, et al. Influence of fermented soy protein consumption on hypertension and gut microbial modulation in spontaneous hypertensive rats [J]. Bioscience of Microbiota Food and Health, 2020, 39 (4): 199-208.

[9] Cynthia C, Chatterjee S, Stephen G, et al. Soybean bioactive peptides and their functional properties [J]. Nutrients, 2018, 10 (9): 1211.

[10] 郭博文，冀宇兰，苗俊秋，等. 丹酚酸 B 基于 Keap1-Nrf2-ARE 信号通路对血管内皮细胞 EA. hy926 氧化损伤的保护作用研究 [J]. 中南药学，2020，18 (04)：562-567.

[11] Nagarajan S. Mechanisms of anti-atherosclerotic functions of soy-based diets [J]. The Journal of Nutritional Biochemistry, 2010, 21 (4): 255-260.

[12] Muniyappa R, Chen H, Montagnani M, et al. Endothelial dysfunction due to selective insulin resistance in vascular endothelium: insights from mechanistic modeling [J]. American Journal of Physiology-Endocrinology and Metabolism, 2020, 319 (3): E629-E646.

[13] Kanzaki K, Watanabe D, Aibara C, et al. Ingestion of soy protein isolate attenuates eccentric contraction-induced force depression and muscle proteolysis via inhibition of calpain-1 activation in rat fast-twitch skeletal muscle [J]. Nutrition, 2019, 58: 23-29.

[14] Ok S H, Lee S H, Yu J, et al. Lipid emulsion attenuates acetylcholine-induced relaxation in isolated rat aorta [J]. BioMed Research International, 2015, 2015: 871545.

[15] Karamali M, Kashanian M, Alaeinasab S, et al. The effect of dietary soy intake on weight loss, glycaemic control, lipid profiles and biomarkers of inflammation and oxidative stress in women with polycystic ovary syndrome: a randomised clinical trial [J]. Journal of Human Nutrition and Dietetics, 2018, 31 (4): 533-543.

[16] Lv Y Y, Jiang H J, Li S Y, et al. Sulforaphane prevents chromium-induced lung injury in rats via activation of the Akt/GSK-3 beta/Fyn pathway [J]. Environmental Pollution, 2020, 259: 113812.

[17] Yi G F, Din J U, Zhao F, et al. Effect of soybean peptides against hydrogen peroxide induced oxidative stress in HepG2 cells via Nrf2 signaling [J]. Food and Function, 2020, 11 (3): 2725-2737.

[18] Zhong P, Wu L P, Qian Y Y, et al. Blockage of ROS and NF-kappa B-mediated inflammation by a new chalcone L6H9 protects cardiomyocytes from hyperglycemia-induced injuries [J]. Biochimica Et Biophysica Acta-Molecular Basis of Disease, 2015, 1852 (7): 1230-1241.

[19] Laghlam D, Jozwiak M, Nguyen L S. Renin-angiotensin-aldosterone system and immunomodulation: A state-of-the-art review [J]. Cells, 2021, 10 (7): 1767.

[20] Zhou X R, Sun H L, Tan F, et al. Anti-aging effect of Lactobacillus plantarum HFY09-fermented soymilk on

D-galactose-induced oxidative aging in mice through modulation of the Nrf2 signaling pathway [J]. Journal of Functional Foods, 2021, 78: 104386.

[21] Wen L R, Jiang Y M, Zhou X S, et al. Structure identification of soybean peptides and their immunomodulatory activity [J]. Food Chemistry, 2021, 359: 129970.

[22] Zhu Y J, Li H, Wang X Z. Lunasin abrogates monocytes to endothelial cells [J]. Molecular Immunology, 2017, 92: 146-150.

[23] Yang F Y, He X D, Chen T, et al. Peptides isolated from yak milk residue exert antioxidant effects through Nrf2 signal pathway [J]. Oxidative Medicine and Cellular Longevity, 2021, 2021: 9426314.

[24] Amakye W K, Hou C, Xie L, et al. Bioactive anti-aging agents and the identification of new anti-oxidant soybean peptides [J]. Food Bioscience, 2021, 42: 101194.

[25] Tsai B C K, Kuo W W, Day C H, et al. The soybean bioactive peptide VHVV alleviates hypertension-induced renal damage in hypertensive rats via the SIRT1-PGC1 alpha/Nrf2 pathway [J]. Journal of Functional Foods, 2020, 75: 104255.

[26] Wang M, Sun L, Ding W, et al. Ablation alleviates atrial fibrillation by regulating the signaling pathways of endothelial nitric oxide synthase/nitric oxide via miR-155-5p and miR-24-3p [J]. Journal of cellular biochemistry, 2019, 120 (3): 4451-4462.

[27] Kang J Y, Kim H, Mun D, et al. Therapeutic potential of miR-21 regulation by human peripheral blood derived-small extracellular vesicles in myocardial infarction [J]. Clinical Science, 2020, 134 (8): 985-999.

[28] Li H M, Mo Z W, Peng Y M, et al. Angiogenic and Antiangiogenic mechanisms of high density lipoprotein from healthy subjects and coronary artery diseases patients [J]. Redox Biology, 2020, 36: 101642.

[29] Park C S, Kim I, Oh G C, et al. Diagnostic utility and pathogenic role of circulating microRNAs in vasospastic angina [J]. Journal of Clinical Medicine, 2020, 9 (5): 1313.

[30] Angolano C, Kaczmarek E, Essayagh S, et al. A20/TNFAIP3 increases eNOS expression in an ERK5/KLF2-dependent manner to support endothelial cell health in the face of inflammation [J]. Frontiers in Cardiovascular Medicine, 2021, 8: 651230.

[31] He Y, Cheng Y, Chen M, et al. MicroRNA-21-5p antagonizes oxidant-mediated apoptosis in alveolar epithelial type Ⅱ cells by targeting PDCD4 [J]. International Journal of Clinical and Experimental Pathology, 2017, 10 (10): 10315-10324.

[32] Penaloza E, Soto-Carrasco G, Krause B J. MiR-21-5p directly contributes to regulating eNOS expression in human artery endothelial cells under normoxia and hypoxia [J]. Biochemical Pharmacology, 2020, 182: 114288.

[33] Song T Y, Lv M, Zhou M Z, et al. Soybean-derived antihypertensive peptide LSW (Leu-Ser-Trp) antagonizes the damage of angiotensin Ⅱ to vascular endothelial cells through the trans-vesicular pathway [J]. Journal of Agricultural and Food Chemistry, 2021, 69 (36): 10536-10549.

[34] Cengiz M, Yavuzer S, Kilickiran Avci B, et al. Circulating miR-21 and eNOS in subclinical atherosclerosis in patients with hypertension [J]. Clinical and Experimental Hypertension, 2015, 37 (8): 643-649.

[35] Casas-Agustench P, Fernandes F S, Do Carmo M G T, et al. Consumption of distinct dietary lipids during early pregnancy differentially modulates the expression of microRNAs in mothers and offspring [J]. Plos One, 2015, 10 (2): e0117858.

第9章 大豆肽对益生菌的调节作用

9.1 引言

9.1.1 肠道益生菌对人体健康的重要性

人体肠道内栖息的微生物种类繁多且数量庞大，正常良好的肠道菌群对维持人体健康起着重要作用，是人体的天然屏障。人体内肠道菌群主要包括拟杆菌门、变形菌门、厚壁菌门、放线菌门。按照对人体健康的影响，可分为共生菌、机会致病菌和致病菌三大类，三者之间存在动态平衡，共同维持肠道内环境的稳态。肠道菌群与人体健康密切相关，对机体的营养摄取、黏膜屏障保护和免疫调节等方面均发挥关键作用。肠道菌群的主要功能是消化食物并向宿主提供必需营养物质，还具有抵御病原体以及控制肠上皮细胞生长和分化的功能[1]。机体内外环境变化可影响肠道菌群结构，造成肠道菌群失调，蛋白酶类、炎症细胞因子和氧自由基等不良物质会大量释放，从而造成肠黏膜机械屏障损伤，引发细菌易位和肠道免疫调节失控，严重威胁人体健康[2]，甚至会造成肠易激综合征、炎症性肠病、非酒精性肝病、病毒性肝炎、代谢综合征等疾病病情加重。

益生菌是一类定植于机体肠道、生殖系统内对宿主有益的活性微生物，当益生菌数量足够时，能够发挥健康功效从而改善宿主微生态环境。最常用作益生菌的微生物包括乳杆菌属、双歧杆菌属和酵母菌属。乳杆菌属是最广泛使用的益生菌之一，鼠李糖乳杆菌（*Lactobacillus rhamnosus*）多存在于人和动物的肠道，是一种不运动、兼性厌氧、耐酸、无芽孢的革兰氏染色呈阳性的杆状益生菌。鼠李糖乳杆菌（LGG）对肠道有较好的黏附性且对胃肠道条件有良好的耐受性[3]，在调节肠道菌群，拮抗肠道中的病原体方面有着不可或缺的作用。从发现至今，被添加在食品中的许多菌株已被证实不仅不会对机体产生危害，而且还能改善机体的免疫力。

罗伊氏乳杆菌（*Limosilactobacillus reuteri*，*L. reuteri*）天然存在于所有脊椎动物和哺乳动物肠道内，是新生儿及健康成年人肠道微生物菌群的主要成员[4]。罗伊氏乳杆菌作为一种肠道共生细菌，已被广泛证实是一种安全、消化道耐受性高，且具有多种功能的益生菌，并已于2003年被我国卫生部批准作为人体保健食品微生物菌种，也是国际公认的新型益生乳酸菌。罗伊氏乳杆菌耐酸和胆汁，因而能到达小肠的上部并黏附于小肠壁，细胞外存在黏附素，对肠黏膜具有很强的黏附能力，能够与病原菌竞争黏附位点，调节肠道菌群，增强宿主机体免疫功能等，对宿主肠道上皮组织再生和修复具有重要意义。

双歧杆菌（*Bifidobacterium*）是一类革兰氏阳性、具有多形性的杆状厌氧菌，其典型特征是具有分叉结构[5]。Tissier 于 1899 年首先在婴儿粪便中发现并命名了双歧杆菌，至今，双歧杆菌属内共有 32 个种。其中长双歧杆菌（*B. longum*）是成人肠道中最常见的双歧杆菌之一，发挥着与宿主健康相关的多种生物学作用，包括维护肠道菌群平衡、抑制病原菌生长、抗衰老、抗肿瘤以及为人体提供多种营养素等[6]。短双歧杆菌（*B. breve*）不仅是新生儿肠道中的主要菌群之一，还可从母乳中分离得到，具有抑制病原菌、缓解过敏性鼻炎和哮喘、调节脂肪代谢、清除自由基延缓衰老等众多功能[7]。短双歧杆菌常作为益生菌补充剂的活性成分，用于婴儿配方奶粉、酸奶和其他功能性食品中，也可用于制造益生菌胶囊和粉末，以及日常健康管理和特定健康状况的辅助治疗。

9.1.2 肽对益生菌调控功能改善的研究现状

9.1.2.1 动物源蛋白肽对益生菌的调节作用

蛋白质及其水解物作为潜在的益生元和重要的营养物质，可以促进特定益生菌的生长（图 9-1）。乳清蛋白具有营养和促进健康的作用，通过酶或发酵水解乳清蛋白，可以产生有利于生命活性和调节生理功能的生物活性肽。其水解物已被证明可以增加嗜酸乳杆菌和副干酪乳杆菌的活细胞数量[8]。Çelekli 等人发现乳清蛋白水解物可促进德布鲁克氏乳杆菌亚种的增殖[9]。特别是在发酵过程中添加各种益生菌，会使益生菌与乳清蛋白协同作用，更有效地促进发酵液中菌种的增殖。

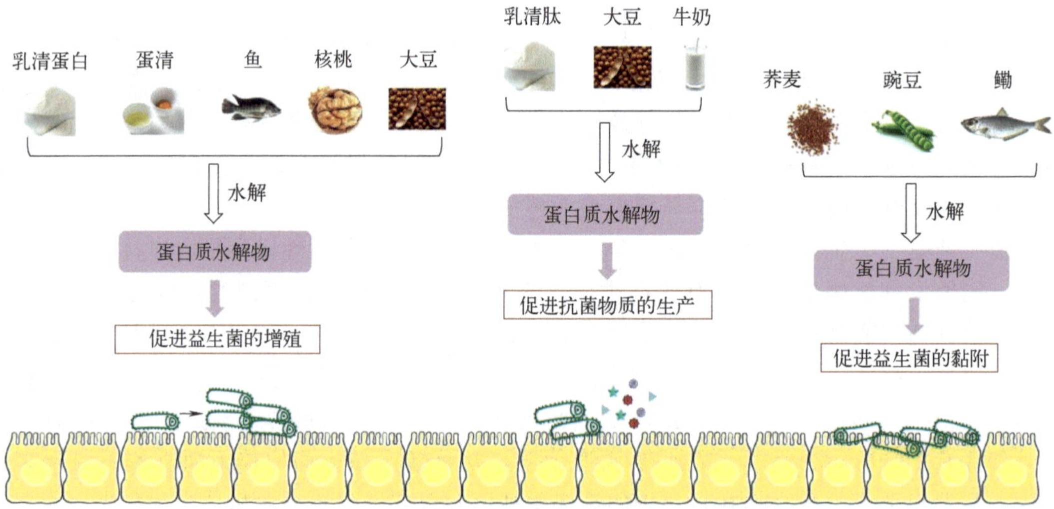

图 9-1　蛋白质、蛋白质水解物和多肽与益生菌之间的关系

9.1.2.2 植物源蛋白肽对益生菌的调节作用

植物来源的蛋白质及其水解物已被证明可以调节益生菌的活性。Ding 等人对核桃寡肽（WOP）对植物乳杆菌 Z7 的益处进行了研究[8]。结果表明，实验组细菌生长的对数期比对照组更早，且稳定期也有所延长。此外，核桃寡肽浓度的增加与其促生长作用呈正相关。利

用异硫氰酸荧光素对植物乳杆菌 Z7 培养基中的 WOP 进行染色后，共聚焦显微镜观察结果显示，大部分细菌的细胞质中发现了荧光标记的 WOP，表明 WOP 可以通过细胞膜自由进入细菌，植物乳杆菌 Z7 可以很好地利用 WOP。

大豆多肽作为具有完整氨基酸范围的高品质植物蛋白，其理化性质优于大豆蛋白，具有较高的溶解性和吸水性，对 pH 值变化敏感度较低，流动性较好，黏性和致敏性较低，其在肠道中的吸收速度是普通蛋白质的 20 倍。最近的研究中，在基础培养基（MRS）中使用大豆分离蛋白和大豆肽作为氮源替代品，显著提高了罗伊氏乳杆菌 LR08 等益生菌的活菌数[10]。

9.1.2.3 肽促进益生菌产生抗菌物质

9.1.2.3.1 短链脂肪酸（SCFA）

将乳清肽提取物添加到培养基中以探索其对益生菌的增殖和有机酸分泌的影响。添加 1%乳清肽可以显著促进乳酸和乙酸等有机酸的分泌。植物蛋白还可以刺激益生菌分泌短链脂肪酸。Ashaolu 等人在 pH 控制的搅拌分批培养发酵系统中确定了胃蛋白酶诱导的大豆蛋白水解物（SPH）对肠道微生物群生长和 SCFA 产生的影响，发现 SPH 不同程度地促进肠道微生物产生 SCFA[11]。

9.1.2.3.2 过氧化氢

据报道，蛋白质水解物可以促进益生菌产生过氧化氢。Wang 在婴儿配方奶粉（IFP）中添加了由不同比例的蛋白质和肽组成的乳蛋白水解物（MPH）[12]。他们发现，添加 MPH 不仅可以促进双歧杆菌 L80 的增殖和代谢，还可以增加系统中的过氧化氢含量。

9.1.2.3.3 细菌素

许多乳酸杆菌可以产生细菌素，它是分子质量小于 1000Da 的抗微生物肽。研究发现，蛋白质水解物可促进益生菌分泌抗菌肽。Liu 等人使用脱脂豆粕（DSM）作为唯一氮源培养乳酸乳球菌 F44，并且据报道其生长和乳链菌肽的产生得到改善，DSM 单独或与脱脂米糠（DRB）联合应用均能促进乳酸菌分泌乳链菌肽[13]。

9.1.2.4 肽提高益生菌对酸性环境的抗性

益生菌在发酵过程中可以产生有机酸，如果酸积累到一定水平，细菌就会发生自溶，导致活菌数量减少。蛋白质水解物可以提高菌株的生存能力，并维持酸性条件下的细菌数量。Robitaille 等人研究了胃蛋白酶处理的酪蛋白肽（CMP）对大肠杆菌和鼠李糖乳杆菌抗性的影响[14]。结果表明，用胃蛋白酶处理的 CMP 在酸性培养基中对大肠杆菌具有抗菌作用，同时提高了鼠李糖乳杆菌的耐酸性。

9.1.2.5 肽促进益生菌黏附

益生菌有效黏附于肠道可以作为调节剂预防及修复肠道菌群紊乱。益生菌的黏附也需要食品成分的供给，碳水化合物和蛋白质都是良好的营养来源。研究发现，通过体外模拟胃肠道消化得到消化后的大豆蛋白和大豆肽进行黏附实验，大豆肽对 HT-29 细胞黏附稳定期菌体的能力影响较强。通过非特异性黏附指标和黏附相关基因探究影响罗伊氏乳杆菌黏附的机制，发现消化后大豆肽提升了稳定期罗伊氏乳杆菌疏水性和自聚集的能力，且变化趋势与黏附率结果相对应，大豆肽也提高了生物被膜的形成能力。结果显示稳定期黏附相关基因表达量升高，这也与黏附率结果相对应。在罗伊氏乳杆菌的生长稳定期，消化后的大豆肽组和大豆蛋白组中除 *EnoA1* 基因的表达量显著下调外，其余基因的表达量都是显著上调，且消化后大豆肽组中的上调基因中差异表达倍数均较高。而消化后的大豆蛋白组中 GS 基因的差异表达倍数最高，这些结果证明了大豆蛋白和大豆肽可以通过调控基因表达来促进菌体黏附[15]。

9.1.3 研究内容与意义

9.1.3.1 研究的目的和意义

肠道菌群对于维持肠道健康至关重要，肠道致病菌的增多，会导致菌群失衡，进而引发肥胖、糖尿病、结肠癌等疾病。因此，益生菌作为调节剂能够预防及修复肠道菌群紊乱。肠道益生菌在临床上具有抵抗多种疾病的潜力，如有助于改善便秘和腹泻等胃肠问题，缓解乳糖不耐受，缓和感染和代谢性疾病等状况。益生菌通过增强上皮屏障，增加对肠黏膜的黏附，抑制病原体在肠道内黏附，竞争性排斥病原微生物，产生抗生素和调节免疫系统等机制调控肠道菌群。

目前研究多集中于碳源益生元对乳酸菌在肠上皮细胞黏附方面的影响，而对于蛋白类的潜在益生功能成分及新型益生乳酸菌罗伊氏乳杆菌黏附能力的研究相对较少。大豆蛋白具有潜在益生功能，是优质的植物性蛋白，经过酶解或微生物发酵，能够得到分子量更低的大豆肽，具有调节肠道菌群等功能。罗伊氏乳杆菌、鼠李糖乳杆菌等益生菌对肠黏膜具有很强的黏附能力并能拮抗有害菌的定植。其中罗伊氏乳杆菌 DSM17938 是被批准的可用于人类保健品和婴幼儿食品的微生物菌种。大豆蛋白和大豆肽作为潜在益生功能成分，对于罗伊氏乳杆菌 DSM17938 和肠上皮细胞的黏附及调控机制尚未清楚。

本章研究了大豆蛋白和大豆肽对鼠李糖乳杆菌、罗伊氏乳杆菌 DSM17938 的作用，可为探究蛋白和肽对益生菌的作用机制以及对肠道益生菌黏附和定植的作用机制奠定基础，并且也为开发添加大豆蛋白和大豆肽的具有益生功能的产品提供理论依据。

9.1.3.2 研究内容和创新点

本章探究了大豆蛋白和大豆肽及其消化产物对鼠李糖乳杆菌和罗伊氏乳杆菌的影响。

鼠李糖乳杆菌实验分为六组（普通培养基组 MRS，缺少一半氮组 LN，补入等氮的大豆肽组 LN+PEP，补入等氮的消化后肽组 LN+dPEP，补入等氮的大豆蛋白组 SPI，补入等氮的消化后蛋白组 LN+dSPI），通过测定鼠李糖乳杆菌生长曲线和活菌数以及短链脂肪酸，探讨大豆蛋白和大豆肽及消化产物对鼠李糖乳杆菌生长代谢的影响。

罗伊氏乳杆菌实验共分为四组：MRS 组（普通肉汤培养基），LN 组（减掉一半氮源），dspe 组（补充等量的消化后肽），dspr 组（补充等量的消化后蛋白），探究大豆肽和大豆蛋白的消化产物对罗伊氏乳杆菌和 HT-29 细胞黏附率的影响，通过测定罗伊氏乳杆菌的生长曲线并进行活菌计数，确定其对数生长期和稳定生长期，然后对罗伊氏乳杆菌黏附条件进行探究。最后通过黏附实验观察罗伊氏乳杆菌和 HT-29 细胞黏附能力的变化，分析大豆肽和大豆蛋白作为潜在氮源益生元对肠道益生菌及肠上皮细胞发挥的作用。

创新性通过分析大豆蛋白和大豆肽及消化产物作为益生菌氮源对鼠李糖乳杆菌生长代谢

的影响，以及对罗伊氏乳杆菌黏附肠上皮细胞的影响。

9.2　研究方法

9.2.1　大豆蛋白和大豆肽体外模拟胃肠消化样品的制备

为了更好地评估大豆蛋白和大豆肽到达肠道后对益生菌的作用，对大豆蛋白和大豆肽进行体外模拟消化，参考 Minekus 等人的标准化静态体外模拟消化方法，具体如图 9-2 所示[16]。

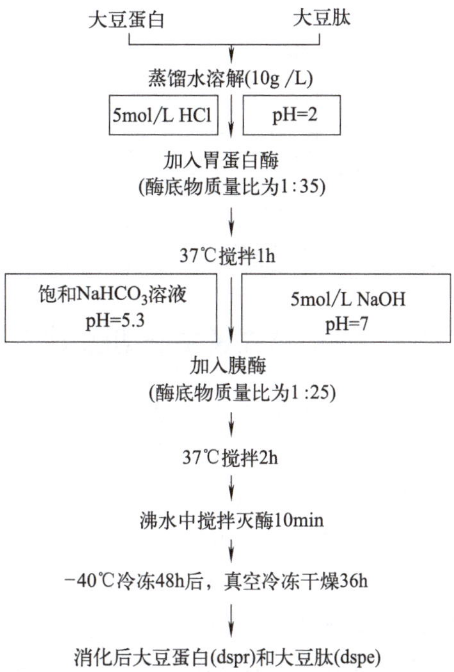

图 9-2　大豆蛋白和大豆肽体外模拟消化方法

9.2.2　不同益生菌处理组的培养基成分

鼠李糖乳杆菌阳性对照组为 MRS 培养基组，阴性对照组（LN）是在阳性对照组的基础上去掉一半氮源，实验组是在阴性对照组的基础上补充等氮的大豆肽、消化后大豆肽、大豆蛋白、消化后大豆蛋白（分别对应 PEP 组、dPEP 组、SPI 组、dSPI 组），大豆肽、消化后大豆肽、大豆蛋白、消化后大豆蛋白换算得到各组培养基的成分和含量，如表 9-1 所示。

罗伊氏乳杆菌阳性对照组为改良 MRS 培养基组，将改良 MRS 培养基中的蛋白胨、牛肉粉和酵母浸粉水平减半作为 LN 组，同时补充等氮量的 dspe 和 dspr 作为 dspe 组和 dspr 组。除 LN 组外，其余各组氮含量均相同，具体分组及培养基的组成如表 9-2 所示。

表 9-1　不同分组的培养基成分及含量

培养基成分	MRS /(g/L)	LN /(g/L)	PEP /(g/L)	SPI /(g/L)	dPEP /(g/L)	dSPI /(g/L)
蛋白胨	10	5	5	5	5	5
牛肉粉	5	2.5	2.5	2.5	2.5	2.5
酵母浸粉	4	2	2	2	2	2
磷酸氢二钾	2	2	2	2	2	2
无水乙酸钠	5	5	5	5	5	5
硫酸镁	0.2	0.2	0.2	0.2	0.2	0.2
柠檬酸三铵	2	2	2	2	2	2
硫酸锰	0.05	0.05	0.05	0.05	0.05	0.05
吐温 80	1	1	1	1	1	1
葡萄糖	20	20	20	20	20	20
大豆肽	—	—	9.332	—	—	—
大豆蛋白	—	—	—	9.948	—	—
消化后大豆肽	—	—	—	—	13.214	—
消化后大豆蛋白	—	—	—	—	—	12.259

表 9-2 罗伊氏乳杆菌 DSM17938 不同氮源培养基的组成

培养基组成	MRS/(g/L)	LN/(g/L)	dspe/(g/L)	dspr/(g/L)
蛋白胨	10	5	5	5
牛肉粉	5	2.5	2.5	2.5
酵母浸粉	4	2	2	2
葡萄糖	20	20	20	20
乙酸钠	5	5	5	5
磷酸氢二钾	2	2	2	2
柠檬酸三铵	2	2	2	2
硫酸镁	0.2	0.2	0.2	0.2
硫酸锰	0.05	0.05	0.05	0.05
吐温 80	1	1	1	1
消化后大豆肽(dspe)	—	—	13.214	—
消化后大豆蛋白(dspr)	—	—	—	12.259

9.2.3 不同益生菌生长期的测定

鼠李糖乳杆菌生长曲线和活菌数的测定：鼠李糖乳杆菌在 MRS 培养基中经活化两代后分别接种到 6 种不同处理的 50mL 培养基中，然后在 37℃摇床中，在非控制 pH 条件下，每 2h 取样一次，每次取各组 200μL 菌液转移到 96 孔板上，平行取三回，用酶标仪在 600nm 处测定 OD 值，到 36h 时最后一次取样。活菌数是通过稀释平板计数法测定，选择 4 个时间点（6h、12h、24h、36h），分别取 100μL 菌液在 0.9%的氯化钠中稀释后在 MRS 琼脂培养基上进行接种涂布，重复三次，培养 48h 后计算菌落数。

罗伊氏乳杆菌 DSM17938 生长期测定：取出罗伊氏乳杆菌甘油菌放入 3mL MRS 培养基中，37℃活化 12h，然后以 0.2%的接种量接入 50mL MRS 培养基中继续培养。在 37℃摇床中，非控制 pH 条件下，每 2 小时取样一次，每次取各组 200μL 菌液转移到 96 孔板上，平行取三回，用酶标仪在 OD_{600nm} 下测定 24h 内的生长曲线，并在 6h、8h、10h 和 12h 测定活菌数，以确定罗伊氏乳杆菌的对数期和稳定期。此外，后续实验各组罗伊氏乳杆菌的接种量均为 0.2%。

9.2.4 鼠李糖乳杆菌短链脂肪酸的测定

鼠李糖乳杆菌的短链脂肪酸测定采用高效液相色谱法，首先取出各组菌液 2mL，10000r/min 离心 10min，取上清液放入液氮中速冻 30s，在－80℃保存待用，采用 Aminex HPX-87 H（300mm × 7.8mm，Bio-Rad，Richmond CA，USA）色谱柱，流动相为 13mmol/L 的硫酸，流速 0.8mL/min，上样量 10μL，柱温 65℃，分别测定不同浓度标准品乳酸、乙酸和丙酸的出峰时间和峰面积，得出标准曲线后测定样品中短链脂肪酸的种类和含量。

9.2.5 罗伊氏乳杆菌 DSM17938 细胞培养

将保存在液氮中的 HT-29 细胞于 37℃水浴中快速融化，用 6mL DMEM/F-12 完全培养基（含 5% 胎牛血清、1% 双抗）重悬细胞，300g 离心 5min，弃上清液后加入 5mL DMEM/F-12 完全培养基重悬，转移至 25cm^2 透气的细胞培养瓶，于 37℃、5% CO_2 培养箱中培养，隔天换液，待细胞融合度达到 80%时，用 0.05%胰蛋白酶-EDTA 进行消化传代。细胞传代 3 次后进行黏附试验。

9.2.6　罗伊氏乳杆菌 DSM17938 黏附条件的测定

将罗伊氏乳杆菌 DSM17938 在 MRS 培养基中分别培养至对数期和稳定期，7000g 离心 3min 收集菌体，用无菌的 PBS 漂洗 3 次，用不含双抗的 DMEM/F-12 细胞培养基重悬，分别将菌浓度调整至 10^8CFU/mL、10^7CFU/mL 和 10^6CFU/mL，进行黏附实验。

将 HT-29 细胞以 3×10^5 个/mL 浓度接入 24 孔细胞培养板中，待融合度达到 90%，用无菌的 PBS 洗涤 2 次，每孔分别接入 1mL 不同浓度的菌液，于 37℃、5% CO_2 培养箱中分别共孵育 2h、4h、6h。用无菌的 PBS 洗涤 3 次，除去未黏附的菌，加入 0.5mL 1% Triton x-100 裂解 10min 以释放细菌，涂布于 MRS 平板上，在 37℃恒温培养箱培养 48h 后计数。黏附率计算表达式如下所示：

$$\text{黏附率}=\frac{\text{黏附的菌体数量}}{\text{接种量}}\times100\%$$

9.2.7　不同处理组罗伊氏乳杆菌 DSM17938 对 HT-29 细胞的黏附能力比较

将不同处理组培养至对数期和稳定期的罗伊氏乳杆菌 DSM17938，7000g 离心 3min 收集菌体，用无菌的 PBS 洗涤 3 次，用不含双抗的 DMEM/F-12 细胞培养基重悬，将菌浓度调整至 10^8CFU/mL。用无菌的 PBS 将每孔的 HT-29 细胞洗涤 2 次，接入 1mL 细菌悬液，共孵育 6h。随后，用无菌的 PBS 将细胞洗涤 3 次以除去未黏附的细菌，加入 0.5mL 1% Triton x-100 溶液裂解 10min 以释放细菌，涂布于 MRS 平板上，在 37℃恒温培养箱培养 48h 后计数。

9.2.8　罗伊氏乳杆菌 DSM17938 细胞毒性试验

将 HT-29 细胞按每孔 100μL 接入 96 孔细胞培养板中，贴壁 24h。弃掉培养基，每孔加入 100μL 不同浓度的 dspe 和 dspr（0.1mg/mL、0.5mg/mL、1mg/mL、5mg/mL、10mg/mL、15mg/mL），共育 2h。吸出上清液，加入含 10% CCK-8 无血清培养基，每孔 100μL，37℃培养箱孵育 30min 后，使用酶标仪在 450nm 波长处测定各孔 OD 值。按照下式进行计算。

$$\text{细胞存活率}=\frac{As-Ab}{Ac-Ab}\times100\%$$

其中，As 表示实验孔（含有细胞、CCK-8、待测物）、Ac 表示对照孔（含有细胞、CCK-8、无待测物）、Ab 表示空白孔（无细胞和待测物、含 CCK-8）。

9.2.9　dspe 和 dspr 对 HT-29 细胞黏附能力的影响

将 HT-29 细胞以 3×10^5 个/mL 浓度接入 24 孔细胞培养板中，每孔加入 1mL 浓度为

1mg/mL 的 dspe 和 dspr，37℃共孵育 2h。将罗伊氏乳杆菌 DSM17938 在 MRS 培养基中分别培养至对数期和稳定期，收集菌体用无菌 PBS 洗涤 3 次，用不含双抗的 DMEM/F-12 细胞培养基重悬，将菌浓度调整至 10^8CFU/mL。弃去含药物的培养基，用无菌的 PBS 将细胞洗涤 2 次，接入 1mL 细菌悬液，共孵育 6h。随后，用无菌的 PBS 将细胞洗涤 3 次以除去未黏附的细菌，加入 0.5mL 1% Triton x-100 溶液裂解 10min 以释放细菌，涂布于 MRS 平板上，在 37℃恒温培养箱培养 48h 后计数。

9.2.10 观察罗伊氏乳杆菌 DSM17938 对 HT-29 细胞的黏附

将 HT-29 细胞以 3×10^5 个/mL 接种到含有细胞爬片的 24 孔板中，其他实验步骤同本章 9.2.7 和 9.2.9 中的处理。细胞和菌共孵育 6h 后，用无菌的 PBS 洗涤 3 次，取出细胞爬片，用甲醇固定 10min，自然晾干后，进行革兰氏染色，光学显微镜下观察罗伊氏乳杆菌的黏附情况。

9.2.11 统计与分析

采用 GraphPadPrism9、Microsoft Office Excel 2013 和 IBM SPSS Statistics17 软件对数据进行分析，用单因素方差分析（ANOVA）中的 Duncan 检验和 Games-Howell 检验比较差异显著性，所有实验都进行了三次，结果用平均值±标准差（X±SD）表示，$P<0.05$ 代表有显著性差异。

9.3 研究结果

9.3.1 不同益生菌生长期的测定

9.3.1.1 鼠李糖乳杆菌生长期的测定

从图 9-3A 可以看出，各组鼠李糖乳杆菌的生长趋势相似，在第 14h 进入稳定期。PEP、dPEP 和 dSPI 的添加对其生长有促进作用，而 SPI 却对其生长无明显影响。培养 10h 后 dPEP 组处理显著促进了鼠李糖乳杆菌的生长，16h 后明显降低。dSPI 组 20h 后细菌数超过 PEP 组，与 dPEP 组比较无显著性差异，但所有实验组的 OD 值均低于 MRS 组。

鼠李糖乳杆菌在不同时间点不同处理下的活菌数如图 9-3B 所示。在第 6h，6 组间无显著性差异。到 12h 时，实验组活菌数比 MRS 组和 LN 组增长快，dPEP 组活菌数最多，分别是 MRS 组和 LN 组的 1.84 倍和 2.46 倍。培养 24h 后，PEP、dPEP、SPI 和 dSPI 组的活细胞数显著增加，且 dSPI 处理对鼠李糖乳杆菌的刺激作用最大，达到 56×10^8CFU/mL，除 PEP 和 dPEP 组在活细胞数上保持稳定外，其余各组均在 24h 后逐渐进入衰退期，但 SPI 和 dSPI 组第 36h 的活菌数依然高于 MRS 组和 LN 组，表明大豆蛋白和大豆肽及其消化产物都能促进鼠李糖乳杆菌的增殖并减缓其衰退。

9.3.1.2 罗伊氏乳杆菌 DSM17938 生长期的测定

由图 9-4A 可以看出，各组罗伊氏乳杆菌生长趋势相似，均在 6h 处于对数生长期，但 MRS 组首先在 12h 到达稳定期，生长速度最快。与 LN 组相比，dspe 和 dspr 均对罗伊氏乳

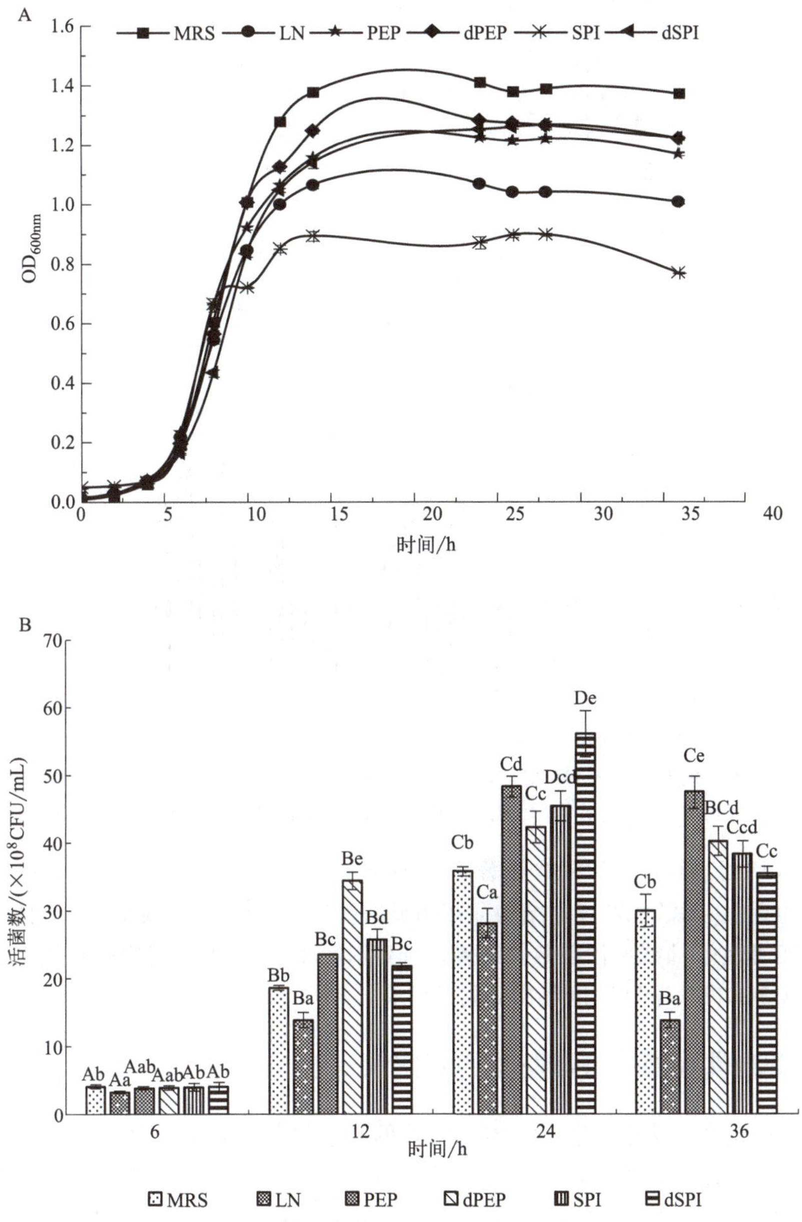

图 9-3　鼠李糖乳杆菌在不同分组中的生长曲线（A）和活菌数（B）

图中不同大写字母表示同一组数据在不同时间点具有显著性差异（$P<0.05$），不同小写字母表示同一时间点的数据在不同组间具有显著性差异（$P<0.05$）

杆菌的生长起促进作用。不同处理下罗伊氏乳杆菌不同培养时间点的活菌数如图 9-4B 所示。结果显示在 6h，dspr 组活菌数显著高于 MRS 组，dspe 组活菌数与 MRS 组无显著差异，但在 8～12h 期间，MRS 组活菌数均显著高于 dspe 和 dspr 组。与 LN 组相比，dspe 组和 dspr 组活菌数均显著上升，与生长曲线结果相对应，说明 dspe 和 dspr 对罗伊氏乳杆菌 DSM17938 的生长有促进作用，但是仍不及 MRS 组。朱丹凤等人在研究罗伊氏乳杆菌对氮源种类的利用规律过程中发现酵母类氮源更容易被利用，而植物类氮源则较难被利用，这也与活菌数结果相对应；且罗伊氏乳杆菌更偏好于利用分子量 180～500 的氮源用于生长，因此

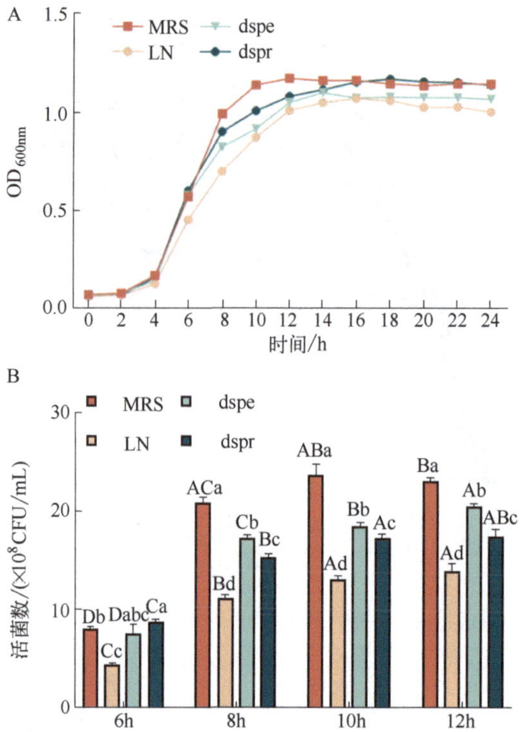

图 9-4　四种处理下不同培养时间罗伊氏乳杆菌中的生长曲线（A）和活菌数（B）分析

图中不同大写字母表示同一组数据在不同时间点具有显著性差异（$P<0.05$），

不同小写字母表示同一时间点的数据在不同组间具有显著性差异（$P<0.05$）

在培养 8～12h 期间，dspe 组活菌数显著高于 dspr 组[17]。细菌在不同时期，其形态大小、菌体活性、代谢产物、酶活性及表面结构存在明显的差异性[18]，这些都影响着菌体的黏附能力，因此综合 MRS 组生长曲线和活菌数的结果，选定对数生长期 6h 和稳定生长期 12h 用于后续罗伊氏乳杆菌 DSM17938 对 HT-29 细胞黏附的研究。

9.3.2　鼠李糖乳杆菌短链脂肪酸的测定

本研究对不同培养基中乳酸、乙酸和丙酸的产生进行了评价，图 9-5A 显示了鼠李糖乳杆菌在整个培养过程中乳酸产量的变化。在整个培养过程中，dPEP 和 dSPI 组的乳酸产生量在 6 组中相对较高。dPEP 组的乳酸浓度在 12h 明显高于 SPI 和 dSPI 处理组，可能是由于消化后肽易于利用，促进了鼠李糖乳杆菌的碳水化合物代谢；dPEP 组乳酸含量略高于 MRS 组和 PEP 组，但是没有显著差异。在生长后期，SPI 和 dSPI 组的乳酸含量在 24h 后逐渐赶上 PEP 和 dPEP 组，这可能是由于大豆蛋白和消化后的蛋白释放肽逐渐分解被利用。在 36h 时 dSPI 组和 dPEP 组乳酸含量相较其他组高。

鼠李糖乳杆菌在培养过程中产生的乙酸含量变化如图 9-5B 所示。在整个过程中，乙酸含量呈先下降后上升的趋势。与 6h 相比，培养 12h 时的所有分组中乙酸浓度均下降，说明细菌在早期迅速消耗原培养基中的乙酸，导致培养基中乙酸含量下降。大豆肽处理组促进了乙酸的释放，12h 时其浓度显著高于 SPI 组和 dSPI 组，与乳酸的情况相似。24h 时，六组中乙酸含量逐渐升高，dPEP 组和 dSPI 组均超过相应未消化组，分别是 MRS 组的 1.26 倍和 1.27 倍。dPEP、SPI、dSPI 的乙酸含量仍高于 MRS 组和 LN 组。

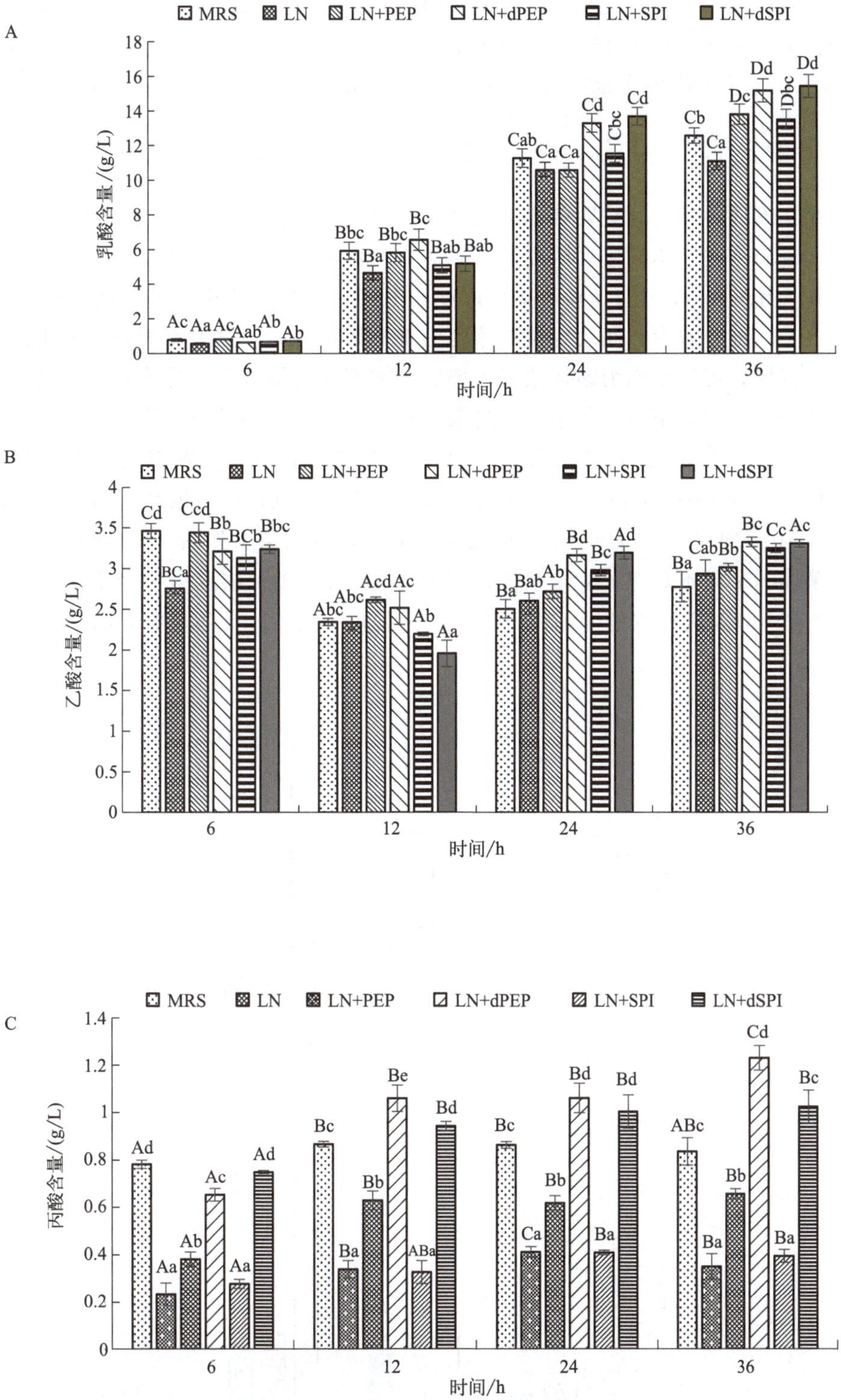

图 9-5　鼠李糖乳杆菌在不同分组中培养 36h 乳酸（A）、乙酸（B）、丙酸（C）含量的变化

图中不同大写字母表示同一组数据在不同时间点具有显著性差异（$P<0.05$），

不同小写字母表示同一时间点的数据在不同组间具有显著性差异（$P<0.05$）

鼠李糖乳杆菌在培养过程中产生的丙酸含量变化如图 9-5C 所示。在鼠李糖乳杆菌 36h 的培养过程中，添加 dPEP 的样品中丙酸的产生量在 6 个处理组中最高，36h 时浓度最高，dSPI 处理的样品中丙酸的含量次之。添加 SPI 的样品与阳性对照无显著差异。

9.3.3 罗伊氏乳杆菌 DSM17938 黏附 HT-29 细胞的模型构建

为了探究不同条件下对数期和稳定期罗伊氏乳杆菌 DSM17938 在 HT-29 细胞上的最佳黏附条件，我们测定了不同接种浓度下分别孵育 2h、4h、6h 的黏附率并进行比较，结果如图 9-6 所示。由图 9-6A 可知，随着接种浓度的上升，对数期罗伊氏乳杆菌 DSM17938 的黏附率显著上升，即各孵育时间均为接种浓度为 10^8CFU/mL 时黏附率最高，说明菌体的黏附具有浓度依赖性，可能是因为菌体浓度大能够增加菌体与细胞表面受体的接触机会从而提高黏附率，此外高浓度的菌体有利于产生自聚集现象，从而稳固了与细胞的黏附作用。随着孵育时间的增长，接种浓度为 10^7CFU/mL 和 10^6CFU/mL 时，黏附率呈先上升后下降的趋势，仅接种浓度为 10^8CFU/mL 时，黏附率显著上升并在 6h 达到最高，因此，对数期选择接种浓度为 10^8CFU/mL，孵育 6h 黏附效果最好。稳定期结果如图 9-6B 所示，与对数期不同的是，菌体的黏附不具有浓度依赖性，在孵育 2h 时，接种浓度为 10^7CFU/mL 时黏附率最高，但在 4～6h，接种浓度为 10^8CFU/mL 时黏附率最高；且随着孵育时间增长，不同浓

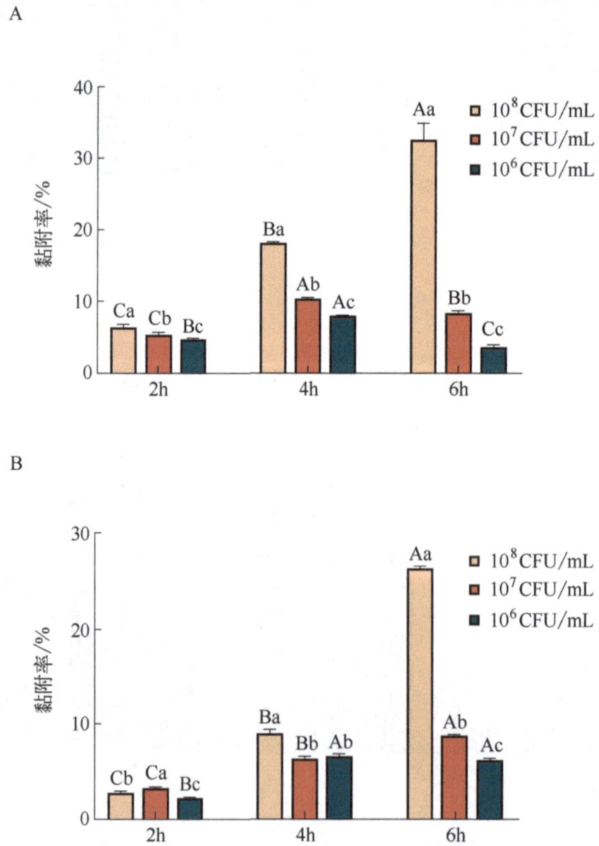

图 9-6　不同条件下对数期（A）和稳定期（B）罗伊氏乳杆菌的黏附率分析

图中不同大写字母表示同一组数据在不同时间点具有显著性差异（$P<0.05$），不同小写字母表示同一时间点的数据在不同组间具有显著性差异（$P<0.05$）

度组的黏附率均呈逐渐上升的趋势。稳定期与对数期相同，都是接种浓度为 10^8CFU/mL，孵育 6h 黏附效果最好。

9.3.4　不同处理组罗伊氏乳杆菌 DSM17938 对 HT-29 细胞的黏附能力比较

利用 HT-29 细胞对各处理组罗伊氏乳杆菌的黏附能力进行评价。通过革兰氏染色，可以清晰地区分罗伊氏乳杆菌 DSM17938 和 HT-29 细胞的形态（图 9-7A）。罗伊氏乳杆菌被结晶紫染色，呈杆状，HT-29 细胞被番红复染，能够清晰地观察到细胞核及整体的形态，且部分罗伊氏乳杆菌成团黏附于细胞表面，这也是自聚集现象的体现。不同生长时期各处理组罗伊氏乳杆菌的黏附率变化结果如图 9-7B 所示。使对数期（6h）不同处理组的罗伊氏乳杆菌与 HT-29 进行黏附，发现 MRS 组与 dspe 组之间黏附程度无显著差异，而 dspr 组黏附率则显著低于其他两组；而稳定期（12h）的罗伊氏乳杆菌对 HT-29 进行黏附，dspe 组和 dspr 组黏附率均显著超过了 MRS 组，分别提高了 14.37%和 48.68%。此外，将对数期与稳定期的黏附率进行比较，发现稳定期 MRS 组黏附率与对数期相比下降了 5.33%，这可能是因为对数期罗伊氏乳杆菌分泌的黏附素较多，菌体活性较强[19]。尽管如此，dspe 组和 dspr 组稳定期黏附率较对数期分别提高了 7.64%和 51.73%，说明随着培养时间的增加，dspe 和 dspr 均提高了罗伊氏乳杆菌黏附的能力，且 dspr 表现出了相对更强的促黏附能力。值得注意的是，dspe 组和 dspr 组稳定期的罗伊氏乳杆菌的生长速度并不佳，但 dspe 和 dspr 却刺激了黏附，这一结果与 Celebioglu 等人对碳源的研究结果相似[20]。

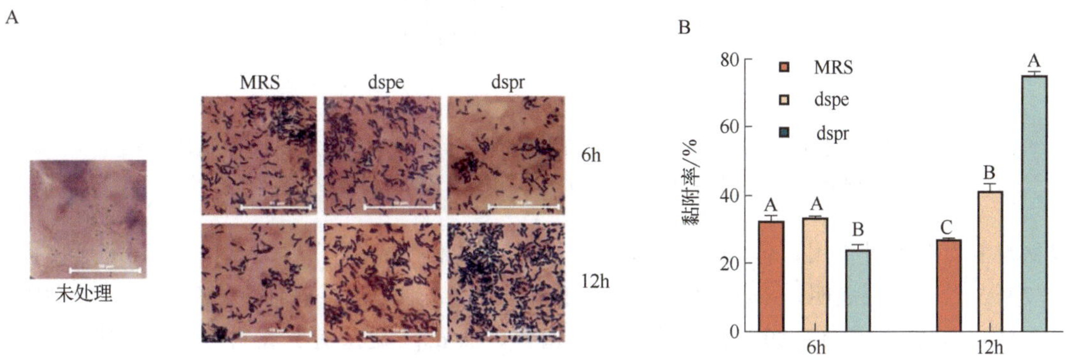

图 9-7　不同处理组罗伊氏乳杆菌黏附率的变化分析

（A）不同处理组罗伊氏乳杆菌的黏附观察；（B）不同处理组罗伊氏乳杆菌的黏附率

图中不同大写字母表示同一时间点的数据在不同组间具有显著性差异（$P<0.05$）

9.3.5　dspe 和 dspr 对 HT-29 细胞黏附能力的影响

为了探究 dspe 和 dspr 是否能影响 HT-29 细胞黏附罗伊氏乳杆菌的能力，将 dspe 和 dspr 与 HT-29 细胞共孵育后进行了黏附率的测定。采用 CCK-8 法检测不同浓度的 dspe 和 dspr 对 HT-29 细胞的生长状况的影响（图 9-8A），结果显示在共孵育 2h 后，浓度为 0.1mg/mL、0.5mg/mL、1mg/mL 的 dspe 和 dspr 对 HT-29 细胞均无抑制生长作用。为确保 dspe 和 dspr 的作用效果，选用 1mg/mL 的浓度孵育 2h 来作为最终的处理条件。数据显示，dspe 和 dspr 均显著提高了 HT-29 黏附对数期罗伊氏乳杆菌的能力，分别提高了 5.17%和 5.81%，且两组之间无显著差异。同样，在稳定期，dspe 和 dspr 均对 HT-29 细

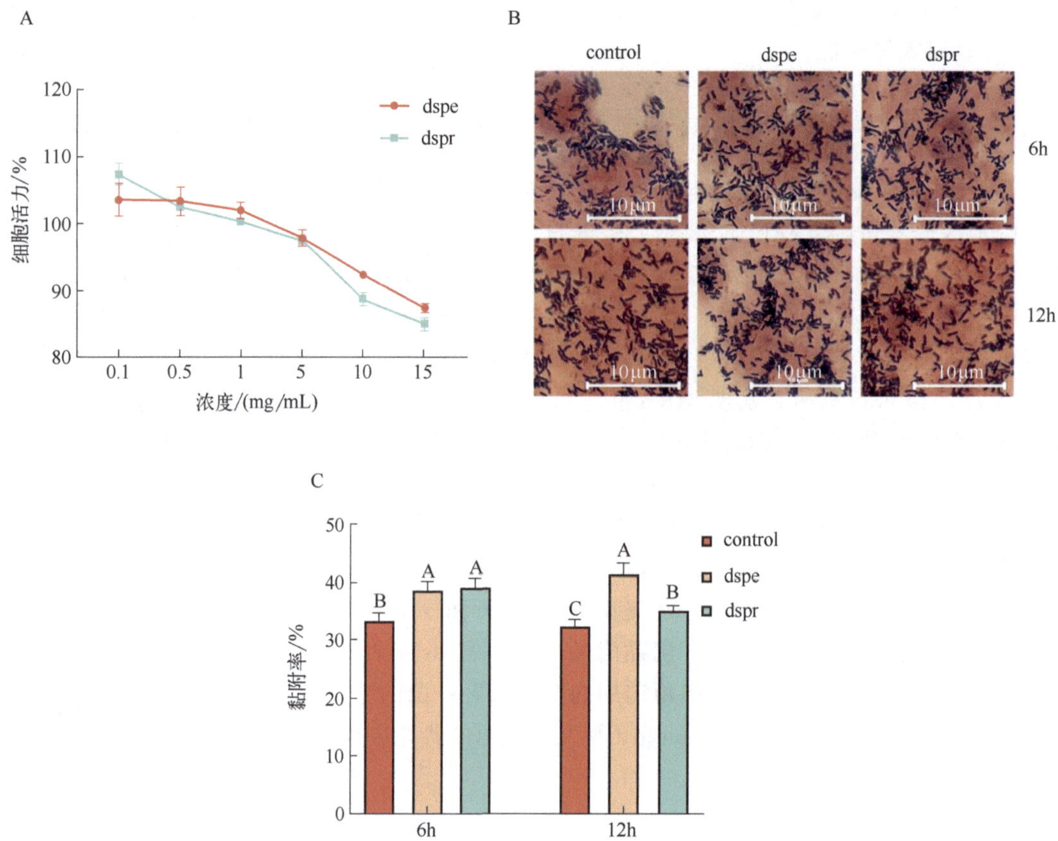

图 9-8　dspe 和 dspr 对 HT-29 细胞黏附能力的影响分析

（A）不同浓度 dspe 和 dspr 对 HT-29 细胞的毒性分析；（B）黏附形态观察；（C）黏附率测定

图中不同大写字母表示同一时间点的数据在不同组间具有显著性差异（$P<0.05$）

胞黏附能力有促进作用，但 dspe 促进效果更好，黏附率提高了 9.01%，而 dspr 组仅提高 2.77%。以上结果表明，dspe 和 dspr 均能提高 HT-29 细胞对各时期罗伊氏乳杆菌的黏附能力，且 dspe 更适宜 HT-29 细胞黏附稳定期菌体，而 dspr 更适宜其黏附对数期菌体。

9.4　研究结论

9.4.1　大豆蛋白和大豆肽及其消化产物对鼠李糖乳杆菌的影响

鼠李糖乳杆菌实验以大豆蛋白、大豆肽及其水解物为原料，通过单培养方法，研究了该原料对其生长和代谢的影响。

单培养结果表明，大豆蛋白、大豆肽及其水解物在单培养条件下能促进鼠李糖乳杆菌的生长和短链脂肪酸的产生。活菌数结果显示 PEP 和 dPEP 在 12h 和 36h 对鼠李糖乳杆菌的促生长作用最好，且在 36h 时实验组活菌数依然显著高于 MRS 组和 LN 组，说明大豆蛋白和大豆肽及其消化产物都能延缓鼠李糖乳杆菌的衰退。短链脂肪酸测定的结果显示 SPI 和 dSPI 组对鼠李糖乳杆菌的促代谢作用更为明显，尤其是在培养时间分别达到 24h 和 36h 时。

9.4.2 大豆蛋白和大豆肽及其消化产物对罗伊氏乳杆菌的影响

罗伊氏乳杆菌 DSM17938 实验以消化后的大豆蛋白和大豆肽作为原料，探究了该原料对罗伊氏乳杆菌 DSM17938 与 HT-29 细胞黏附能力的影响：

① 通过生长曲线和活菌数测定发现大豆蛋白和大豆肽能够促进罗伊氏乳杆菌的生长。通过 MRS 组的结果确定对数期为 6h、稳定期为 12h 用于后续的黏附研究。

② 分别将两个时期的罗伊氏乳杆菌进行接种浓度和孵育时间的条件优化，最终确定接种浓度 10^8CFU/mL，孵育 6h 黏附效果最好。

③ 通过测定不同处理组罗伊氏乳杆菌的黏附率变化结果发现，消化后的大豆蛋白和大豆肽并不能促进对数期罗伊氏乳杆菌的黏附，但对稳定期的罗伊氏乳杆菌均具有显著的促黏附作用，且大豆蛋白效果更显著。

④ 通过 CCK-8 法对 HT-29 细胞活力进行检测发现，消化后大豆蛋白和大豆肽浓度小于 1mg/mL 时，细胞活力未受影响，表明采用 1mg/mL 处理 2h 对 HT-29 细胞没有损伤作用。当使用 1mg/mL 的消化后大豆蛋白和大豆肽处理 2h 后，将经 MRS 组培养至对数期和稳定期的罗伊氏乳杆菌进行黏附试验，结果显示消化后大豆蛋白和大豆肽均能提高 HT-29 细胞对对数期和稳定期罗伊氏乳杆菌的黏附能力，且消化后大豆肽更适宜 HT-29 细胞黏附稳定期菌体，而消化后大豆蛋白更适宜 HT-29 细胞黏附对数期菌体。

参考文献

[1] Sittipo P, Lobionda S, Lee Y K, et al. Intestinal microbiota and the immune system in metabolic diseases [J]. Journal of Microbiology, 2018, 56 (3): 154-162.

[2] Dethlefsen L, Mcfall-Ngai M, Relman D A. An ecological and evolutionary perspective on human-microbe mutualism and disease [J]. Nature, 2007, 449 (7164): 811-818.

[3] Bhat M I, Singh V K, Sharma D, et al. Adherence capability and safety assessment of an indigenous probiotic strain *Lactobacillus rhamnosus* MTCC-5897 [J]. Microbial Pathogenesis, 2019, 130: 120-130.

[4] Kandler O, Stetter K O, KÖhl R. *Lactobacillus reuteri* sp. nov., a new species of heterofermentative lactobacilli [J]. Zentralblatt f ü r Bakteriologie: I. Abt. Originale C: Allgemeine, angewandte und ökologische Mikrobiologie, 1980, 1 (3): 264-269.

[5] 朱俊晨，李世敏，魏小青. 双歧杆菌对人体的生理作用及研究进展 [J]. 中国微生态学杂志，2000，12 (1): 53-55.

[6] Mis Solval K, Chouljenko A, Chotiko A, et al. Growth kinetics and lactic acid production of *Lactobacillus plantarum* NRRL B-4496, *L. acidophilus* NRRL B-4495, and *L. reuteri* B-14171 in media containing egg white hydrolysates [J]. Lwt-Food Science and Technology, 2019, 105: 393-399.

[7] 朱德全，张路路，尹红，等. 短双歧杆菌基因组研究进展 [J]. 中国科技信息，2017 (11): 82.

[8] Ding T, Li Y. Beneficial effect and mechanism of walnut oligopeptide on *Lactobacillus plantarum* Z7 [J]. Food Science & Nutrition, 2021, 9 (2): 672-681.

[9] Çelekli A, AlslİBİ Z, Bozkurt H. An investigation of effects of whey protein hydrolysate on yogurt starter cultures and probiotic bacteria in ayran [J]. Kahramanmaraş Sü tçü İmam Üniversitesi Tarlm ve Doğa Dergisi, 2020, 23 (5): 1225-1239.

[10] Zhang C, Xia S, Zhang Y, et al. Identification of soybean peptides and their effect on the growth and metabolism of *Limosilactobacillus reuteri* LR08 [J]. Food Chemistry, 2022, 369: 130923.

[11] Ashaolu T J, Saibandith B, Yupanqui C T, et al. Human colonic microbiota modulation and branched chain fatty acids production affected by soy protein hydrolysate [J]. International Journal of Food Science &

Technology, 2018, 54(1): 141-148.

[12] Wang B, Yang Y, Bian X, et al. Proliferation of *Bifidobacterium* L80 under different proportions of milk protein hydrolysate [J]. Microbial Cell Factories, 2021, 20(1): 213.

[13] Liu J, Zhou J, Wang L, et al. Improving nitrogen source utilization from defatted soybean meal for nisin production by enhancing proteolytic function of *Lactococcus lactis* F44 [J]. Scientific Reports, 2017, 7(1): 6189.

[14] Robitaille G, Lapointe C, Leclerc D, et al. Effect of pepsin-treated bovine and goat caseinomacropeptide on *Escherichia coli* and *Lactobacillus rhamnosus* in acidic conditions [J]. Journal of Dairy Science, 2012, 95(1): 1-8.

[15] 朱淑雅. 大豆肽调控罗伊氏乳杆菌竞争大肠杆菌的机制研究 [D]. 北京: 北京工商大学, 2023.

[16] Minekus M, Alminger M, Alvito P, et al. A standardised static in vitro digestion method suitable for food-an international consensus [J]. Food & Function, 2014, 5(6): 1113-1124.

[17] 朱丹凤, 王园园, 崔树茂, 等. 罗伊氏乳杆菌氮源利用的选择性与特征分析 [J]. 食品与发酵工业, 2018, 44(11): 35-41.

[18] 王嘉悦. 枸杞多糖与益生菌黏附特性关系的研究 [D]. 北京: 北京林业大学, 2020.

[19] 任大勇. 益生乳酸杆菌的黏附及免疫调节作用研究 [D]. 长春: 吉林大学, 2013.

[20] Celebioglu H U, Olesen S V, Prehn K, et al. Mucin-and carbohydrate-stimulated adhesion and subproteome changes of the probiotic bacterium *Lactobacillus acidophilus* NCFM [J]. Journal of Proteomics, 2017, 163: 102-110.

第10章 大豆肽对热损伤的保护作用及机制研究

10.1 引言

10.1.1 热应激在运动中的不利影响

随着健康意识的提升，越来越多的人参与体育运动。然而，在长时间的耐力运动中，运动人员可能因体温持续升高而出现一系列不良反应。因此，热相关疾病（如中暑和热射病）的发病率和死亡率已成为重要的公共健康问题。

热应激引发的代谢紊乱和组织损伤在运动人群中长期存在，主要表现为氧化应激、炎症，以及肠道和肝脏功能障碍[1]。快速、有效降温是目前主要的治疗方法，主要为冰敷。但是由于工具不便携，降温终点难确定，需要更实用、有效的策略来预防和减轻热应激的不利影响[2]。通过研究分子和细胞水平上的热应激反应，确定了营养干预是减轻热损伤的潜在方法。

10.1.2 肽对热损伤保护作用的研究现状

蛋白质是细胞和组织的基本成分。热应激会减少蛋白质合成，提高组织蛋白质的分解代谢率[3]。低蛋白摄入降低了肠黏膜防御系统的功能。因此，在高温条件下需要适当补充富含蛋白质的成分。其中，低脂蛋白已被证明可以增强身体的抗氧化能力，抑制炎症反应[4]。与乳清蛋白相比，乳清蛋白肽对于肠黏膜损伤的大鼠肠道环境稳态维持具有更积极的作用[5]。然而，关于肽在热应激模型中的应用的研究很少。

10.1.3 本章研究内容与意义

本章研究以富硒大豆为原料制备富硒大豆肽，探究了大豆肽及其富硒化产物对热损伤的保护作用和作用机制。首先对富硒大豆肽进行原料表征，测定其蛋白含量、硒含量、分子量分布和氨基酸组成。其次利用中暑大鼠模型，探究大豆肽及其富硒化产物对热损伤的保护作用。研究将为热应激引起的损伤与疾病的预防提供理论依据，在肽和硒营养补充建议方面提出新的思路，为大豆肽及其富硒化产物作为功能性成分深度开发防暑产品提供理论依据。

10.2 研究方法

10.2.1 大豆肽及其富硒化产物的制备及成分分析

10.2.1.1 富硒大豆蛋白的提取

将富硒大豆进行粉碎过筛后按 1∶10（w/v）加入正己烷，于 40℃下浸提脱脂 4h，收集滤渣进行二次浸提，收集滤渣。通风过夜后，将脱脂后的滤渣豆粕进行干燥得到富硒大豆粉，提取步骤如图 10-1 所示。将富硒大豆粉与蒸馏水按照物料比 1∶20 制成溶液，将 pH 调至 8 后，置于 40℃恒温水浴下浸提 2h，浸提液于 4℃条件下进行离心（4500r/min，20min）。取上清液调节 pH 至 4.5，静置 30min 后离心（4500r/min，20min）。取沉淀加入蒸馏水复溶，调节 pH 至 7，利用 3.5kDa 透析膜在 4℃下进行透析，将透析液冷冻干燥得到富硒大豆蛋白（SePro）。

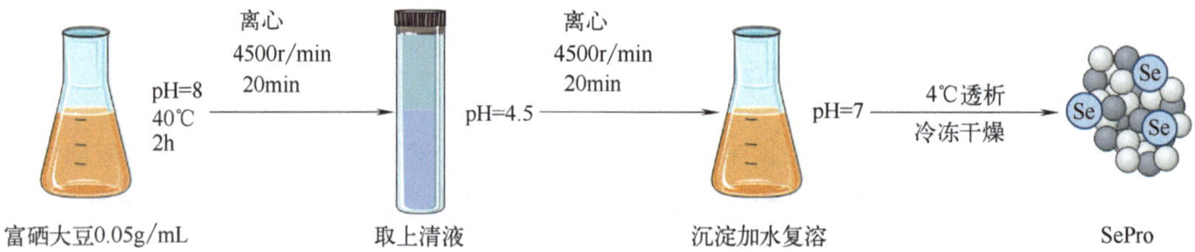

图 10-1　富硒大豆蛋白的提取流程

10.2.1.2 富硒大豆蛋白的酶解

将 SePro 配成 8%的蛋白溶液。分别加入 SePro 质量分数 0.2%的碱性蛋白酶、中性蛋白酶、木瓜蛋白酶、胃蛋白酶和胰蛋白酶，调节至酶最适 pH，在最适温度下水解 4h，然后立即升温至 95℃，持续 15min，使酶失活，4000r/min 离心 15min，所得上清液为 SePro 酶解液，冷冻干燥后备用。根据水解度和不同单一酶酶解产物中的硒含量，最终选择碱性蛋白酶、中性蛋白酶和木瓜蛋白酶进行复合酶酶解。

将 SePro 配成 8%的蛋白溶液。将 pH 值调至 7。按 2∶1∶1 的比例加入 SePro 质量分数 0.2%的碱性蛋白酶、中性蛋白酶和木瓜蛋白酶，在 50℃水浴条件下，水解 4h。水解结束后立即将消化液置于 95℃加热 15min 使酶灭活。4000r/min 离心 15min 后所得上清液为 SePro 酶解液。对酶解液进行超滤得到不同分子量组分，收集小于 3kDa 的组分冷冻干燥后得到富硒大豆肽（SePep）（如图 10-2 所示）。普通大豆肽（Pep）的制备方法与上述方法相同。

10.2.1.3 水解度测定

配制 1mol/L 乙酸溶液、1mol/L 乙酸钠溶液、乙酸钠-乙酸缓冲液（pH=4.8）和显色剂（15mL 37%甲醇和 7.8mL 乙酰丙酮混合，加水稀释至 100mL）。称取 0.04g 样品加入 2mL 蒸馏水，加入 4mL 乙酸钠-乙酸缓冲液和 4mL 显色剂。置于 100℃水浴中 15min，冷却

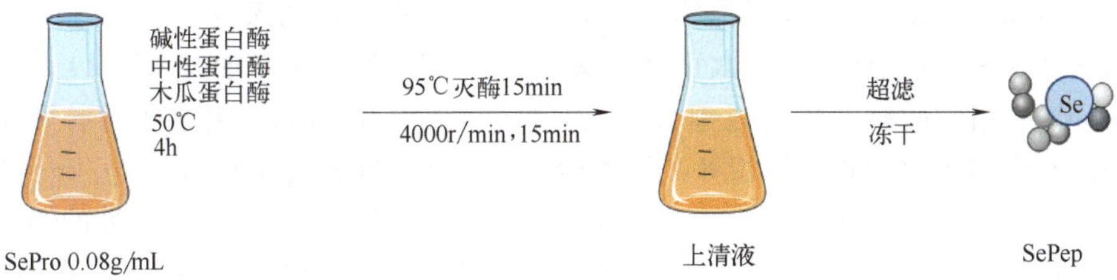

图 10-2　富硒大豆蛋白的酶解流程

至室温后使用紫外分光光度计在 400nm 处测量吸光度。

水解度=酶解产物中氨基酸态氮含量/SePro 中总氮含量

10.2.1.4　硒含量测定

称取 0.5g 样品，加入 5mL 硝酸，微波消解，待完全反应后，冷却至室温，转移至 100mL 容量瓶，定容摇匀。试液用 2%的稀硝酸稀释一定倍数后上机测试。使用电感耦合等离子体质谱仪进行检测。射频功率：1550W；冷却气流量：15L/min；辅助气流量：0.9L/min；雾化器：1.0749L/min；雾化室温度：2℃。

10.2.1.5　SDS-PAGE

制备 SePro、SePep 和 Pep 样品用于 SDS-PAGE 检测，于凝胶成像系统进行成像分析。

10.2.1.6　蛋白含量测定

采用凯氏定氮法，测定 SePro、SePep 和 Pep 的蛋白含量，转换系数设置 6.25。

10.2.1.7　分子量分布测定

采用凝胶色谱法测定 SePep 和 Pep 的分子量分布，色谱柱为 Superdex^{TM}30 Increase。

10.2.1.8　氨基酸组成测定

参考国标 GB 5009.124—2016《食品安全国家标准 食品中氨基酸的测定》，对 SePro、SePep 和 Pep 中的氨基酸组成进行测定。

10.2.2　大豆肽及其富硒化产物对大鼠热损伤的保护作用

10.2.2.1　实验动物与饮食

自北京维通利华实验动物技术有限公司购买雄性 SD 大鼠 80 只 [6 周龄，体重 (170±10)g]，许可证号：SCXK（京）2016-0006。大鼠随意接受标准饮食和水，并保持在温度 (22±2)℃、湿度 (50±10)%和光照周期 12h 光照/12h 黑暗的条件下。大鼠的适应期为实验前 1 周。

10.2.2.2　大鼠分组处理与热损伤模型的建立

实验方案如图 10-3 所示，80 只雄性 SD 大鼠随机分为 8 组 ($n=10$)：空白 (Control)

组、模型（Model）组、金银花提取物阳性对照（PC）组、富硒大豆蛋白（SePro）组、富硒大豆低聚肽（SePep）组、普通大豆低聚肽（Pep）组、硒代蛋氨酸（SeMet）组、亚硒酸钠（Na_2SeO_3）组。所有大鼠通过灌胃给药，Control 组和 Model 组给予等体积的去离子水，其中所有含硒组中的硒含量相等，均为 18μg/kg，相当于成年人 3.57μg/kg（参考中国营养协会：成人日硒摄入量为 50～250μg，选取 200μg 进行换算）。Pep 组的蛋白含量和 SePep 组相同，每天灌胃一次，连续 7d。禁食 12h 后，进行最后一次灌胃，在灌胃 10min 后，Control 组大鼠置于室温（22±2)℃，将 Model 组大鼠置于（40±2)℃的热水中游泳，观察大鼠状态，当大鼠活动量减少时，用木棍搅动大鼠附近的热水，使其一直保持运动状态，当出现下沉趋势时立即将大鼠取出，记录时间。其余组大鼠热水游泳时间均和 Model 组相同，大鼠游完以后，用 3%戊巴比妥钠麻醉大鼠并解剖取材。腹主动脉取血，分离血清以分析血液指标，取肝脏组织用于组织形态分析，其余的放在液氮中速冻，－80℃保存，用于后续分析。本实验方案符合动物福利和伦理要求，得到谱尼测试集团股份有限公司动物实验伦理审查委员会批准（PONY-2021-FL-15）。

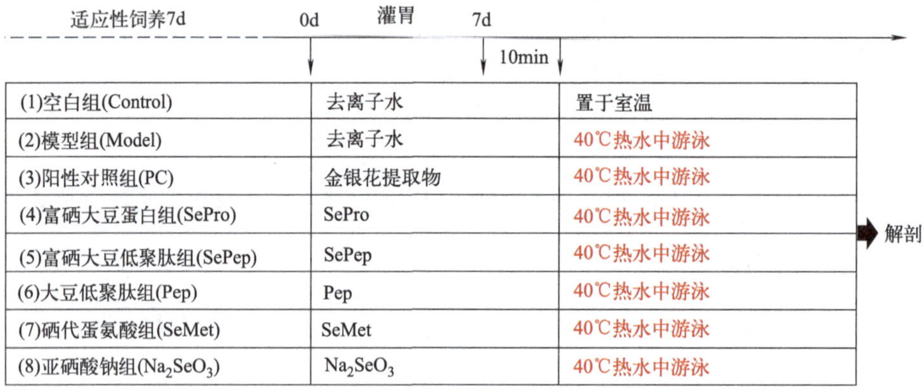

图 10-3　动物实验方案

10.2.2.3　大鼠血清氧化应激指标、血清肝酶水平测定

使用试剂盒测量大鼠血清中 SOD、CAT、GSH-Px 活力和 MDA、GSH 含量。使用试剂盒测量大鼠血清中 ALT 和 AST 活力。

10.2.2.4　大鼠肝组织 GSH 和 GSH-Px、炎症因子测定

取组织样本，制作组织匀浆，取上清液进行测定。使用大鼠 ELISA 试剂盒测量肝组织中 GSH 和 GSH-Px 的含量。使用大鼠 ELISA 试剂盒测量肝组织中 IL-1β、IL-6 和 TNF-α 的浓度。

10.2.2.5　大鼠肝组织病理学检查

取肝脏组织，固定在福尔马林中 48h，石蜡包埋，用苏木精和伊红（HE）进行染色，连接到显微镜进行观察，进行肝组织形态分析，评估肝组织损伤程度。

10.2.2.6　蛋白质免疫印迹

肝脏样品加入裂解液，冰上研磨，取上清液，用 BCA 测定其蛋白质浓度并统一样品的

蛋白质浓度。加入 5×上样缓冲液，放入 100℃水浴锅中加热变性 5min。冷却后，9184g 下离心 2min，取上清液进行测定。

10.3　研究结果

10.3.1　大豆肽及其富硒化产物的制备及成分分析

10.3.1.1　单一酶酶解产物的水解度和硒含量分析

不同单一酶酶解产物的水解度和硒含量如图 10-4 所示。碱性蛋白酶酶解产物的水解度最高，为 54.46%。说明使用碱性蛋白酶酶解可以获得更多小分子肽，其次是木瓜蛋白酶（45.63%）和中性蛋白酶（38.18%）。中性蛋白酶和木瓜蛋白酶酶解产物的硒含量显著高于其他组（$P<0.05$）。为了得到较高水解度和硒保留率的肽，选择碱性蛋白酶、中性蛋白酶、木瓜蛋白酶以 2∶1∶1 进行复配，共同对富硒大豆蛋白进行酶解。

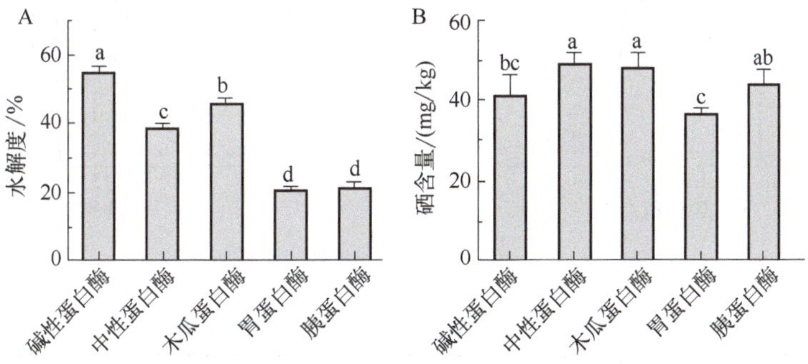

图 10-4　酶解产物的水解度（A）和硒含量（B）

10.3.1.2　大豆肽及其富硒化产物的 SDS-PAGE 分析

如图 10-5 所示，SePro 的分子质量在 15～140kDa 范围内广泛分布。SePep 和 Pep 的分子质量低于 10kDa，表明酶解后得到的 SePep 和 Pep 分子质量更小。

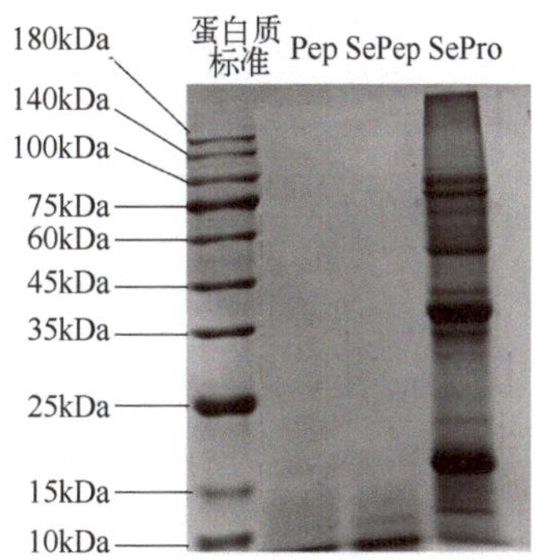

图 10-5　SePro、SePep 和 Pep 的 SDS-PAGE 谱图

10.3.1.3　大豆肽及其富硒化产物的蛋白含量和硒含量分析

SePro、SePep 和 Pep 的蛋白含量和硒含量如表 10-1 所示。SePro、SePep 和 Pep 的蛋白含量均大于 80%。SePro 和 SePep 的硒含量远高于 Pep。

表 10-1　SePro、SePep 和 Pep 的蛋白含量和硒含量

项目	SePro	SePep	Pep
蛋白含量/%	89.36±0.24	84.46±0.03	88.98±0.15
硒含量/(mg/kg)	44.00±0.95	26.00±1.25	0.06±0.001

10.3.1.4 大豆肽及其富硒化产物的分子质量分布分析

多肽的分子质量是影响其功能活性的重要因素。文献报道的生物活性多肽通常是蛋白质水解产物和低分子质量多肽的混合物，由 2～20 个氨基酸组成[6]。采用凝胶色谱法测定 SePep 和 Pep 的分子质量分布，凝胶色谱图如图 10-6 所示，分子质量分布如表 10-2 所示。结果显示 SePep 和 Pep 的分子质量主要集中在 500Da 以下，其中小于 500Da 的肽占到 50%以上，小于 1000Da 的肽占到 70%以上。程天德利用枯草芽孢杆菌蛋白酶和木瓜蛋白酶混合水解富硒化大豆蛋白，获得分子质量小于 1000Da 的富硒化大豆低聚肽，具有良好的抗氧化和降血压活性[7]。SePep 符合文献报道的高活性肽特征，说明其在提高生物功能方面具有一定的潜力，有利于后续实验的开展。

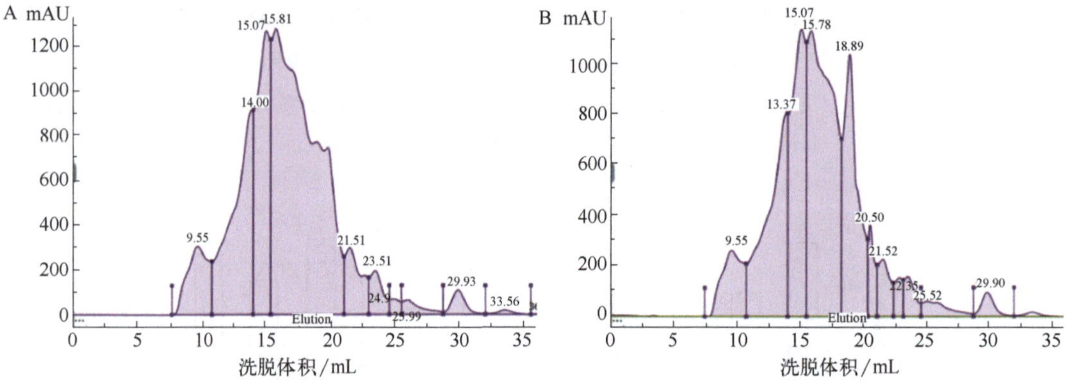

图 10-6 SePep（A）和 Pep（B）的凝胶色谱图

表 10-2 SePep 和 Pep 的分子质量分布

分子质量/Da	SePep/%	Pep/%
>3000	5.41±0.001	4.64±0.001
>1500～3000	7.52±0.001	7.66±0.001
>1000～1500	10.61±0.001	10.94±0.002
500～1000	22.99±0.003	20.17±0.003
<500	53.47±0.005	56.58±0.006

10.3.1.5 富硒大豆蛋白、富硒大豆肽和普通大豆肽氨基酸组成分析

SePro、SePep 和 Pep 的氨基酸组成如表 10-3 所示。SePro、SePep 和 Pep 中必需氨基酸（Thr、Val、Met、Ile、Leu、Phe、His、Lys）含量分别占总氨基酸的 37.38%、33.62%和 30.15%。与 FAO/WHO（2007）推荐的适宜于成人摄取的必需氨基酸标准相比，SePro、SePep 和 Pep 能够满足蛋白质营养摄入基本需求，说明 SePro、SePep 和 Pep 所含氨基酸种类平衡，具有良好的营养特性。

表 10-3 SePro、SePep 和 Pep 的氨基酸组成

氨基酸	SePro/%	SePep/%	Pep/%
天冬氨酸(Asp)	10.63±0.02	12.37±0.17	13.00±0.12
苏氨酸(Thr)	3.33±0.23	4.10±0.07	3.70±0.08
丝氨酸(Ser)	5.64±0.12	6.40±0.07	6.17±0.03
谷氨酸(Glu)	17.79±0.31	21.67±0.16	24.78±0.53

续表

氨基酸	SePro/%	SePep/%	Pep/%
脯氨酸(Pro)	5.12±0.17	4.17±0.36	5.38±0.33
甘氨酸(Gly)	7.37±0.17	7.82±0.09	4.15±0.06
丙氨酸(Ala)	6.96±0.04	7.05±0.08	3.48±0.02
半胱氨酸(Cys)	0.29±0.05	0.19±0.01	1.91±0.06
缬氨酸(Val)	6.03±0.03	4.11±0.06	2.24±0.01
蛋氨酸(Met)	1.05±0.02	1.90±0.09	0.78±0.04
异亮氨酸(Ile)	5.98±0.26	6.66±0.18	2.47±0.01
亮氨酸(Leu)	8.34±0.34	6.01±0.16	7.17±0.19
酪氨酸(Tyr)	3.19±0.21	2.09±0.02	3.36±0.07
苯丙氨酸(Phe)	4.66±0.22	3.15±0.17	5.38±0.14
组氨酸(His)	2.24±0.05	2.48±0.04	2.24±0.01
赖氨酸(Lys)	5.75±0.13	5.21±0.31	6.17±0.27
精氨酸(Arg)	5.63±0.04	4.64±0.03	7.62±0.28

10.3.2　大豆肽及其富硒化产物对大鼠热损伤的保护作用

10.3.2.1　大豆肽及其富硒化产物对大鼠抗氧化能力的影响

氧化损伤是热应激最主要的不良生理状态。测定大鼠血清中 CAT、SOD 活力和 GSH-Px、MDA、GSH 的含量用于评估 Pep 和 SePep 对热应激和运动疲劳诱导的中暑大鼠体内氧化损伤的改善作用。结果如图 10-7 所示，Model 组 CAT、SOD 活力和 GSH-Px 及 GSH 含量均显著下降（$P<0.05$），MDA 含量显著上升（$P<0.05$），表明大鼠处于强氧化应激状态。与 Model 相比，SePro 组、SePep 组和 Pep 组 CAT、SOD 活力和 GSH、GSH-Px 含量均显著上升（$P<0.05$）。与 Model 组相比，SePro 组、SePep 组和 Pep 组 MDA 含量显著下

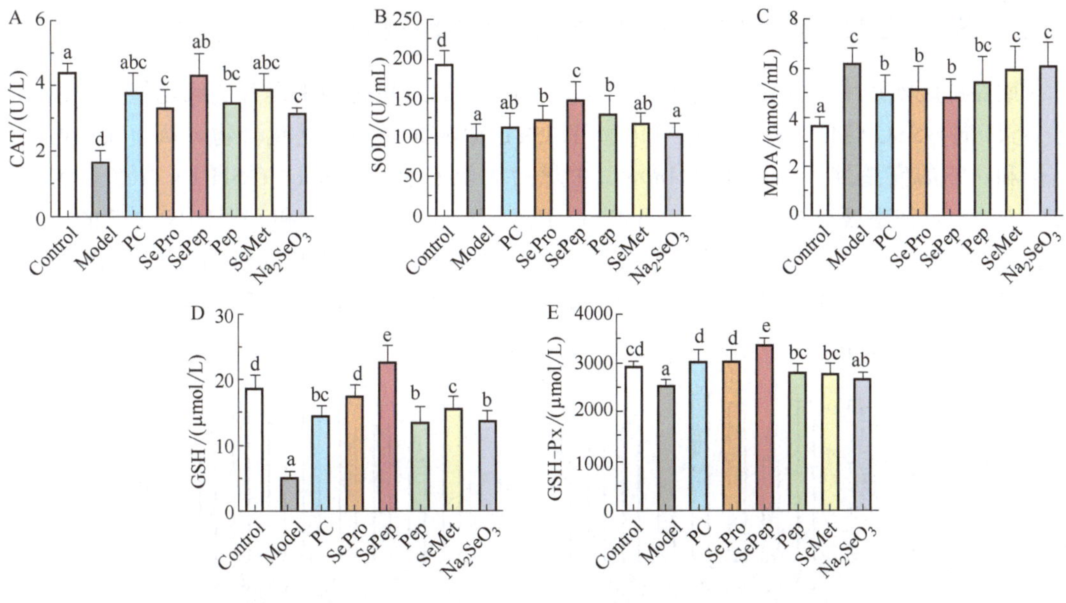

图 10-7　大豆肽及其富硒化产物对血清 CAT（A）、SOD（B）、MDA（C）、GSH（D）、GSH-Px（E）的影响

降（$P<0.05$）。SeMet 组 SOD 活力和 MDA 含量与 Model 组无统计学差异（$P>0.05$），Na_2SeO_3 组 SOD 活力、GSH-Px 和 MDA 含量均与 Model 组无统计学差异（$P>0.05$）。以上结果表明 Pep 和 SePep 通过增强抗氧化酶活力和抑制脂质过氧化从而提升抗氧化能力。对比各项指标水平，发现大豆肽及其富硒化产物对热应激和运动疲劳引起的氧化损伤具有改善作用，但是 SePep 处理组的效果优于 Pep 组并且优于其他形式的硒补充剂。

10.3.2.2 大豆肽及其富硒化产物对大鼠血清肝酶水平的影响

热应激和机体的过度运动均会破坏肝脏的代谢稳态，ALT 和 AST 是评价肝功能的关键指标。为了评估热应激和运动疲劳对肝脏的影响，测定了大鼠血清中 ALT 和 AST 的水平。如图 10-8 所示，在热应激和运动疲劳状态下，Model 组肝酶水平显著升高（$P<0.05$），说明在中暑后大鼠肝功能受损，肝细胞膜的完整性受损，导致这些转氨酶从细胞质释放到血清。与 Model 组相比，SePro 组、SePep 组、Pep 组、SeMet 组肝酶水平均显著降低（$P<0.05$）。SePro、SePep 和 Pep 在防止肝脏受损方面表现出优越的效果。

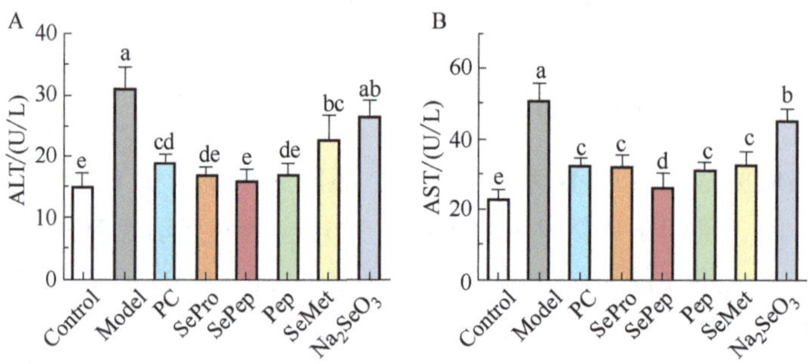

图 10-8 大豆肽及其富硒化产物对血清 ALT（A）和 AST（B）的影响

10.3.2.3 大豆肽及其富硒化产物对大鼠肝组织 GSH 和 GSH-Px 的影响

肽在肝脏疾病中发挥重要作用。GSH-Px 通过降解过氧化物来提升抗氧化能力，通过催化 GSH 向 GSSG 转化，有毒的过氧化物可以被还原成无毒的羟基化合物，从而保护肝细胞结构和功能的完整性。如图 10-9 所示，中暑后大鼠肝脏中 GSH、GSH-Px 含量显著降低（$P<0.05$）。在中暑前补充 SePro、SePep、Pep、SeMet 对 GSH 和 GSH-Px 含量的下降均有所改善（$P<0.05$）。结果表明，Pep 和 SePep 可以提升 GSH 和 GSH-Px 的含量，SePep 的效果更显著。值得注意的是，SePep 组 GSH 和 GSH-Px 含量超过了 Control 组。

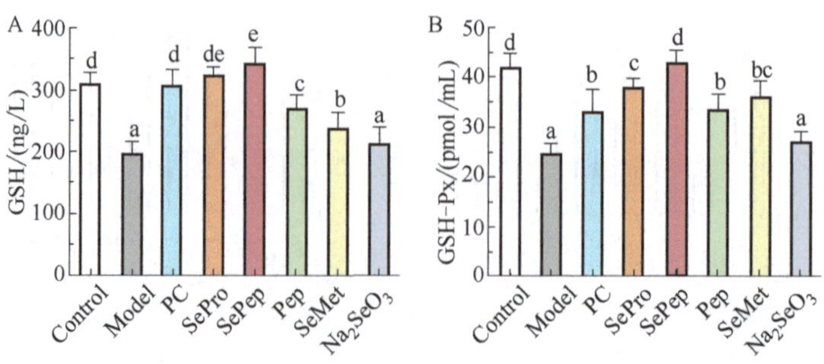

图 10-9 大豆肽及其富硒化产物对肝脏 GSH（A）和 GSH-Px（B）的影响

10.3.2.4 大豆肽及其富硒化产物对大鼠肝组织病理结构的影响

为了评估肝组织的受损程度进行了肝组织形态学分析，结果如图 10-10 所示。Control 组肝组织整体结构正常，肝细胞结构饱满，中央静脉清晰可见，肝窦沿着中央静脉呈放射状排列，如图黄色箭头所示，白色箭头所示为肝窦巨噬细胞，组织未见明显炎症细胞浸润。而 Model 组肝组织整体结构异常，肝细胞结构疏松，组织可见较多肝细胞坏死，细胞核固缩溶解消失，如图蓝色箭头所示，组织可见炎症细胞浸润，如图黑色箭头所示。补充 SePro、SePep、Pep、SeMet 对中暑导致的肝组织受损有不同程度的改善，而补充 Na_2SeO_3 没有明显改善。SePro 组、Pep 组和 SeMet 组肝组织整体结构轻度异常，可见炎症细胞浸润，如图黑色箭头所示。同时 SePro 组和 SeMet 组可见肝窦明显扩张，如图黄色箭头所示。效果最好的是 SePep 组，SePep 组肝细胞结构饱满，中央静脉清晰可见，组织未见肝细胞明显疏松水肿坏死，未见明显炎症细胞浸润，并且可见部分新生肝细胞，如图绿色箭头所示。

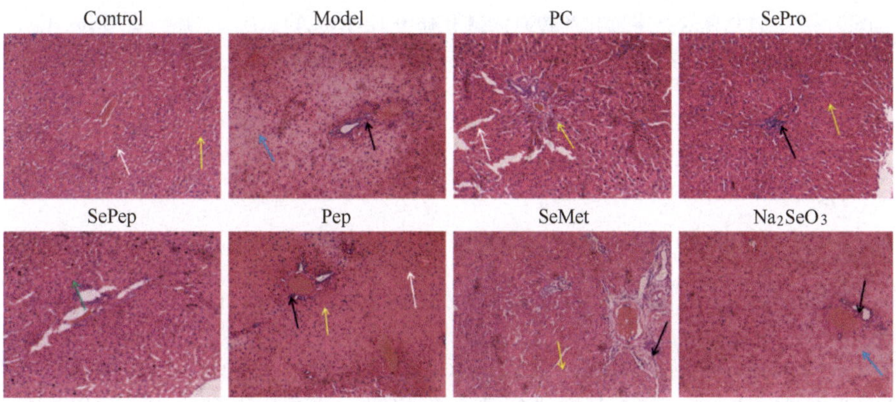

图 10-10 肝组织病理学（HE 染色，×100）

黄色箭头表示肝窦；蓝色箭头表示肝细胞坏死，细胞核固缩溶解消失；白色箭头表示肝窦巨噬细胞；黑色箭头表示炎症细胞；绿色箭头表示新生肝细胞

10.3.2.5 大豆肽及其富硒化产物对大鼠肝组织炎症因子和 NF-κB 信号通路的影响

热应激和运动疲劳引起中暑的另一个重要机制是炎症反应。本研究结果显示 Pep 和 SePep 可以减少肝脏中炎症因子 IL-1β、IL-6 和 TNF-α 的释放（图 10-11A～C）。中暑会影响 NF-κB 通路中蛋白的表达，测定了肝脏组织中 p-IκB 和 p65 蛋白的表达情况。Model 组大鼠肝脏中 p-IκB 和 p65 蛋白的表达显著上调（$P<0.05$）（图 10-11D～F），IκB 发生磷酸化，磷酸化的 IκB 从 p50/p65 上释放，使 p50/p65 由抑制状态转化成激活状态。与 Model 组相比，SePro、SePep 和 Pep 处理组显著降低了 p-IκB 和 p65 蛋白的表达（$P<0.05$），说明大豆肽及其富硒化产物通过抑制 IκB 的磷酸化和 p65 蛋白的表达来改善炎症反应。其中 SePep 是所有硒补充剂中最有效的一种，说明硒具有抗炎的功效并且硒和肽结合的方式更容易被机体吸收利用。

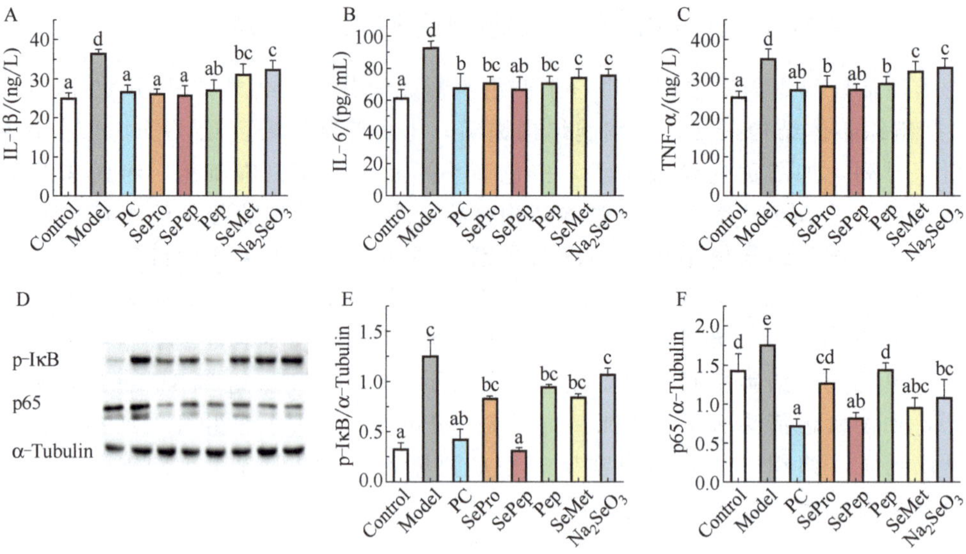

图 10-11 大豆肽及其富硒化产物对大鼠肝脏中 IL-1β（A）、IL-6（B）、TNF-α（C）、Western blotting 结果（D）、p-IκB（E）和 p65（F）的影响

10.4 研究结论

10.4.1 大豆肽及其富硒化产物的制备及成分分析

本节以富硒大豆为原料，粉碎、脱脂、碱溶酸沉后得到 SePro。选择碱性蛋白酶、中性蛋白酶和木瓜蛋白酶以 2∶1∶1 复配进行复合酶酶解，超滤后得到 SePep。以大豆蛋白为原料用相同的方法制备 Pep。随后对蛋白质含量、硒含量、分子质量分布和氨基酸组成进行了测定。结果显示，SePro、SePep 和 Pep 中的蛋白含量达 80%以上。SePro 和 SePep 的硒含量显著高于 Pep。SePro、SePep 和 Pep 均具有良好的氨基酸组成，必需氨基酸含量占总氨基酸含量的 30%以上。SePep 和 Pep 中小于 500Da 的肽段含量均大于 50%，小于 1000Da 的肽占到 70%以上，属于低分子量肽。

10.4.2 大豆肽及其富硒化产物对大鼠热损伤的保护作用

本节研究证实了热应激和运动疲劳诱导的中暑与氧化应激和炎症有关，提供了 SePep 对热应激和运动疲劳诱导的中暑具有缓解作用的体内证据。潜在作用机制如图 10-12 所示。大豆肽及其富硒化产物在不同程度上缓解了中暑导致的氧化损伤和肝脏炎症。SePep 通过提升体内抗氧化酶活性，抑制脂质过氧化缓解体内的氧化应激。病理切片结果表明，SePep 可以预防中暑导致的肝细胞结构疏松、肝细胞坏死、细胞核固缩溶解消失和炎症细胞浸润。此外，SePep 通过下调 NF-κB 信号通路中 p-IκB 和 p65 蛋白表达，抑制炎症因子的释放。大豆肽及其富硒化产物在体内表现出更好的作用效果。SePep 在提升 GSH 含量和 GSH-Px 活力方面比 Pep 具有更加显著的效果。

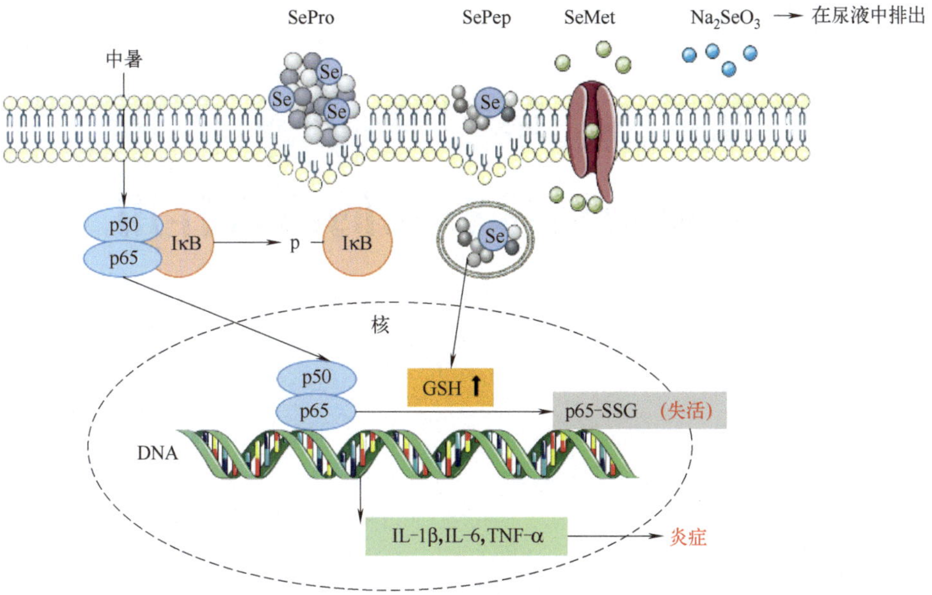

图 10-12 不同硒补充剂通过影响 NF-κB/IκB 信号通路抑制炎症反应

参考文献

[1] Yang S, Lian G. ROS and diseases: role in metabolism and energy supply [J]. Molecular and Cellular Biochemistry, 2020, 467 (1-2) : 1-12.

[2] Laitano O, Leon L R, Roberts W O, et al. Controversies in exertional heat stroke diagnosis, prevention, and treatment [J]. Journal of Applied Physiology, 2019, 127 (5) : 1338-1348.

[3] Chen X, Liu W, Li H, et al. The adverse effect of heat stress and potential nutritional interventions [J]. Food & Function, 2022, 13 (18) : 9195-9207.

[4] Wen C, Zhang J, Zhang H, et al. Plant protein-derived antioxidant peptides: Isolation, identification, mechanism of action and application in food systems: A review [J]. Trends in Food Science & Technology, 2020, 105: 308-322.

[5] Rius A G. Invited Review: Adaptations of protein and amino acid metabolism to heat stress in dairy cows and other livestock species [J]. Applied Animal Science, 2019, 35 (1) : 39-48.

[6] Qian Z J, Jung W K, Kim S K. Free radical scavenging activity of a novel antioxidative peptide purified from hydrolysate of bullfrog skin, Rana catesbeiana Shaw [J]. Bioresource Technology, 2008, 99 (6) : 1690-1698.

[7] 程天德，戴必胜，张韬. 富硒大豆低聚肽口服液的制备及其主要成分分析 [J]. 湖北民族学院学报 (自然科学版)，2012, 30 (03) : 322-323, 334.

第11章 大豆肽对肺部损伤的改善作用

11.1 引言

11.1.1 肺部损伤对人体健康的危害

2006年，世界卫生组织把PM2.5作为衡量大气污染的主要指标[1]。PM2.5诱导呼吸系统疾病的核心机制是炎症损伤和氧化应激损伤。研究表明，气道炎症是PM2.5对呼吸系统损害的重要病理基础[2]。PM2.5可诱导肺组织促炎性细胞因子的分泌，刺激肺泡巨噬细胞、肺泡上皮细胞发生炎症应激反应，诱导炎性损伤的发生。PM2.5暴露可显著增加呼吸道中性粒细胞浸润、淋巴细胞和肥大细胞聚集等炎症反应[3]。PM2.5还可以激活单核/巨噬细胞、NK细胞、粒细胞等，从而刺激炎症细胞释放促炎性细胞因子，导致肺部炎症和损伤[4]。PM2.5还可诱导ROS的生成，破坏氧化还原体系，进而诱导细胞生理功能障碍[5]。通常情况下，炎症损伤和氧化应激损伤是同时存在的。

11.1.2 肽对肺部损伤改善作用的研究现状

目前针对炎症和氧化损伤的预防和治疗手段通常是摄入靶向性药物，这类药物人工化学合成品较多，分子结构单一。大量证据表明，具有生物活性的食源性化合物比合成药物更安全，可用于降低过度炎症和氧化损伤的风险。通过大豆肽营养干预的方法可以保证营养的均衡全面摄入，同时对炎症性疾病起到良好的干预作用。Zhang等通过实验证明，大豆肽具有良好的抗氧化和免疫调节作用[6]。近年来，从富硒植物源食品中提取富硒肽表现出良好的抗炎能力和抗氧化能力。富硒肽不仅提高硒的体内吸收率，发挥硒的生理活性，而且通过硒-肽共价结合形式，可以发挥硒、肽的双重健康功效。Liu等人发现，富硒大豆肽可通过提高血清中GSH-Px活性和GSH含量，降低血清中天冬氨酸转氨酶和谷丙转氨酶的活性来提高抗氧化能力[7]。富硒大豆肽还可以通过增强GSH-Px活性修复H_2O_2诱导的Caco-2细胞氧化损伤[8]。Guan等研究证明灵芝富硒蛋白的营养干预可以降低哮喘小鼠IL-1β和TNF-α水平[9]。因此，大豆肽及富硒大豆肽具有良好的改善肺部损伤的潜力。

11.1.3　本章研究内容与意义

本章研究通过雾化吸入 PM2.5 建立小鼠肺损伤模型，并通过灌胃大豆肽和富硒大豆肽进行营养干预。通过测定肺泡灌洗液中白细胞比例、总蛋白浓度以及促炎性细胞因子 IL-1β、IL-6 和 TNF-α 水平的变化，结合炎症通路 TLR4/NF-κB/IκBα 和 NLRP3/ASC/Caspase-1 蛋白的表达，探究通过抑制过度的炎症反应而缓解 PM2.5 造成的肺损伤的机理，为预防和治疗 PM2.5 所致肺损伤提供理论依据和有效手段。

11.2　研究方法

11.2.1　PM2.5 溶液的配制

采用 SRM 2786 标准物质配制 PM2.5 溶液。SRM 2786 标准物质为 2005 年在捷克布拉格采集的平均粒径约为 2.8μm 的 PM2.5 样本。其物质组成主要为微量元素、多环芳烃和多溴二苯醚。其中金属元素含量最丰富的是 Al、Cu、Mn、Cr 和 Pb，重金属含量也很高，如 V、Cd 和 Hg。多环芳烃中荧蒽、芘、苯并[k]荧蒽含量最高。SRM 2786 的组成和分析证书可以在美国国家标准与技术研究院查询。在生理盐水中加入 SRM 2786 标准物质配制成所需浓度后，超声振荡 5min，在每次实验前再次涡旋振荡 2min。

11.2.2　PM2.5 诱导小鼠肺损伤模型的建立

将模型组小鼠每日置于雾化给药系统实验舱体中，将 PM2.5 溶液放入雾化头中，以气溶胶的形式喷射进实验舱体，持续雾化 60min。对照组小鼠雾化吸入相同时间的生理盐水。本研究 PM2.5 暴露浓度的设计考虑了人和小鼠种属间的差异（约 10 倍），因此 PM2.5 暴露浓度相当于中国国家标准《环境空气质量标准》(GB 3095—2012) 二级年平均限值标准 $35\mu g/m^3$ 的 10 倍，即 $350\mu g/m^3$。

11.2.3　实验动物分组及处理

所有小鼠于 SPF 级动物房进行饲养，实验全程动物房温度 22℃，相对湿度 50%～60%，光照/黑暗循环 12h/12h 交替。实验方案如图 11-1 所示，适应性饲养一周后，所有小鼠随机分为 6 组，每组 10 只。①对照组（Control）：每日灌胃生理盐水；②模型组（PM2.5）：每日灌胃生理盐水；③阳性对照组（DXM）：前 14 天每日灌胃生理盐水，后 14 天每日灌胃地塞米松溶液（0.5mg/kg）；④富硒大豆肽组（Se-SPep）：每日灌胃富硒大豆肽（378mg/kg）；⑤大豆肽组（SPep）：每日灌胃大豆肽（378mg/kg）；⑥富硒大豆蛋白组（Se-SPro）：每日灌胃富硒大豆蛋白（475mg/kg）。灌胃富硒大豆肽及富硒大豆蛋白的剂量根据硒含量计算，两组所含硒含量相同，相当于成人每日所需的 3.57μg/kg，即人体对硒的适宜摄入量最大值 250μg/d。富硒大豆肽与大豆肽中所含蛋白质含量相当。实验从第 15 天开始按本章 11.2.2 节所述制备 PM2.5 诱导的小鼠肺损伤模型。每周称量小鼠体重一次，实验 28 天后，麻醉小鼠取材。

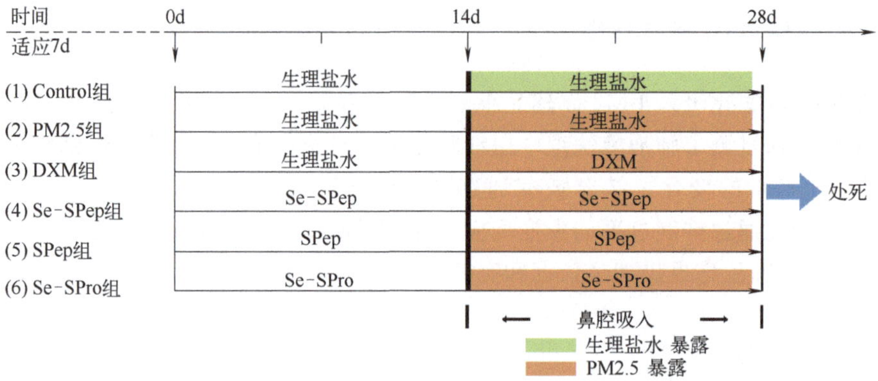

图 11-1　实验方案及处理

11.2.4　肺泡灌洗液中蛋白含量的测定

将 23 G 注射器针头插入 21 G 聚乙烯透明管中制作肺泡灌洗针。实验结束后，使小鼠平躺固定在手术板上，在小鼠颈部喷洒 75%酒精进行消毒。用手术刀在靠近气管的颈部皮肤上做一个切口，打开皮肤，用剪刀切开气管周围的肌肉，露出气管。在气管下预置一根棉线，小心地用 26 G 针头刺穿暴露的气管中间。将肺泡灌洗针插入气管约 0.5cm，避免肺泡灌洗针插入太深，以免导致肺结构损伤，然后将预置的棉线结扎，固定肺泡灌洗针。结扎左肺，然后将 1.2mL 含 100μmol/L EDTA 的预冷无菌 PBS 溶液经气管缓慢注入右肺并抽出三次，边操作边轻轻按摩胸部以增加肺泡灌洗液（BALF）的洗出量，平均回收量为灌注量的 90%。BALF 在 4℃下 400*g* 离心 7min，取 BALF 上清液−80℃保存。收集细胞沉淀，重悬于 200μL 的 ACK 裂解缓冲液中 2min，加入 1mL 预冷 PBS 稀释后，在 4℃下 400*g* 离心 7min，弃去上清液，将细胞重新悬浮在 2mL PBS 中，以供细胞计数分析。用 BCA 蛋白测定试剂盒测定 BALF 离心后上清液中总蛋白浓度。

11.2.5　BALF 中白细胞组成测定

向 BALF 离心后收集的细胞加入荧光素标记抗体（CD45/CD3/CD19/CD11b/F4-80/Ly-6G/Ly6C），反应后洗涤，重悬于 PBS 中用流式细胞仪检测分析白细胞组成。获得各群细胞包括所有核细胞（CD45＋）、淋巴细胞（CD3＋CD19＋）、单核细胞（CD11b＋Ly6C＋）、中性粒细胞（CD11b＋Ly6G＋）和巨噬细胞（CD11b＋F4-80＋）百分比。

11.2.6　细胞因子的测定

取保存的 BALF 上清液和血清，用 ELISA 法测定其中 IL-1β、IL-6、TNF-α 浓度。参照 ELISA 试剂盒说明书进行测定。

11.2.7　小鼠血清蛋白含量的测定

取保存的 BALF 上清液，使用还原型 GSH 测定试剂盒和 GSH-Px 测定试剂盒，测定 GSH 水平和 GSH-Px 活力。

11.2.8　组织病理学检查

用 PBS 对经过固定的左肺组织清洗后，取材 3mm 厚，70%、80%、95%、100%梯度酒精脱水各 30min，二甲苯两瓶各 20min，石蜡浸蜡两缸各 30min，进行包埋，切成 4μm 组织薄片。将组织薄片贴于载玻片并放入烤箱烘干后进行 HE 染色。使用光学显微镜观察组织切片，进行组织学特征分析。

11.2.9　蛋白质印迹分析测定

取小鼠右下肺叶组织 30mg，加入含蛋白酶抑制剂混合物的 RIPA 裂解液 200μL，于冰上充分裂解后，10000g 离心 10min，收集上清蛋白。用 BCA 检测试剂盒测定提取液的蛋白浓度后，进行稀释，统一所有样品蛋白浓度。向蛋白样品中加入 5×SDS 样品缓冲液后，95℃水浴 5min，冷却后离心，用 10%聚丙烯酰胺凝胶进行电泳。前 30min 电压为 80V，后 1h 电压为 120V，终止电泳后用 PVDF 膜进行蛋白转移。转移完成后，用 5% BSA 封闭液进行封闭 1h。封闭结束后用 TBST 洗膜，把洗好的膜加入制作好的孵育袋里，与一抗抗体（α-Tubulin、TLR4、MyD88、phospho-IKKα/β、phospho-IκBα、NF-κB、p65、NLRP3、ASC/TMS1、Caspase-1）在 4℃孵育过夜。TBST 洗膜后，用辣根过氧化物酶标记的二抗在室温下孵育 1h。二抗孵育后用 TBST 洗膜，加入 ECL 显色液，通过化学发光观察暴露情况。用 Image-Pro Plus 软件分析蛋白条带的灰度值，根据相对灰度值公式（目标蛋白/α-Tubulin 灰度值）计算目标蛋白的相对表达量。

11.3　研究结果

11.3.1　大豆肽及富硒大豆肽对小鼠体重的影响

小鼠体重变化如图 11-2 所示，Control 组在 4 周的实验期间体重呈正常的上升趋势，而 PM2.5 组小鼠从第 3 周开始体重出现下降。DXM 组、Se-SPep 组、SPep 组和 Se-SPro 组小鼠在营养干预下，暴露于 PM2.5 后未出现体重下降现象，与 Control 组相比小鼠体重无显著差异（$P>0.05$）。Yang 等通过实验发现，PM2.5 暴露会导致大鼠体重下降[10]。结果证明蛋白质营养干预可以抑制 PM2.5 诱导的体重降低。

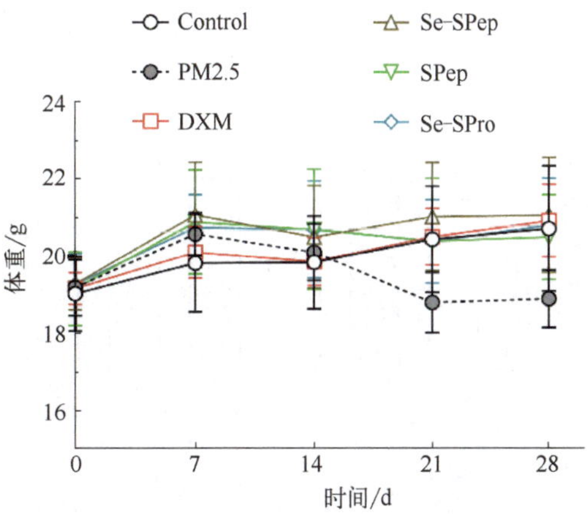

图 11-2　营养干预对小鼠体重的影响

11.3.2　大豆肽及富硒大豆肽对小鼠肺组织病理结构的影响

小鼠肺组织切片 HE 染色结果如图 11-3 所示。Control 组所有肺组织结构（图 11-3A$_1$、

图 11-3A_2)，如细支气管、肺泡、肺血管等结构均显示正常，支气管上皮黏膜完整，未见损伤，肺组织周围无炎症细胞浸润。与 Control 组相比，PM2.5 组小鼠的支气管壁和肺泡间隔出现大量炎症细胞与血细胞浸润（图 11-3B_1、图 11-3B_2)。支气管黏膜上皮细胞变形脱落，肺泡壁明显水肿，部分肺泡壁断裂、缺损，肺泡间隔明显增宽，可见严重的肺损伤。而 DXM 组小鼠肺组织结构完整，无明显水肿及炎症细胞浸润（图 11-3C_1、图 11-3C_2)。SPep 组小鼠肺组织可见肺泡间隔增宽，出现少量炎症细胞浸润（图 11-3E_1、图 11-3E_2)。Se-SPep 组和 Se-SPro 组小鼠肺泡结构相对较完整，炎症细胞浸润减少（图 11-3D、图 11-3F)。此外，与 SPep 组相比，Se-SPep 组肺损伤程度更低。结果表明，大豆肽及富硒大豆肽营养干预具有改善 PM2.5 诱导的小鼠肺损伤的作用，肺组织病变程度明显减轻，其中富硒大豆肽作用比大豆肽更显著。

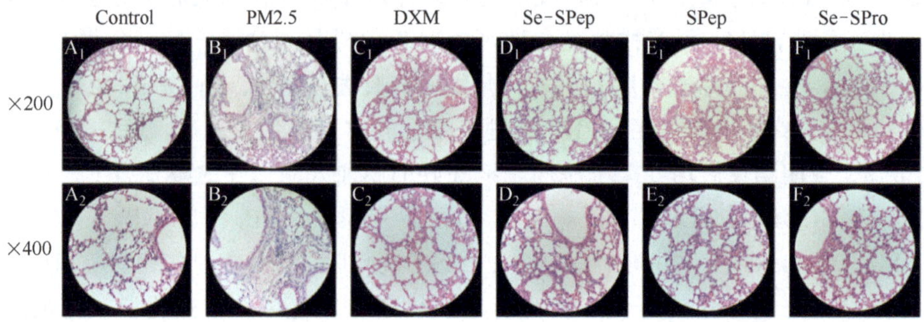

图 11-3　小鼠肺组织切片 HE 染色代表图像

11.3.3　大豆肽及富硒大豆肽对小鼠 BALF 蛋白含量的影响

PM2.5 可破坏血管屏障的完整性，而空气污染暴露与呼吸道总蛋白水平呈正相关。BALF 中蛋白浓度升高提示肺泡-毛细血管屏障通透性增强，可诱导肺损伤。使用 BCA 蛋白测定试剂盒测定 BALF 中的总蛋白浓度，以研究 PM2.5 暴露对小鼠肺损伤的影响。如图 11-4 所示，PM2.5 组的 BALF 总蛋白浓度达到 (0.35±0.04)mg/mL，显著高于 Control 组 (0.25±0.02)mg/mL ($P<0.05$)，而 DXM 和 Se-SPep 营养干预组的 BALF 总蛋白浓度分别为 (0.29±0.01)mg/mL 和 (0.28±0.01)mg/mL，显著低于 PM2.5 组 ($P<0.05$)。SPep 和 Se-SPro 营养干预组 BALF 总蛋白浓度分别为 (0.31±0.04)mg/mL 和 (0.32±0.03)mg/mL，与 PM2.5 组相比略有下降 ($P>0.05$)。结果表明，PM2.5 暴露后肺泡-毛细血管通透性增加，使血浆蛋白从血管渗出进入肺实质。这说明 PM2.5 暴露直接损伤肺组织，而大豆肽营养干预可预防 PM2.5 诱导血管通透性增加，从而缓解 PM2.5 导致的肺损伤。

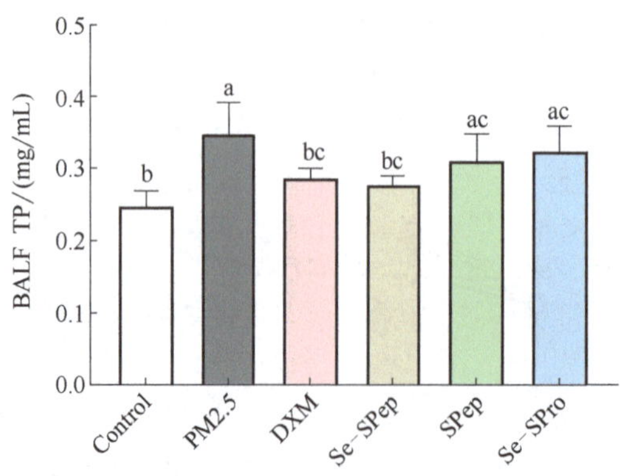

图 11-4　营养干预对小鼠肺泡灌洗液中蛋白含量的影响

11.3.4　大豆肽及富硒大豆肽对小鼠 BALF 抗氧化能力的影响

谷胱甘肽能帮助保持正常的免疫系统功能，并具有抗氧化作用。GSH-Px 是机体内最重要的抗氧化酶之一。如图 11-5 所示，PM2.5 组小鼠 BALF 中 GSH 水平低于 Control 组（$P>0.05$）。与 PM2.5 组相比，DXM 和 Se-SPep 营养干预组 BALF 中 GSH 水平显著升高了约 2.43 倍和 2.53 倍（$P<0.05$）。SPep 和 Se-SPro 组 BALF 中 GSH 水平高于 PM2.5 组，但无显著性差异（$P>0.05$）。PM2.5 组小鼠 BALF 中 GSH-Px 活力显著低于 Control 组（$P<0.05$）。与 PM2.5 组相比，DXM、Se-SPep 和 Se-SPro 营养干预组 BALF 中 GSH-Px 活力显著升高（$P<0.05$）。SPep 组 BALF 中 GSH-Px 活力高于 PM2.5 组，但无显著性差异（$P>0.05$）。研究表明 PM2.5 进入机体内可诱导产生 ROS，导致相关抗氧化物质如 GSH 水平降低，加速脂质过氧化过程，导致氧化应激[11]。本研究结果显示，PM2.5 暴露使小鼠 BALF 中 GSH 水平和 GSH-Px 活力降低。而经过大豆肽营养干预后，GSH 水平和 GSH-Px 活力升高，说明大豆肽营养干预可以提高 PM2.5 暴露后小鼠肺组织抗氧化能力。

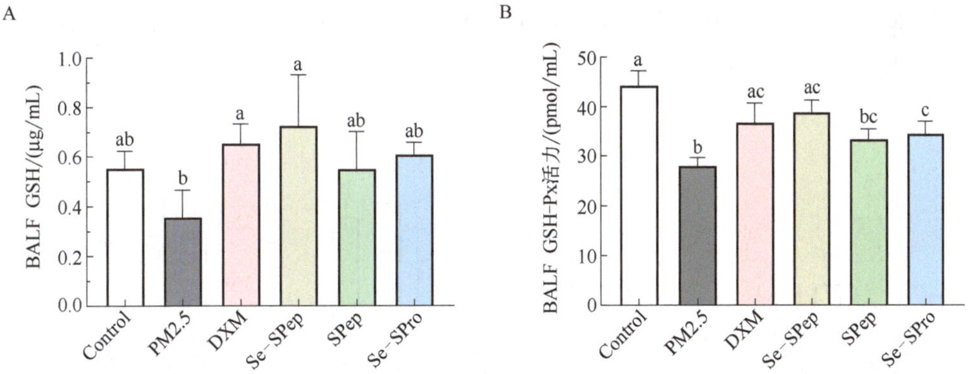

图 11-5　营养干预对小鼠 BALF 中 GSH 水平（A）和 GSH-Px 活力（B）的影响

11.3.5　大豆肽及富硒大豆肽对小鼠 BALF 中白细胞的影响

小鼠 BALF 中的白细胞比例见表 11-1。与 Control 组相比，PM2.5 组 BALF 中淋巴细胞、单核细胞、中性粒细胞、巨噬细胞比例显著升高（$P<0.05$），表明 PM2.5 导致了肺部白细胞的生成和聚集。与 PM2.5 组相比，DXM 可显著降低小鼠 BALF 中白细胞比例（$P<0.05$）。此外，Se-SPep 组、SPep 组和 Se-SPro 组 BALF 中淋巴细胞、单核细胞、中性粒细胞和巨噬细胞显著低于 PM2.5 组（$P<0.05$）。Soni 等将 PM2.5 悬液注入小鼠气管后，诱导 BALF 中性粒细胞数量与相关炎症蛋白表达增加[12]。本实验结果表明，大豆肽及富硒大豆肽营养干预可抑制 PM2.5 导致的白细胞水平升高，有减轻肺部炎症损伤的作用。

表 11-1　营养干预对小鼠 BALF 中白细胞比例（%）的影响

不同处理组	淋巴细胞	单核细胞	中性粒细胞	巨噬细胞
Control	0.76 ± 0.08^{b}	2.81 ± 1.24^{b}	1.92 ± 0.53^{b}	21.79 ± 5.07^{b}
PM2.5	1.47 ± 0.29^{a}	6.50 ± 1.33^{a}	8.40 ± 2.13^{a}	40.70 ± 6.33^{a}
DXM	0.37 ± 0.06^{c}	2.75 ± 1.22^{b}	2.82 ± 1.22^{b}	20.71 ± 3.54^{b}
Se-SPep	0.54 ± 0.11^{bc}	1.95 ± 0.80^{b}	2.02 ± 0.41^{b}	21.41 ± 4.24^{b}
SPep	0.64 ± 0.17^{bc}	2.37 ± 1.70^{b}	2.24 ± 0.50^{b}	27.24 ± 6.06^{b}
Se-SPro	0.54 ± 0.06^{bc}	1.85 ± 0.33^{b}	1.77 ± 0.41^{b}	19.60 ± 2.94^{b}

11.3.6 大豆肽及富硒大豆肽对小鼠促炎性细胞因子水平的影响

IL-1β、IL-6 和 TNF-α 为促炎性细胞因子标志物，考虑到促炎性细胞因子在各种肺部疾病炎症过程中的促炎作用，本研究分别测定 BALF 和血清中 IL-1β、IL-6 和 TNF-α 水平。

如图 11-6 所示，与 Control 组相比，PM2.5 组 BALF 中促炎性细胞因子 IL-1β、IL-6 和 TNF-α 水平显著升高（$P<0.05$）。DXM 和 Se-SPep 营养干预组 BALF 中 IL-1β、IL-6、TNF-α 水平显著低于 PM2.5 组（$P<0.05$）。Se-SPro 营养干预组 BALF 中 IL-1β 和 IL-6 水平显著低于 PM2.5 组（$P<0.05$）。SPep 营养干预组 BALF 中 IL-1β、IL-6、TNF-α 水平低于 PM2.5 组，但差异无统计学意义（$P>0.05$）。此外，Se-SPep 组 BALF 中促炎性细胞因子水平均低于 SPep 和 Se-SPro 组，且接近 Control 组。以上结果证明 PM2.5 可诱发肺部大量促炎性细胞因子的产生，导致肺部炎症。此外，大豆肽及富硒大豆肽营养干预可抑制小鼠 BALF 中促炎性细胞因子的生成，富硒大豆肽抑制效果最佳。同时，还测定了血清中 IL-1β、IL-6 和 TNF-α 水平，以进一步表征体内炎症反应。各组血清中促炎性细胞因子水平无显著差异，结果表明 PM2.5 并没有引起全身性系统炎症。

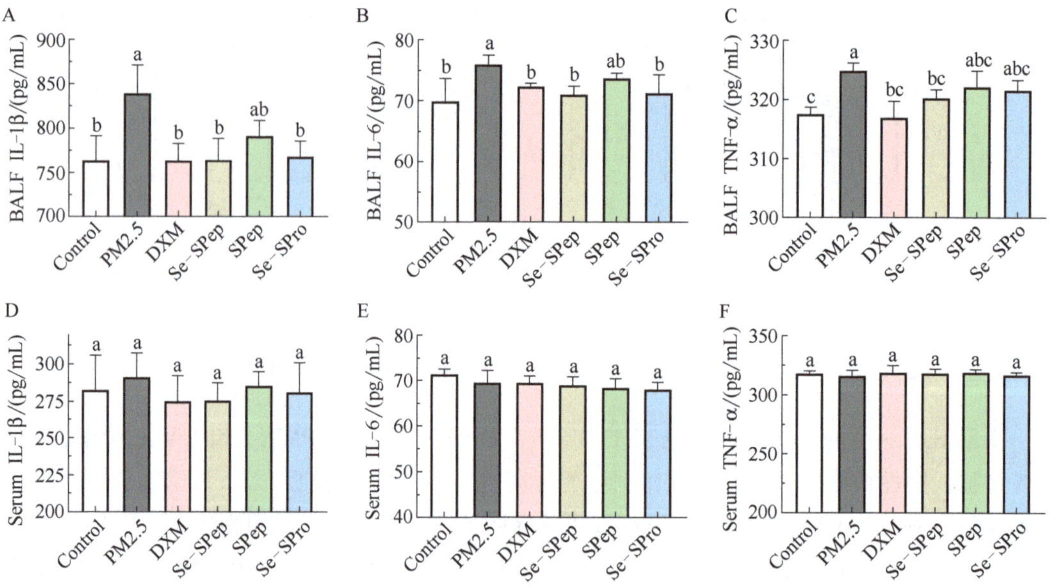

图 11-6 营养干预对小鼠 BALF 中促炎性细胞因子 IL-1β（A）、IL-6（B）、TNF-α（C）和血清中 IL-1β（D）、IL-6（E）、TNF-α（F）水平的影响

11.3.7 大豆肽及富硒大豆肽对小鼠肺组织 TLR4/NF-κB/IκBα 信号通路蛋白表达的影响

下一步，实验研究了大豆肽及富硒大豆肽营养干预对促炎性细胞因子产生和分泌的信号通路 TLR4/NF-κB/IκBα 的蛋白表达的影响。NF-κB 通路是一种经典的信号通路，与多种疾病特别是炎症反应有关。采用 Western blotting 检测肺组织中 TLR4、MyD88、p-IKKα/β、p-IκBα 和 p65 的表达。如图 11-7 所示，与 Control 组相比，PM2.5 组的 TLR4、MyD88 和

p65 蛋白水平以及 p-IKKα/β、p-IκBα 的磷酸化水平显著升高（$P<0.05$）。与 PM2.5 组相比，大豆肽及富硒大豆肽营养干预组 TLR4、MyD88 和 p65 蛋白水平以及 p-IκBα 的磷酸化水平显著下降（$P<0.05$）。同时大豆肽及富硒大豆肽营养干预组 p-IKKα/β 磷酸化水平与 PM2.5 组相比有所下降，但无显著性差异（$P>0.05$）。结果表明，大豆肽及富硒大豆肽营养干预可通过抑制 TLR4/NF-κB/IκBα 信号通路中蛋白的表达，从而抑制 PM2.5 诱导的肺部炎症反应。

PM2.5 通过呼吸系统进入呼吸道，可刺激巨噬细胞进行吞噬清除，并诱导肺组织产生氧化应激反应，促使促炎性细胞因子的表达，发生炎症反应。TLR4 可与 LPS 或其他病原体结合，从而促进下游炎症的发生[13]。NF-κB 是一种核转录因子，是炎症性疾病的主要信号转导蛋白，在炎症、免疫、细胞增殖和分化等过程中发挥重要作用[14]。PM2.5 诱导的炎症反应与 NF-κB 信号通路有关，包括 IκBα 和 IKK，上调该通路可增加炎症细胞因子的产生[15]。PM2.5 的刺激可激活 IKK 磷酸化，进而激活 IκBα 发生磷酸化，从而使 NF-κB-IκB 解体，导致 NF-κB 活化转移到细胞核内介导炎症反应。本研究中大豆肽及富硒大豆肽营养干预通过下调 TLR4/NF-κB/IκBα 信号通路中的 TLR4 和 MyD88 蛋白的表达，从而抑制 IKK、IκBα 的磷酸化，阻止 NF-κB 的活化，最终抑制了 PM2.5 导致的肺部炎症反应。富硒大豆肽对相关蛋白的下调作用更强。

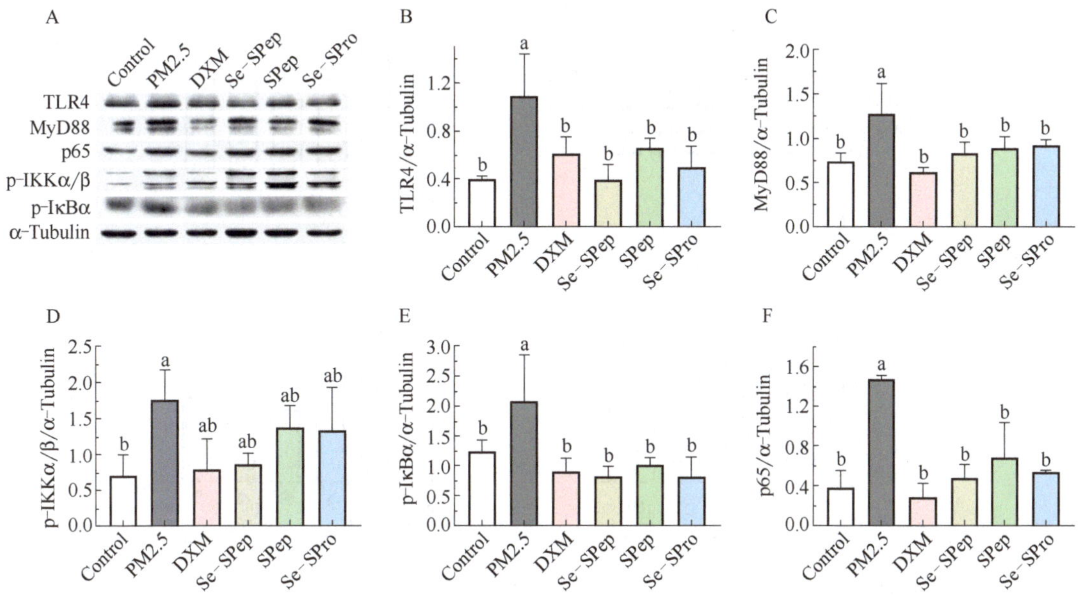

图 11-7　Western blotting 检测肺组织 TLR4/NF-κB/IκBα 信号通路蛋白表达

11.3.8　大豆肽及富硒大豆肽对小鼠肺组织 NLRP3-Caspase-1 信号通路蛋白表达的影响

研究发现，TLR4 激活 NF-κB，并通过 MyD88 依赖的通路促进 PM2.5 诱导的促炎性细胞因子的生成。TLR4 能够感知刺激并诱导 pro-IL-1β 的合成并在细胞质中累积。NLRP3 炎症小体的激活导致 Caspase-1 活化，然后裂解 pro-IL-1β 转化为成熟的 IL-1β，导致炎症反应[16]。ASC 是细胞内重要的连接蛋白，参与 NLRP3 炎症小体的组成[17]。IL-1β 是最重要的炎症细胞因子之一。研究表明，PM2.5 中高浓度的多环芳烃（PAHs）和金属元素与 IL-1β 基因的表达水平呈显著相关[18]。因此，抑制 IL-1β 水平可能是预防和治疗 PM2.5 诱导的肺部炎症疾病的有效手段。本研究中，在 PM2.5 诱导的肺部炎症中，生成了大量 IL-1β。本研究检测了 IL-1β 炎症细胞因子产生和分泌的信号通路 NLRP3-Caspase-1 中蛋白的表达。

如图 11-8 所示，与 Control 组相比，PM2.5 组的 NLRP3 和 ASC 蛋白水平显著升高（$P<0.05$）。PM2.5 组 Caspase-1 蛋白水平高于 Control 组，但无显著差异（$P>0.05$）。说明 PM2.5 可通过激活 TLR4/NF-κB/IκBα 通路和 NLRP3-Caspase-1 相关蛋白表达，从而促进 IL-1β 的生成。与 PM2.5 组相比，大豆肽及富硒大豆肽营养干预组 NLRP3 和 ASC 蛋白水平显著降低（$P<0.05$），Caspase-1 蛋白水平降低但无显著差异（$P>0.05$）。本研究证实了两个关键的促炎过程的激活，如 TLR4/NF-κB/IκBα 和 NLRP3/ASC/Caspase-1 与 PM2.5 诱导的肺部炎症有关。大豆肽和富硒大豆肽的营养干预可通过下调 TLR4/NF-κB/IκBα 和 NLRP3/ASC/Caspase-1 通路蛋白的表达，减少肺组织中促炎性细胞因子（IL-1β、IL-6 和 TNF-α）的水平，从而减轻 PM2.5 诱导的肺部炎症。

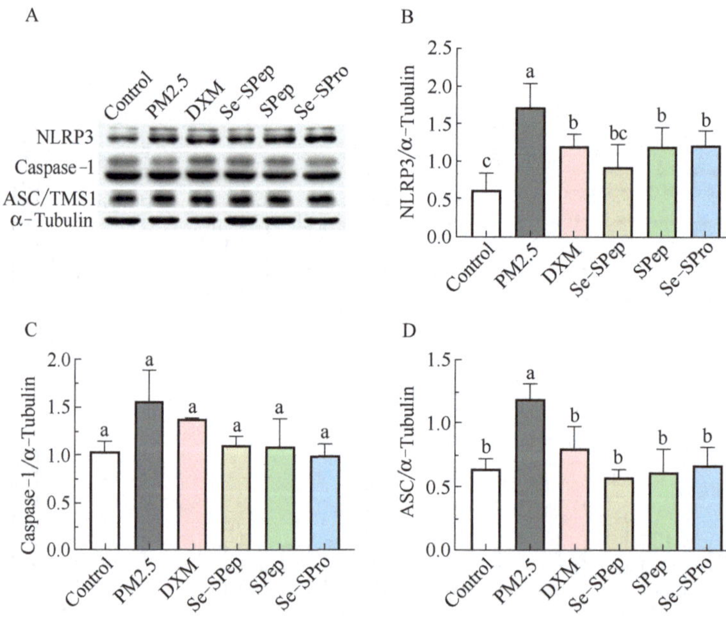

图 11-8 Western blotting 检测肺组织中 NLRP3-Caspase-1 信号通路蛋白表达

11.4 研究结论

本章研究通过雾化吸入 PM2.5 建立小鼠肺损伤模型，并通过灌胃大豆肽及富硒大豆肽进行营养干预，证实了 PM2.5 诱导的肺损伤与炎症和氧化应激有关。大豆肽及富硒大豆肽营养干预可减轻 PM2.5 暴露引起的肺损伤。通过对 PM2.5 暴露小鼠进行大豆肽及富硒大豆肽营养干预，抑制了 BALF 中白细胞比例、总蛋白浓度以及促炎性细胞因子 IL-1β、IL-6 和 TNF-α 水平的上升。同时证明大豆肽及富硒大豆肽的营养干预可通过下调 TLR4/NF-κB/

IκBα 和 NLRP3/ASC/Caspase-1 蛋白的表达达到抑制过度炎症反应的效果，从而缓解 PM2.5 导致的肺损伤，为预防和治疗 PM2.5 诱导的肺损伤提供理论依据和有效手段。

参考文献

[1] Yang H B, Yang J H, Xi W, et al. Laterodorsal tegmentum interneuron subtypes oppositely regulate olfactory cue-induced innate fear [J]. Nature Neuroscience, 2016, 19(2): 283.

[2] Janssen N A H, Strak M, Yang A, et al. Associations between three specific a-cellular measures of the oxidative potential of particulate matter and markers of acute airway and nasal inflammation in healthy volunteers [J]. Occupational and Environmental Medicine, 2015, 72(1): 49-56.

[3] Ouyang Y H, Xu Z J, Fan E Z, et al. Changes in gene expression in chronic allergy mouse model exposed to natural environmental PM2.5-rich ambient air pollution [J]. Scientific Reports, 2018, 8: 6326.

[4] Zhao H C, Tong G Q, Liu J J, et al. IP3R and RyR channels are involved in traffic-related PM2.5-induced disorders of calcium homeostasis [J]. Toxicology and Industrial Health, 2019, 35(5): 339-348.

[5] Zeng X, Xu X, Zheng X, et al. Heavy metals in PM2.5 and in blood, and children's respiratory symptoms and asthma from an e-waste recycling area [J]. Environmental Pollution, 2016, 210: 346-353.

[6] Zhang J, Zhang Q, Li H, et al. Antioxidant activity of SSeCAHK in HepG2 cells: a selenopeptide identified from selenium-enriched soybean protein hydrolysates [J]. Rsc Advances, 2021, 11(54): 33872-33882.

[7] Liu W, Hou T, Zhang X, et al. TGF-beta 1/Smad7 signaling pathway and cell apoptosis: Two key aspects of Selenium-biofortified soybean peptide attenuating liver fibrosis [J]. Journal of Functional Foods, 2019, 63: 103583.

[8] Ye Q, Wu X, Zhang X, et al. Organic selenium derived from chelation of soybean peptide-selenium and its functional properties in vitro and in vivo [J]. Food & Function, 2019, 10(8): 4761-4770.

[9] Guan M, Tang W, Xu Z, et al. Effects of selenium-enriched protein from ganoderma lucidum on the levels of IL-1 beta and TNF-alpha, oxidative stress, and NF-kappa B activation in ovalbumin-induced asthmatic mice [J]. Evidence-Based Complementary and Alternative Medicine, 2014: 182817.

[10] Yang B, Guo J, Xiao C. Effect of PM2.5 environmental pollution on rat lung [J]. Environmental Science and Pollution Research, 2018, 25(36): 36136-36146.

[11] Maciejczyk P, Zhong M, Lippmann M, et al. Oxidant generation capacity of source-apportioned PM2.5 [J]. Inhalation Toxicology, 2010, 22: 29-36.

[12] Soni S, Wilson M R, O'Dea K P, et al. Alveolar macrophage-derived microvesicles mediate acute lung injury [J]. Thorax, 2016, 71(11): 1020-1029.

[13] Kaisho T, Akira S. Toll-like receptors and their signaling mechanism in innate immunity [J]. Acta Odontologica Scandinavica, 2001, 59(3): 124-130.

[14] Song L, Li D, Li X, et al. Exposure to PM2.5 induces aberrant activation of NF-kappa B in human airway epithelial cells by downregulating miR-331 expression [J]. Environmental Toxicology and Pharmacology, 2017, 50: 192-199.

[15] Sama P, Long T C, Hester S, et al. The cellular and genomic response of an immortalized microglia cell line (BV2) to concentrated ambient particulate matter [J]. Inhalation Toxicology, 2007, 19(13): 1079-1087.

[16] Mangan M S J, Olhava E J, Roush W R, et al. Targeting the NLRP3 inflammasome in inflammatory diseases [J]. Nature Reviews Drug Discovery, 2018, 17(8): 588-606.

[17] Zong C, Hasegawa R, Urushitani M, et al. Role of microglial activation and neuroinflammation in neurotoxicity of acrylamide in vivo and in vitro [J]. Archives of Toxicology, 2019, 93(7): 2007-2019.

[18] Obiri S, Cobbina S J, Armah F A, et al. Assessment of cancer and noncancer health risks from exposure to PAHs in street dust in the Tamale Metropolis, Ghana [J]. Journal of Environmental Science and Health Part a-Toxic/Hazardous Substances & Environmental Engineering, 2013, 48(4): 408-416.

第12章

大豆肽钙螯合作用及促钙吸收

12.1 引言

12.1.1 保证正常钙摄入量对人体健康的重要性

钙元素是人体必需的矿物质元素之一，占体重的1.5%～2%。人体体内99%的钙元素以磷酸钙的形式存在于骨骼和牙齿中[1,2]。其余的钙元素以离子的形式存在于软组织、细胞和血液中。钙元素在体内发挥多种生理功能，例如维持骨骼和牙齿的强度、调节神经兴奋、控制肌肉收缩、调控内源代谢酶和凝血酶活性等[1-3]。因此，保证正常钙摄入量对人体健康是十分必要的。根据《中国居民膳食营养素参考摄入量》(2023版)中的数据，成年人每天应摄取不少于800mg的钙元素。钙摄入不足容易导致多种症状，例如骨密度下降、佝偻病和骨质疏松症等[4-6]。因此，保证正常钙摄入量对维护全身健康至关重要。

12.1.2 肽调节钙摄入量的研究现状

为了保证正常钙摄入量，人们开发了多种补钙产品，如无机钙盐、有机钙盐、氨基酸螯合钙等。这些产品虽在一定程度上改善了钙摄入低的状况，但其具有的副作用尚未得到有效解决[7,8]。肽作为蛋白酶解后的产物，具有易于吸收，副作用小等优点。目前研究表明，肽上的某些基团能够自发结合钙离子形成肽钙螯合物。与其他补钙产品相比，肽钙螯合物具有更高的钙含量，并且能增强进肠道的钙吸收作用[7-10]。例如，Trpv6是肠道上皮细胞的主要钙吸收通道蛋白。有研究表明，使用鱼鳞蛋白肽-钙螯合物(FSPH-Ca)处理的细胞，其钙运输量增加了60.43%，且Trpv6蛋白的mRNA水平显著增加。利用Trpv6抑制剂进一步处理细胞后发现FSPH-Ca的促进作用减弱[11]。这些结果表明，FSPH-Ca可以通过调节Trpv6通道的开放和mRNA表达来促进肠上皮细胞吸收钙元素。

12.1.3 本章的研究内容与意义

大豆肽是由大豆蛋白经酶解得到的小分子肽，在具有更好的吸收效率的同时，保留了大豆蛋白氨基酸种类全面的优点，且目前被证实具有较好的钙结合能力[12]。利用大豆肽作为载体研究构效关系，可以排除其他蛋白源载体自身所含氨基酸种类不全或含量不平衡带来的影响[12]。本研究旨在以利用酶解法制备的大豆肽为原料，经凝胶色谱分离纯化并制备高钙结合能力的大豆肽。随后进一步采用质谱测序、位置量化、分子动力学等方法探寻其中钙结合特征氨基酸的种类和位置分布频率，以确定关键肽段和高钙结合能力肽段特征及相关机理。利用 Transwell 细胞模型对肽段中钙结合特征结构对钙吸收过程的影响进行进一步探究，从而为食源肽-钙螯合物的开发提供新的理论依据。

12.2　研究方法

12.2.1　高钙结合能力大豆肽构效关系

12.2.1.1　凝胶色谱分离纯化大豆肽

将大豆肽配制成 1mg/mL 的溶液，利用装载有 Superdex 30 Increase 10/300 GL 凝胶色谱柱的蛋白纯化仪进行纯化。每次上样量 500μL，利用 0.5mL/min 的超纯水进行等度洗脱。洗脱液在 220nm 条件下检测紫外吸光度。收集器设为每管收集 1mL 洗脱液，共收集 1.5 倍柱体积，并按吸光度曲线收集对应管中的液体，冻干保存。

12.2.1.2　钙结合量测定

将 1mL 的大豆肽溶液(1mg/mL)与 2mL 的 $CaCl_2$ 溶液(5mmol/L)混合，在 37℃条件下反应 30min。随后加入磷酸钠缓冲液(20mmol/L，pH=7.8)沉淀游离钙，继续反应 30min 后离心(5000r/min，10min)并收集上清液(含有结合钙)。利用邻甲酚酞比色法检测其结合钙含量。

12.2.1.3　LC-MS/MS 分析

将分离纯化后的不同组分大豆肽样品溶解超滤后加载到高效液相色谱仪上。A 流动相为 0.1%甲酸的水溶液，B 流动相为含有 0.1%甲酸的 80%乙腈溶液。洗脱梯度为：8%～28%B，持续 98min；28%～37%B，持续 15min；37%～100%B，持续 4min；100%B，持续 3min。

经高效液相色谱分离后用质谱仪进行质谱分析，分析时长 120min。每次全扫描后采集 20 个碎片图谱。质谱测试原始文件用软件检索相应的数据库，最后得到多肽鉴定结果。

12.2.1.4　大豆肽序列分析

利用计算机 Python 语言编写程序统计每种氨基酸的出现频率(每种氨基酸出现次数/总氨基酸数)，基于氨基酸序列进行位置得分统计，记录某个氨基酸在肽段中位置 d_i(记录方法为氮末端第一位记为 0，第二位记为 1，以此类推)，以及肽段中该氨基酸总数(A_n)，如果该氨基酸在肽段中不止一个，则分别记录各自的 d_i，随后记录肽段中氨基酸总数(length)。依据归一化原理考虑各个参数设计氨基酸位置得分公式。

此外，筛选统计肽段中含有某一特定氨基酸的肽段及数量，同时记录其中特定氨基酸以连续/不连续形式存在的肽段数量(如 AA 形式和 AXA 形式)。

12.2.1.5 钙结合构效关系分子动力学分析

肽段结构文件通过在线肽结构构造器获得。利用 Gromacs 2021 软件构建反应体系。选择 Charmm 36 力场和 TIP3P 水模型，并将每条肽段放置于一个立方体盒子中，向盒子中添加反应所用的 Ca^{2+}，同时补充 Cl^- 保证反应体系总电荷为 0。利用共轭梯度算法将体系的总势能降到最低。随后分别进行 100ps 的 NVT 模拟和 NPT 模拟。使系统温度控制在 310K（1K=−272.15℃）左右，压力控制在 1bar（$1bar=10^5Pa$）左右。随后在超算平台上进行 100ns 的模拟，并对模拟后的能量和轨迹进行进一步分析。

12.2.2 高钙结合大豆肽-钙螯合物促钙吸收机理研究

12.2.2.1 关键肽段-钙螯合物制备

将肽粉末（GGDLVS、GDDLVS、GGLVSD、GDLDVS）溶解于去离子水中。使其浓度为 1mg/mL，按肽钙比 1∶2.5 的比例向其中加入氯化钙。50℃条件下搅拌 30min，随后 8000r/min 离心处理并取上清液。向上清液中加入八倍体积的无水乙醇并静置 30min，再次离心后取沉淀。用水复溶沉淀，经冻干处理后得到的粉末即为关键肽段-钙螯合物（GGDLVS-Ca、GDDLVS-Ca、GGLVSD-Ca、GDLDVS-Ca）。

12.2.2.2 肽钙螯合物抗消化能力测定

将制备好的关键肽段-钙螯合物粉末分别用去离子水溶解，终浓度为 2mmol/L，用盐酸调节溶液 pH 为 2.0。向溶液中添加 2%的胃蛋白酶，在 37℃的恒温水浴中孵育 120min 以模拟胃部消化。在此消化阶段，分别于 0、30min、60min 和 120min 时刻取样。随后，使用 NaOH 将溶液 pH 值调整至 7.0，再加入 2%胰蛋白酶，在 37℃下继续孵化 120min。在第二次消化过程中于 0、30min、60min 和 120min 进行样品收集。每次取样之后，样品经沸水浴处理 10min 以终止酶活性。利用质谱进行肽回收率的测定。利用邻甲酚酞比色法进行螯合钙的回收率测定。

12.2.2.3 Caco-2 细胞培养、活力测定及 Transwell 转运模型培养

细胞培养：细胞复苏后，接种在含 20%胎牛血清（FBS）、1%青霉素/链霉素双抗（PS）和 1%非必需氨基酸（NEAA）的基础培养基（MEM）中。细胞在 37℃和 5% CO_2 的条件下生长。当细胞生长密度达到 80%～90%时，进行传代操作或用于相应细胞实验。

活力测定：选择处于对数生长期的 Caco-2 细胞进行实验。细胞经胰酶消化后获得细胞悬液，根据细胞计数结果，用完全培养基稀释至每毫升细胞悬液中约有 1×10^5 个细胞。将该浓度的细胞悬液接种在 96 孔板中。待过夜培养后，用含有不同螯合物的无钙 HBSS 溶液在 37℃、5% CO_2 条件下孵育细胞。样品溶液在配制时以钙元素浓度作为控制浓度的标准。Caco-2 细胞的活力评估通过 CCK-8 试剂盒实现。

Transwell 转运模型培养：Caco-2 细胞生长至对数期时，用胰酶消化后制成细胞悬液，通过稀释将悬液中细胞浓度控制在 2×10^4 个/mL。随后接种到 Transwell 孔板小室上层（AP 侧）中。小室下层（BL 侧）有 1.5mL 培养基，AP 侧有 0.5mL 培养基。接种后的第二天更换培养基，随后每隔一天更换一次细胞培养基，共培养 21 天。

12.2.2.4 肽钙螯合物处理下的钙跨膜转运实验

小室培育成功后，将 AP 侧和 BL 侧的培养基全部吸走，随后用无钙 HBSS 缓冲液润洗小室。润洗完毕后，小室 AP 侧分别加入 0.5mL 溶有不同样品或氯化钙的 HBSS 缓冲液。BL 侧加入 1.5mL 无钙 HBSS 缓冲液。孵育两小时后取 BL 侧培养基，利用血清钙试剂盒测定其中钙含量，即为 2h 内 Caco-2 细胞钙转运量。

12.2.2.5 细胞内紧密连接蛋白测定

转运实验完成后，弃去小室中的全部液体。使用磷酸盐缓冲溶液（PBS）对细胞进行洗涤后，向每个孔中添加 50μL 含有 1% PMSF 的细胞裂解液。轻轻吹打以确保裂解液与细胞充分接触。接着将 Transwell 孔板置于冰上裂解 30min，在充分裂解之后，收集上清液并依照酶联免疫吸附（ELISA）试剂盒的说明书，对 Occludin、ZO-1 和 Claudin-1 的含量进行测定。

12.2.2.6 钙吸收通道蛋白 Western blotting 实验

按 12.2.2.5 的方法提取细胞蛋白质。随后测定蛋白浓度（BCA 法），并加入稀释液以统一样品中的蛋白浓度。接着加入 5 倍（5×）上样缓冲液，并将样品在 100℃的水浴中加热变性 5min 用于后续测定。

将蛋白样品在 10% SDS-PAGE 中电泳分离后转移到硝酸纤维素膜（PVDF 膜）上，随后用含有吐温 20 的 Tris 缓冲液（TBST）洗膜三次。然后用 5%脱脂奶粉在室温下封闭 1h，封闭后洗膜。在 4℃条件下用稀释后的一抗（Trpv6、Cav1.3 和 GAPDH，稀释比例为 1∶1000）孵育过夜。随后使用稀释的二抗[羊抗兔 IgG（H+L），稀释比例为 1∶1000]在室温下孵育 1h。再用 TBST 洗膜三次后使用化学发光法（ECL）进行检测。采用 Image J 软件测量条带灰度。

12.2.2.7 肽钙螯合物与通道蛋白分子对接

肽钙螯合物的结构文件利用在线肽段构造器和 ChemDraw 构造，并利用 Avogadro 程序对其结构进行优化。Trpv6 的结构文件从 PDB 数据库中获得。在进行分子对接之前，使用 AutoDock Tools 来实现对蛋白的去水和添加氢原子等预处理操作。随后利用 AutoDock Vina 软件执行分子对接过程。使用 Protein-Ligand Interaction Profiler（PLIP）工具来详细分析肽段与蛋白质之间的相互作用。最后，使用 PyMol 软件进行分子可视化。

12.2.2.8 肽钙螯合物与通道蛋白复合物分子动力学

分子对接中形成的“螯合物-Trpv6”复合物被用于进行分子动力学模拟。模拟所用软件为 Gromacs 2021，选择 Amber 99SB 力场、TIP3P 水模型进行模拟体系构建。首先将复合物放在一个十二面体盒子中，保证复合物与盒子边界距离至少有 1nm。随后向盒子中添加水分子。向体系中添加 Na^+ 和 Cl^-，使体系总电荷为 0。能量最小化过程采用最陡下降法。利用 NVT 模拟，NPT 模拟使体系的温度平衡到 310K，压力平衡到 1bar。随后在超算平台上进行 100ns 的模拟。利用 Gromacs 2021 软件的相关命令对模拟结果进行分析。

12.3 研究结果

12.3.1 高钙结合能力大豆肽构效关系

12.3.1.1 大豆肽高钙结合能力组分的分离纯化

根据先前的报道，蛋白水解物或多肽的分子量对其金属结合能力有一定影响。因此利用凝胶色谱对大豆肽进行分离。凝胶色谱洗脱曲线如图 12-1A 所示，通过收集对应洗脱液得到四个组分(F1～F4)。大豆肽不同组分的钙结合量如图 12-1B 所示。F1 组分表现出了最高的钙结合能力，为 137.45μg/mg。

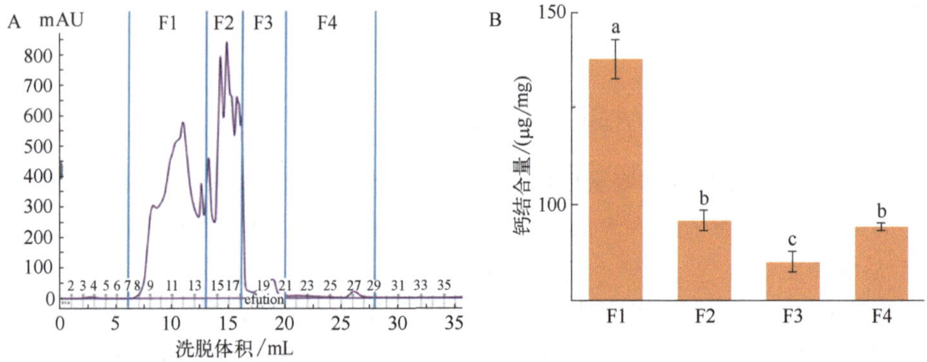

图 12-1 大豆肽分离纯化及钙结合能力测定

(A)大豆肽的凝胶色谱图；(B)分离后不同组分大豆肽钙结合能力测定结果

12.3.1.2 钙结合特征氨基酸确定及位置分布规律

除了分子量，氨基酸序列特征也可能影响钙结合能力。例如 Ke 等人从黏水肽(黏水是鱼粉加工产生的蛋白质溶液)中鉴定出 26 种钙结合多肽，其中 19 种多肽含有谷氨酸残基，20 种多肽含有天冬氨酸残基，7 种多肽含有 DDYVE 序列[13]。表 12-1 中对四个组分的氨基酸频率进行了统计。F1 组分中的谷氨酸、天冬氨酸的含量要高于其他三个组分($P<0.05$)。

表 12-1 不同大豆肽组分中肽的氨基酸频率统计

氨基酸	F1/%	F2/%	F3/%	F4/%
A	4.48^{d}	6.38^{b}	6.29^{b}	7.48^{a}
C	0.32^{a}	0.31^{a}	0.20^{a}	0.49^{a}
D	6.46^{a}	3.98^{b}	1.95^{c}	3.45^{b}
E	12.33^{a}	6.65^{b}	1.61^{d}	3.39^{c}
F	6.56^{b}	7.69^{b}	11.17^{a}	10.22^{a}
H	0.94^{a}	1.02^{a}	0.74^{a}	1.65^{a}
I	11.30^{b}	12.19^{b}	20.12^{a}	9.65^{b}
K	3.00^{a}	3.10^{a}	3.71^{a}	3.30^{a}
L	5.18^{ab}	4.56^{bc}	5.87^{a}	3.67^{c}
M	3.57^{b}	5.88^{a}	4.81^{ab}	6.30^{a}
N	2.96^{a}	2.98^{a}	2.39^{a}	2.20^{a}
P	9.52^{a}	8.38^{a}	8.02^{a}	13.34^{b}
Q	3.07^{a}	2.57^{a}	1.62^{b}	1.74^{ab}
R	2.48^{a}	1.80^{a}	2.04^{a}	2.01^{a}
S	5.45^{ab}	6.14^{a}	4.18^{b}	4.52^{ab}

续表

氨基酸	F1/%	F2/%	F3/%	F4/%
T	3.95[a]	4.20[a]	3.21[a]	3.21[a]
V	9.55[a]	9.14[ab]	10.10[a]	6.78[b]
W	0.84[b]	0.84[b]	0.70[b]	3.00[a]
Y	1.59[b]	2.76[ab]	2.52[ab]	2.90[a]

天冬氨酸和谷氨酸属于酸性氨基酸。具有额外的羧基，且在生理 pH 下带有负电荷。肽钙螯合物的形成依赖于肽表面电子供体，酸性氨基酸在螯合物形成过程中可以充当电子供体。Huang 等人通过研究发现，蛋清肽钙螯合物中天冬氨酸和谷氨酸的含量要高于普通蛋清肽[14]。因此将天冬氨酸和谷氨酸确定为影响肽的钙结合能力的关键氨基酸。

同种氨基酸位于肽段的不同位置时，金属结合能力并不相同。当组氨酸（H）位于肽段的 N 末端时，其金属螯合能力会比位于 C 末端时更强，这可能是 HNAPNPGLPYAA（91.7%）的螯合能力强于 NAPLPPPLKH（15.2%）的原因[15,16]。从中可以看出肽的关键位置可以分为 N/C 末端及余下的中间位置。因此我们拟将肽段划分为 N/C 末端（N_{end}/C_{end}）和 N/C 侧中间（N_{mid}/C_{mid}）四种位置。位置划分示意图如图 12-2C 所示。

随后，我们统计了每个组分中天冬氨酸和谷氨酸在肽段中的位置。为了使结果便于分析，我们依据归一法和数据可比性的原理设计了 S 这个变量。其计算公式为：

$$S=\frac{\sum_{i=1}^{n}\left[2\times\left(\frac{d_i}{\text{length}-1}-0.5\right)\right]}{A_n}$$

如图 12-2A 所示，两种酸性氨基酸均倾向于分布在氮端（$P<0.05$）。表明氮末端的氨基酸可能会更好地促进肽段与钙离子的结合。类似的研究中，Zhu 等人发现位于氮末端的特征氨基酸能够更好地结合二价金属离子 Zn^{2+}[15]。

在 F1 中，天冬氨酸在 N_{mid} 处的出现概率明显高于其他位置（$P<0.05$），位于 N_{mid} 的天冬氨酸可能更有利于和 Ca^{2+} 结合。小麦蛋白肽（FVDVT）中的天冬氨酸位于 N_{mid} 处，并且核磁共振氢谱的检测结果表明其在钙结合过程中起到了关键作用。而谷氨酸则更倾向于分布在肽段 N_{end} 的位置（$P<0.05$）。肽段中两个相同的氨基酸之间的位置关系有连续（AA）和不连续（AXA）两种。有研究表明这两种位置关系可能有不同的结合金属离子能力。如图 12-2B 所示，对于天冬氨酸来说，相邻和相隔的情况的出现频率无明显差异（$P>0.05$）；而对于谷氨酸来说，相邻位置的肽段频率要显著高于相隔位置（$P<0.05$）。根据之前的研究，磷酸肽是具有较好钙结合能力的肽段，并且发现“$S_pS_pS_p$EE”这一序列经常出现在钙结合能力较强的肽段中[17]。而这其中的氨基酸全部是连续存在的。连续位置关系的两个特征氨基酸可能会更好地结合钙离子。

综上所述，结合质谱结果的丰度，我们挑选了两条符合位置统计结果的肽段（GGDLVS 和 YEGVIL）。通过变换关键氨基酸位置，共得到 10 条肽段，分别为 GGDLVS（D-N_{mid}）、GGLDVS（D-C_{mid}）、GGLVSD（D-C_{end}）、GDDLVS（DD）、GDLDVS（DXD）、YEGVIL（E-N_{end}）、YGEVIL（E-N_{mid}）、YGVIEL（E-C_{end}）、YEEVIL（EE）、YEVEIL（EXE），用于后续的验证。

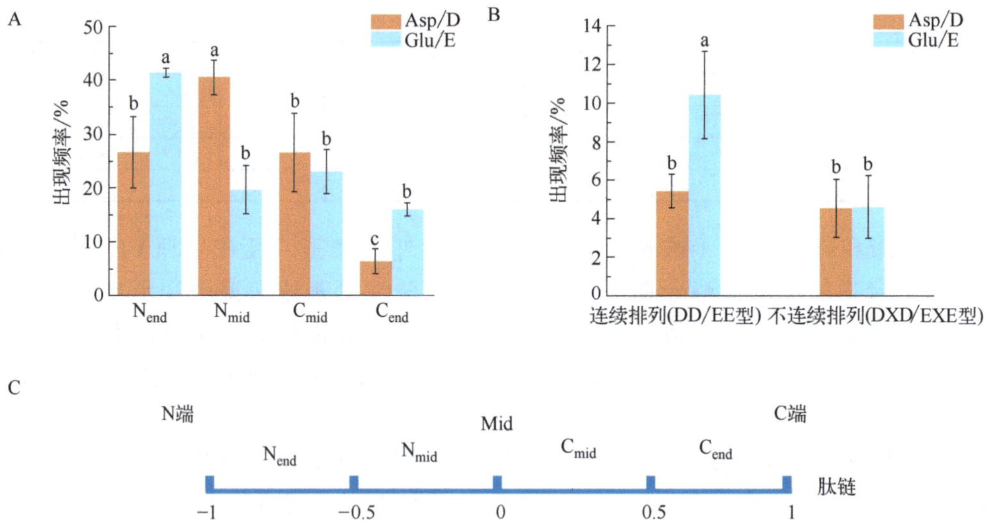

图 12-2 高钙结合能力组分大豆肽中天冬氨酸（橙色）和谷氨酸（绿色）位置分布结果

（A）氨基酸在肽段中四个不同位置的分布频率；（B）肽段中两个特定氨基酸以连续（AA）/不连续（AXA）位置关系存在的频率；（C）肽段位置划分示意图

12.3.1.3 合成肽段钙结合量分析

我们按照十条肽段的氨基酸序列制备了相应的肽段，并检测了其钙结合量。如图 12-3 所示，从 F1 中确定的两条肽段 GGDLVS 和 YEGVIL 的钙结合量分别达到了 271.55μg/mg 和 272.54μg/mg。根据之前的研究，柠檬罗勒中提取的肽 YDSSGGPTPWLSPY 钙结合量为 151.88μg/mg[18]。从中可以看出大豆肽 GGDLVS 和 YEGVIL 具有较好的钙结合能力。有潜力作为肽钙螯合物的制备原料。

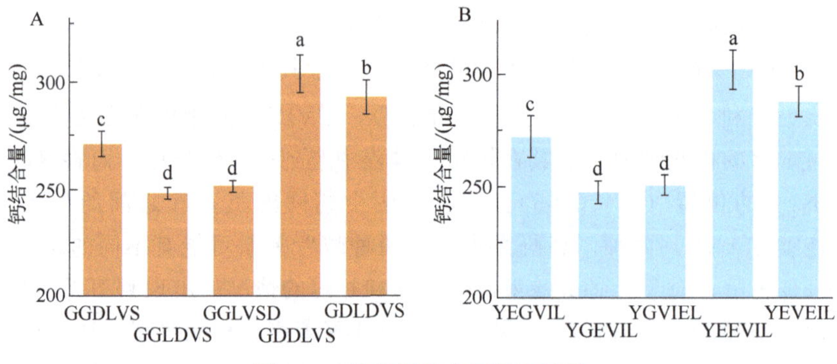

图 12-3 肽段钙结合量测定结果

（A）含天冬氨酸肽段；（B）含谷氨酸肽段

如图 12-3A 所示，GGDLVS、GGLDVS、GGLVSD 三条肽段中的天冬氨酸位于肽段的不同位置，并且具有不同的钙结合能力，GGDLVS 具有最高的钙结合量（$P<0.05$），其中天冬氨酸位于 N_{mid} 位置。类似地，KGDPGLSPGK 是从鳕鱼鱼骨中鉴定的钙结合肽，其钙结合活性在鳕鱼骨水解物中最高，依据 S 值，该条肽段中的天冬氨酸（D）位于 N_{mid} 位置[19]。与其他位置相比，位于 N_{mid} 位置的天冬氨酸能够使肽段有更高的钙结合活性。

图 12-3B 中 YEGVIL 的谷氨酸位于 N_{end} 位置，YGEVIL 的谷氨酸位于 N_{mid} 位置，

YGVIEL 的谷氨酸位于 C_{end} 位置。根据钙结合量结果，在 N_{end} 位置拥有谷氨酸的肽 YEGVIL 表现出最高的钙结合量（$P<0.05$）。Charoenphun 等人利用凝胶色谱纯化罗非鱼蛋白水解物，并从钙结合能力最高的组分中鉴定出了四肽 EPAH，这条肽段中的天冬氨酸在 N 末端第一位，属于 N_{end} 位置[20]。对于谷氨酸而言，在 N 末端可能更有利于和钙离子发生结合。

对于含有两个天冬氨酸或谷氨酸的肽段而言，图 12-3A 中 GDDLVS 的钙结合量高于 GDLDVS，图 12-3B 中 YEEVIL 的钙结合量比 YEVEIL 高（$P<0.05$）。连续的天冬氨酸和谷氨酸更有利于钙离子的结合。Sun 等人发现海参肽（QEELISK）中相邻的谷氨酸更容易结合钙离子[1]。QEELISK 的钙结合量要明显高于 QELEISK 和 QAALISK 这两条肽段。Si 等人测定了磷酸肽 EDD_pS_pS（含有连续的天冬氨酸）的钙结合能力，发现其钙结合量高达（468±2.80）mg/g，远高于不具有连续天冬氨酸的肽段[4]。

综上所述位于肽段 N_{mid} 位置的天冬氨酸、位于 N_{end} 的谷氨酸以及连续排列的这两种氨基酸更有利于结合钙离子，使肽段有更高的钙结合量。我们用分子动力学模拟的方法进一步验证其中的机理，包括用可视化处理分析结合速度快慢，用径向分布函数（RDF）曲线验证结合概率大小，用 Coul-SR 指标判断结合力强弱。

12.3.1.4 分子动力学模拟

12.3.1.4.1 可视化快照结果

为了判断肽段与钙离子的结合速度，将模拟结果可视化后，逐帧观看并记录钙离子与每条肽段的关键氨基酸第一次以双齿模式结合时的关键帧快照以及对应的时间。结果表明位于优势位置的关键氨基酸能够更快地结合钙离子。如图 12-4 所示，天冬氨酸在 N_{mid} 位置时，与钙离子结合发生得最早，二者在反应开始后的 8.1ns 内便出现了第一次结合。而对于谷氨酸而言，位于肽段 N_{end} 位置的谷氨酸在第 16.65ns 与钙离子发生了结合，较其他位置能够更快地结合钙离子。此外相邻的两个天冬氨酸/谷氨酸比起相隔位置关系的两个天冬氨酸/谷氨酸，能够更快地结合钙离子。Hou 等人通过质谱技术发现精氨酸和谷氨酰胺是磷虾肽 VLGYIQIR 上的主要钙离子结合位点，随后在分子动力学模拟过程中发现端点位置精氨酸在 2.0ns 时的快照中就已经与钙离子发生了结合，而且谷氨酰胺尚未发生结合[10]。

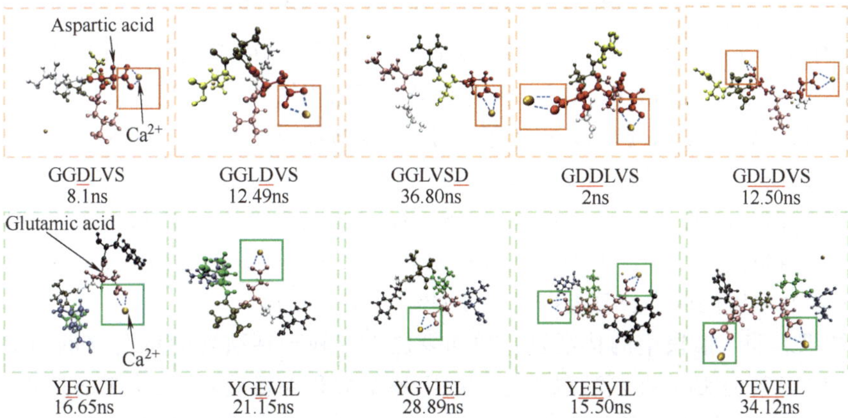

图 12-4 十条肽段第一次与钙离子以双齿模式结合时对应帧截图及响应时间

12.3.1.4.2 不同肽段周围钙离子 RDF 差异

为了判断肽段与钙离子的结合概率，选取 RDF 这一指标进行分析。这是分子动力学中常见的分析指标之一。RDF 的含义是在特定距离范围内［通常为 1～10Å（1Å＝10^{-10}m）之间，即 1nm 之内］，某一粒子周围其他粒子的平均分布密度。通过 RDF，可以直观地了解系统内各种粒子之间的空间结构和相互作用特征。RDF 的峰值通常对应于粒子间（如蛋白和配体间）的平均稳定距离。基于 RDF 的曲线可对肽段周围钙离子的分布情况进行判断，可用于分析肽段钙结合机制。

如图 12-5 所示，所有肽段的 RDF 曲线都分别在 2.5Å 和 5Å 位置处出现了峰值。其中 2.5Å 处的峰明显高于 5Å 处，表明 Ca^{2+} 更倾向于分布在关键氨基酸周围 2.5Å 距离上。分子动力学中通常将 2.5Å 的距离认定为金属离子的配位键作用范围，而在 5Å 位置处的相互作用可能归因于其他作用力。通过对比两个峰值的高度，可以看出配位作用在金属离子与肽段结合过程中发挥了主导作用。

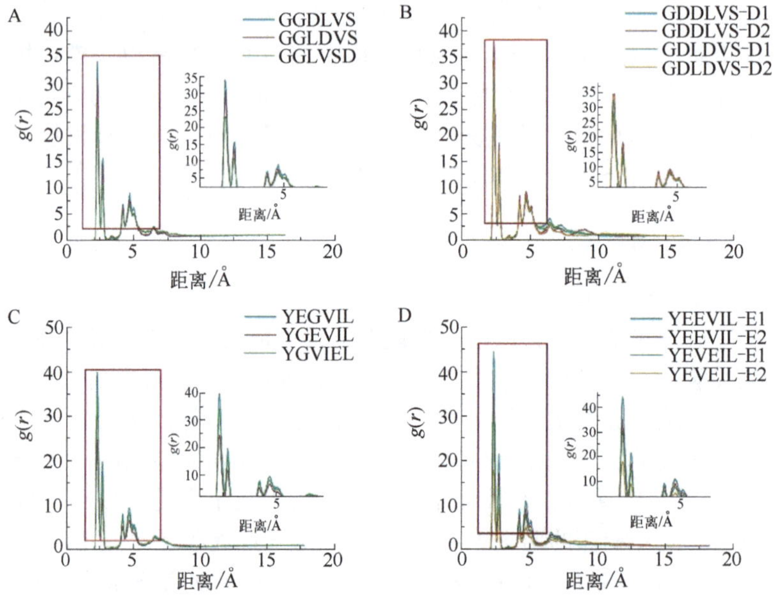

图 12-5　不同肽段分子动力学模拟后的 RDF 曲线

(A) 序列中有一个天冬氨酸的肽段；(B) 序列中有两个天冬氨酸的肽段；(C) 序列中有一个谷氨酸的肽段；(D) 序列中有两个谷氨酸的肽段

对于含有一个天冬氨基酸的三条肽段。如图 12-5A 所示，RDF 曲线的峰高的分布情况为 D-N_{mid}＞D-C_{mid}＞D-C_{end}，表明 N_{mid} 位置的天冬氨酸周围出现钙离子频率更高。对于含有两个天冬氨酸的两条肽段，如图 12-5B 所示，相邻存在的天冬氨酸周围钙离子出现频率更高。

序列中只有一个谷氨酸的肽段的 RDF 曲线如图 12-5C 所示，位于 N_{end} 端的谷氨酸含有较高的 RDF 峰值。这说明在 N_{end} 端存在谷氨酸的肽段结合钙离子的概率更高。而对于含有两个谷氨酸的两条肽段而言，如图 12-5D 所示，从 RDF 峰值可以看出与相隔位置的谷氨酸相比，位于相邻位置的两个谷氨酸与钙离子的结合概率更高。

RDF 结果表明，肽段中的特征氨基酸如果位于有利于钙结合的位置（例如 N_{mid} 位置的天冬氨酸，位于 N_{end} 端的谷氨酸以及连续的天冬氨酸和谷氨酸），在反应的过程中其周围更容易出现钙离子，与钙离子的结合概率更高。Valente 等人模拟了黄原胶和氯化钙的反应过程，分别绘制了黄原胶分子中间位置的葡萄糖醛基团及末端甘露糖基团和钙离子的 RDF 曲线，发现末端甘露糖基团和钙离子的 RDF 曲线的峰值更高[21]。说明钙离子与末端甘露糖基团的相互作用概率更高。

12.3.1.4.3　模拟过程中能量的分析

肽钙之间结合强度通过平均短程库仑相互作用（Coul-SR）指标进行分析，我们利用 gromacs 中的 gmx energy 模块统计了各条肽段中谷氨酸和天冬氨酸与钙离子在模拟过程中的 Coul-SR。为负值的 Coul-SR 的绝对值越大，说明二者自发结合力越强。

如图 12-6A 和图 12-6B 所示，其中天冬氨酸位于 N_{mid} 位置时以及谷氨酸位于 N_{end} 时的 Coul-SR 要明显高于其他位置（$P<0.05$），说明位于 N_{mid} 位置的天冬氨酸和位于 N_{end} 的谷氨酸与钙离子之间结合力强度更高。对于含有两个天冬氨酸或谷氨酸的肽段，具有相邻排列位置特征的肽段与钙离子间结合力更强。这意味着关键氨基酸与钙离子间结合更加紧密。Mishra 等人模拟计算了铀酰离子和锌离子与人血清蛋白结合的 Coul-SR 值，发现锌离子与人血清蛋白的结合能更高，说明锌离子与人血清蛋白结合更紧密，铀酰离子不能取代锌离子与人血清蛋白结合[22]。

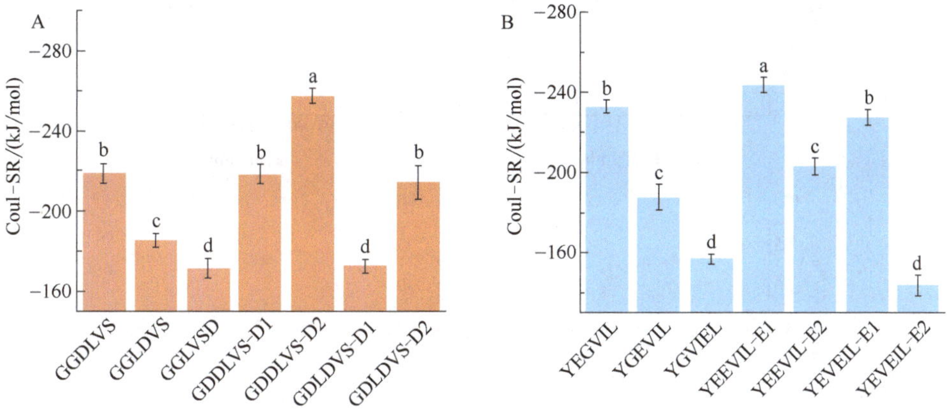

图 12-6　肽段中关键氨基酸与钙离子短程库仑相互作用平均值（Coul-SR）

（A）含天冬氨酸的肽段；（B）含谷氨酸的肽段

12.3.2　高钙结合大豆肽-钙螯合物促钙吸收机理研究

已确定 GGDLVS 是具有高钙结合能力的大豆肽，其中位于氮末端中间位置的天冬氨酸对钙结合有明显贡献，并且连续的天冬氨酸更有利于钙结合。我们认为这两种位置关系构成了肽段的钙结合特征结构。但是这种特征结构对细胞促钙吸收作用的影响尚不明确。因此我们通过变换关键氨基酸位置的方法，设计了不同肽段（GGDLVS、GDDLVS、GGLVSD、GDLDVS）用于后续的研究。其中 GGDLVS、GDDLVS 是具有钙结合特征结构的肽段。而 GGLVSD、GDLDVS 是不具有钙结合特征结构的肽段。

12.3.2.1　肽钙螯合物抗消化能力

口服是钙元素的主要摄入途径，并且大多数的生物活性肽也是通过消化系统而被人体利用的。因此，在评价肽钙螯合物的促钙吸收能力前，需要对其经消化处理后的保留率进行分析。如图 12-7 所示，GGDLVS-Ca、GDDLVS-Ca、GGLVSD-Ca、GDLDVS-Ca 消化处理后肽的回收率均在 75%以上。四种肽段对消化作用均有较好的抵抗能力，被人体服用后能够较为完整地到达肠道，从而被人体利用。消化酶的作用位点具有一定的特异性，其中胃蛋白酶优先作用于芳香族氨基酸的肽键，而胰蛋白酶则优先作用于肽段中精氨酸或赖氨酸的肽键[23]。而研究中所用的 4 条肽段（GGDLVS、GDDLVS、GGLVSD、GDLDVS）均不含有这些氨基酸。这可能是肽段表现出较好回收率的原因。

消化作用可能使钙元素从钙载体上解离下来，从而与其他食物成分结合形成不溶性沉淀，影响吸收。因此需要测定消化后螯合钙的保留率。如图 12-8 所示，GGDLVS-Ca、GDDLVS-Ca、GGLVSD-Ca、GDLDVS-Ca 消化处理后的钙保留率均在 89%以上。这说明螯合物中的钙元素在消化后仍能以螯合钙的形式进入肠道并保留下来以供人体利用。钙与肽的螯合是一种自发反应，部分解离下来的钙离子一段时间后仍能重新螯合到肽段，并且肽水解后生成的氨基酸也具有一定的螯合能力[7]。这可能是螯合钙保留率要高于肽保留率的原因。

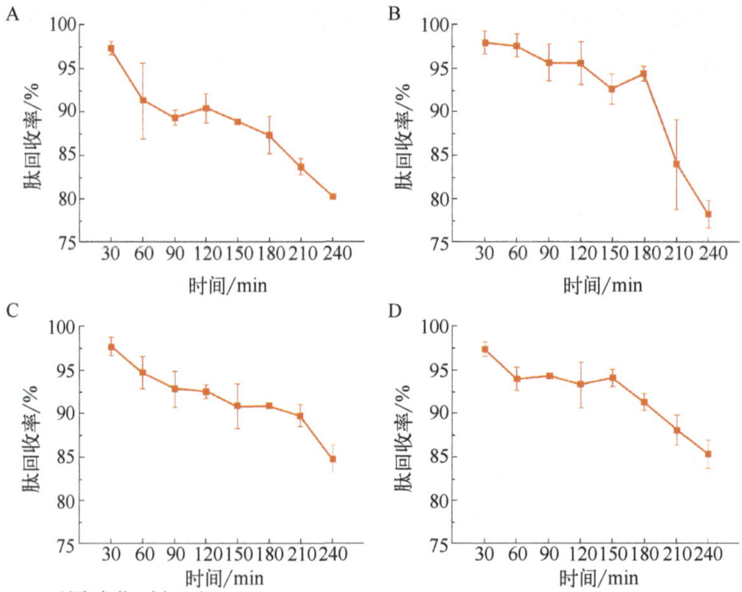

图 12-7　不同消化时间下 GGDLVS-Ca（A）、GDDLVS-Ca（B）、GGLVSD-Ca（C）、GDLDVS-Ca（D）中肽的回收率

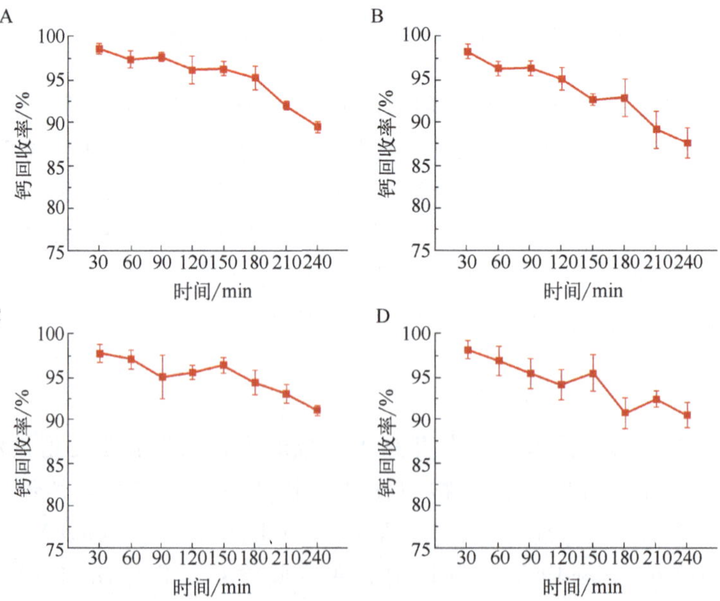

图 12-8　不同消化时间下 GGDLVS-Ca（A）、GDDLVS-Ca（B）、GGLVSD-Ca（C）、GDLDVS-Ca（D）中螯合钙的回收率

12.3.2.2　肽钙螯合物对细胞活力的影响

为了排除螯合物对细胞的毒性作用，在进行跨膜转运实验前，有必要测定不同钙浓度的 GGDLVS-Ca、GDDLVS-Ca、GGLVSD-Ca、GDLDVS-Ca 对 Caco-2 细胞的活力状况的影响。不同肽的载钙能力有差异，因此根据钙元素浓度值设置样品组浓度梯度，以排除肽段载钙能力差异的影响。如图 12-9 所示，在螯合钙浓度等于或低于 125μg/mL 时，对细胞活力没有明显的影响。而当螯合物钙浓度达到 250μg/mL 或更高浓度时，细胞活力开始出现显著降低。因此使用 125μg/mL 钙浓度的 GGDLVS-Ca、GDDLVS-Ca、GGLVSD-Ca、GDLDVS-Ca 进行后续实验。

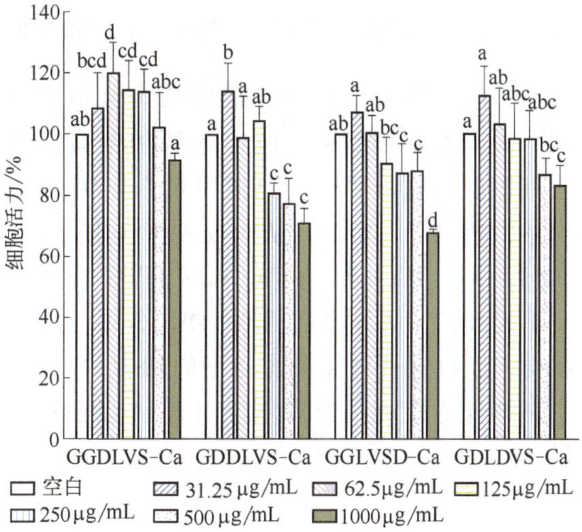

图 12-9　不同浓度（钙）GGDLVS-Ca、GDDLVS-Ca、GGLVSD-Ca、GDLDVS-Ca 对 Caco-2 细胞活性的影响

12.3.2.3　不同肽钙螯合物跨膜转运能力

体内 90%的钙吸收发生在肠道，而分化完成的 Transwell 模型可以很好地模拟肠上皮结构对营养物质的吸收作用，因此被用来评价四种螯合物的促钙吸收能力，并以相同钙浓度氯化钙溶液为对照。结果如图 12-10 所示，在相同钙浓度条件下，四种螯合物作用下的细胞在 2h 内的钙转运量要高于氯化钙作用下的细胞。四条肽段的钙转运量分别相较于对照组高出 157%、246%、57%和 102%。表明肽钙螯合物的钙转运效果要优于无机钙。有研究发现，柠檬罗勒肽-钙螯合物也具有类似的性质，与无机钙盐相比，螯合物处理的细胞能够在相同时间内转运更多的钙元素[9,18]。

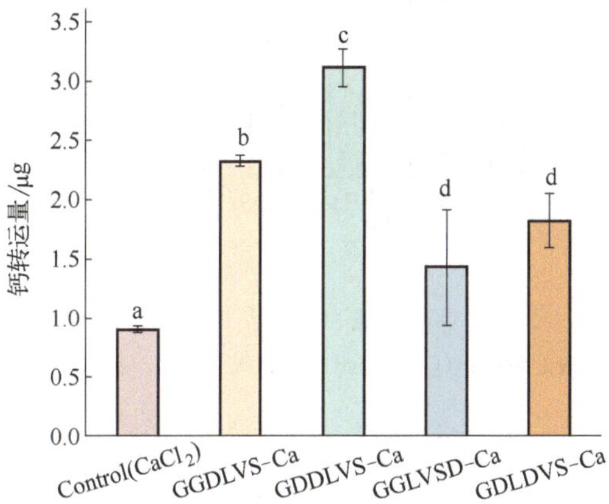

图 12-10　不同螯合物处理下的单层 Caco-2 细胞 2h 内钙转运量

四种肽钙螯合物中 GGDLVS-Ca、GDDLVS-Ca 样品组的钙转运量要高于 GGLVSD-Ca、GDLDVS-Ca 样品组。GGDLVS、GDDLVS 是具有高钙结合能力特征结构的肽，而 GGLVSD、GDLDVS 不具备这种特征结构。这说明具备高钙结合能力结构的肽与钙离子形成的螯合物能够更好地改善肠细胞的钙吸收状况。由于样品组之间钙浓度相同，表明改善作用可能与肽段的钙结合特征结构有关。目前已有研究表明肽段上的某些特殊结构有利于其表现出更高的生物活性。例如发现 CGDREETR 肽上的双精氨酸残基结构使其能够更好地结合 α-淀粉酶从而使其具有较高的 α-淀粉酶抑制活性[24]。因此，具有钙结合能力特征的肽段所形成的肽钙螯合物能够更有效地促进肠道的钙吸收。

12.3.2.4 钙吸收通道蛋白 Western blotting 实验

为了进一步验证钙结合特征结构可以更有效地促进细胞钙吸收作用这一现象的相关机制，我们对肠细胞钙吸收途径的相关蛋白表达情况进行了测定。Trpv6 和 Cav1.3 是肠上皮细胞刷状边界膜上的钙通道蛋白，钙离子通过这两种蛋白进入上皮细胞，并通过基底侧膜排出细胞进入血液，从而被人体利用。如图 12-11 所示，与对照组相比，GGDLVS-Ca、GDDLVS-Ca、GGLVSD-Ca、GDLDVS-Ca 处理后的 Trpv6 表达量相较于氯化钙处理的细胞有显著提高。值得注意的是 GGDLVS-Ca、GDDLVS-Ca 这两种螯合物的肽段具有钙结合特征结构。经过这两种螯合物处理的细胞的 Trpv6 水平要高于其他的螯合物处理的细胞。这说明钙结合特征结构更有利于 Trpv6 蛋白的表达。从而在相同时间内表现出更高的钙转运量。

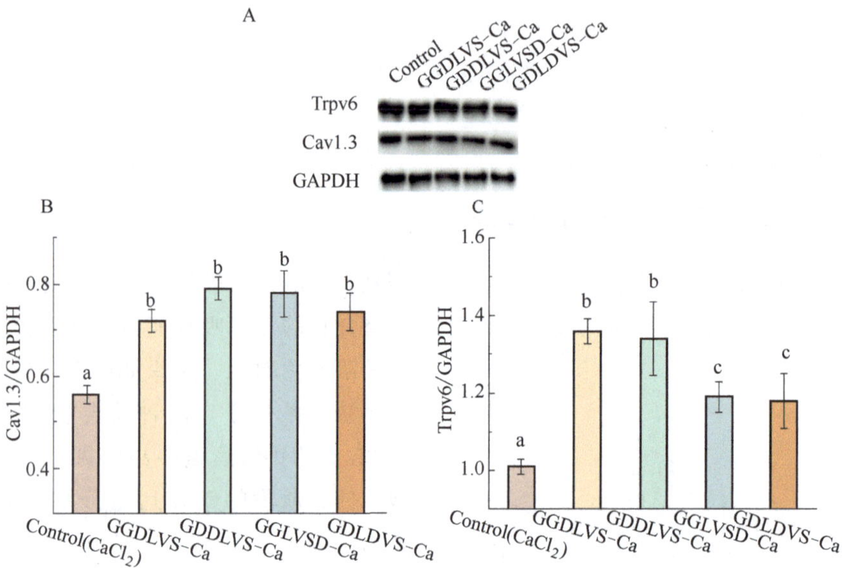

图 12-11 不同螯合物处理下的单层 Caco-2 细胞钙吸收蛋白表达情况

(A) Western blotting 结果；(B) Cav1.3 表达情况；(C) Trpv6 表达情况

而从 Cav1.3 的表达情况可以看出不同螯合物之间对 Cav1.3 的表达情况无明显影响。这可能是由于两种蛋白摄取钙离子的相关调控机制方面有差异。Trpv6 蛋白可由膜内外钙离子浓度差异调控[11,25]。而 Cav1.3 蛋白主要通过细胞内外的电压变化来调控。因此当一定钙浓度螯合物加入 Transwell 模型上层时，主要变化为膜两侧钙离子浓度出现差异。此时 Trpv6 发挥主要作用[11,25]。从而导致 Cav1.3 的表达量与对照组相比无明显变化。总的来说，四种肽钙螯合物通过提升 Caco-2 细胞中 Trpv6 蛋白的水平来促进钙吸收，且具有钙结合特征结构的大豆肽形成的螯合物的提升效果更为明显。

12.3.2.5 肽钙螯合物与通道蛋白的分子对接

目前已有研究表明，食源性钙补充剂能够影响钙吸收蛋白，但是具体机制尚不明确[5]。因此从 PDB 数据库中获得 Trpv6 蛋白的结构文件，通过分子对接技术将四种肽钙螯合物与

Trpv6 蛋白分别进行对接并将对接结果进行可视化处理。如图 12-12 所示，四种肽钙螯合物均结合到钙离子通道入口附近。这种结合是由肽和 Trpv6 的相互作用引起的。这说明肽钙螯合物发挥促钙吸收作用的机理是其肽部分能够结合在 Trpv6 的钙离子入口处，这使得肽上螯合的钙离子靠近入口处的空腔内，从而引起入口附近钙离子浓度增加，而 Trpv6 的转运过程受钙浓度的调控。因此肽钙螯合物结合作用有利于 Trpv6 蛋白摄取钙元素。Hou 等人通过对具有钙结合活性的鸭蛋清肽与 Trpv6 进行分子对接，发现肽与 Trpv6 相互作用的同时能够将肽上的钙结合位点暴露出来，从而继续螯合钙离子[5]。这与我们的研究结果相似。

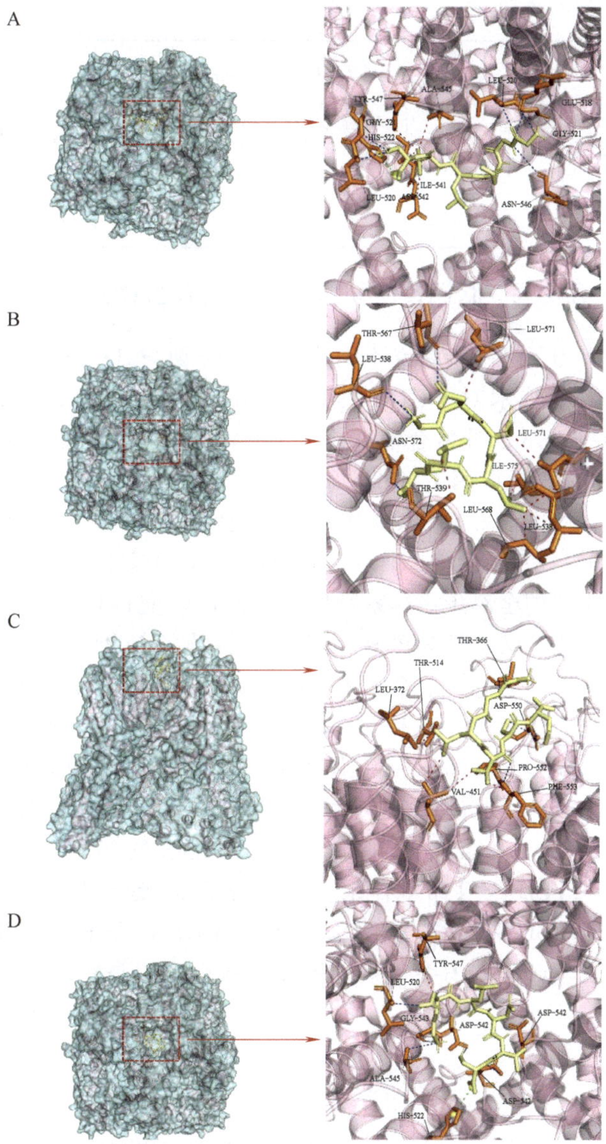

图 12-12　肽钙螯合物与 Trpv6 蛋白的可视化对接结果

(A) GGDLVS-Ca-Trpv6；(B) GDDLVS-Ca-Trpv6；(C) GGLVSD-Ca-Trpv6；(D) GDLDVS-Ca-Trpv6

四种肽钙螯合物和 Trpv6 对接后的成键情况如表 12-2 所示，所有对接结果的结合能均小于 0，这说明结合是放热反应，可以自发进行。并且具有钙结合特征结构的螯合物与 Trpv6 间的结合能更小，说明更容易结合。成键方面，氢键和疏水相互作用是结合的主要作用力。并且具有钙结合特征结构的螯合物，例如 GGDLVS 生成了最多的氢键，而 GDDLVS 生成了较多的疏水相互作用。说明特征结构更有利于螯合物与钙吸收通道蛋白间键的形成。Hou 等人发现四肽 Val-Ser-Glu-Glu 具有较好的钙结合能力，并且能与 Trpv6 通过氢键和疏水相互作用相结合[5]。

表 12-2　四种肽钙螯合物和 Trpv6 之间成键情况

肽	结合能 /(kJ/mol)	疏水相互作用位点及个数		氢键位点及个数		盐桥位点及个数	
GGDLVS	−6.40	541ILE 542ASP 545ALA 547TYR	4	518GLU 520LEU 521GLY 546ASN	6	522-HIS	1
GDDLVS	−6.50	538LEU 539THR 568LEU 571LEU 575ILE	7	538LEU 567THR 572ASN	3	无	0

续表

肽	结合能/(kJ/mol)	疏水相互作用位点及个数		氢键位点及个数		盐桥位点及个数	
GGLVSD	−5.10	372LEU 451VAL 514THR 552PRO 553PHE	6	366THR 550ASP 553PHE	5	无	0
GDLDVS	−5.70	542ASP 547TYR	2	520LEU 542ASP 543GLY 545ALA	4	522-HIS	1

12.3.2.6 肽钙螯合物与通道蛋白复合物分子动力学

为了进一步探究不同的肽钙螯合物与 Trpv6 结合后对蛋白构象变化的影响，利用分子动力学技术对 GGDLVS-Ca-Trpv6、GDDLVS-Ca-Trpv6、GGLVSD-Ca-Trpv6、GDLDVS-Ca-Trpv6 四种复合物进行了 100ns 时间尺度上的模拟。同时对单独的 Trpv6 蛋白也进行了 100ns 模拟以用于对照。

均方根偏差（RMSD）能够表示蛋白构象与初始构象的差异随时间的变化情况[26]。如图 12-13A 所示，5 个体系的蛋白 RMSD 变化情况在模拟至 70ns 后都逐渐趋于稳定，说明所模拟的全部蛋白体系都能在 100ns 内变得稳定。表明模拟系统的构建和参数设定是合理的，模拟结果较为可靠，可用于后续的分析。在模拟的最后阶段（90～100ns 内），GGDLVS-Ca-Trpv6、GDDLVS-Ca-Trpv6、GGLVSD-Ca-Trpv6、GDLDVS-Ca-Trpv6 体系的 RMSD 值要高于单独 Trpv6 蛋白体系。说明肽钙螯合物能够影响 Trpv6 构象变化。Wang 等人模拟了 Trpv6 与磷脂酰肌醇（Trpv6 激活剂）的相互作用。发现激活剂能够导致 Trpv6 的 RMSD 值增加。这与我们的研究结果一致[26]。因此可以认为肽钙螯合物在一定程度上激活了 Trpv6 蛋白，从而有利于钙元素的摄取。GGDLVS-Ca-Trpv6 的 RMSD 值要高于 GGLVSD-Ca-Trpv6 体系。两种体系的差异为 GGDLVS 具备高钙结合能力特征结构而 GGLVSD 不具备。GDDLVS-Ca-Trpv6 体系和 GDLDVS-Ca-Trpv6 体系间也有这种关系。结合 Trpv6 与其激活剂的模拟结果，说明高钙结合能力特征结构可能更有利于激活 Trpv6

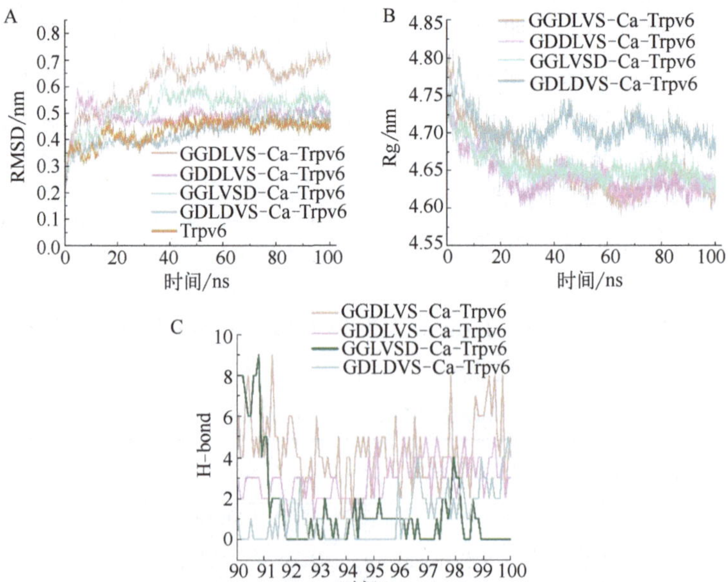

图 12-13 分子动力学模拟结果

（A）RMSD；（B）Rg；（C）H-bond

蛋白，从而使其更好地摄取钙元素。结合分子对接的结果，说明高钙结合能力特征结构不仅有利于肽与 Trpv6 的结合，同时也有利于其构象的活化。

回转半径（Rg）是反映蛋白紧凑程度的指标，其数值越小，蛋白结构越致密。如图 12-13B 所示，四种螯合物作用下 Trpv6 的 Rg 值逐渐减小，说明在模拟过程中蛋白结构变得更加紧凑，具有更好的稳定性。这有利于其发挥生物活性[27]。并且 GGDLVS-Ca-Trpv6、GDDLVS-Ca-Trpv6 两个体系的 Rg 值更低，这说明高钙结合能力特征结构更有利于稳定钙通道蛋白构象。这与 RMSD 的结果一致。

氢键（H-bond）是蛋白-配体间的主要相互作用力。而稳定体系中形成的氢键更有参考价值[21]。因此我们对 4 种肽钙螯合物-蛋白体系在构象稳定的模拟后期（90～100ns）中氢键形成情况进行了分析。如图 12-13C 所示，体系内的氢键在 0～9 条范围内波动。GGDLVS-Ca-Trpv6、GDDLVS-Ca-Trpv6 体系内生成的氢键数量要高于 GGLVSD-Ca-Trpv6、GDLDVS-Ca-Trpv6 体系。这说明特征结构的存在有利于肽钙螯合物与 Trpv6 之间氢键的形成。

12.4　主要结论

大豆肽经纯化后获得高钙结合能力的大豆肽组分。质谱测序表明高钙结合能力大豆肽中的天冬氨酸的钙结合优势位置为肽段氮末端中间位置，而谷氨酸的钙结合优势位置为氮末端端点位置，且连续的天冬氨酸和谷氨酸更有利于结合钙离子。单位质量肽的钙结合量显示，优势位置的关键氨基酸使肽段有更高的结合量，其中 GGDLVS 和 YEGVIL 为鉴定出的代表性肽段。分子动力学结果表明优势位置的氨基酸在结合速度、结合概率、结合力强度方面均优于普通位置，这进一步解释了其拥有高钙结合量的机制。

以具有高钙结合能力特征结构肽（GGDLVS、GDDLVS）和不具有这种结构的肽（GGLVSD、GDLDVS）与钙离子所形成的螯合物为研究对象。发现与不具有特征结构的螯合物相比，具有特征结构的螯合物能够更有效地促进 Caco-2 细胞的钙吸收作用。具体作用机制为具有钙结合特征结构的螯合物能够更有效提升钙通道蛋白 Trpv6 表达量。并且利用计算机技术模拟四种螯合物与 Trpv6 蛋白的相互作用，发现 GGDLVS-Ca、GDDLVS-Ca 这两种特征结构的螯合物能够与 Trpv6 蛋白形成较多的疏水相互作用键和氢键，从而更好地结合在钙离子通道入口处，使入口周围钙离子浓度上升。并且特征结构螯合物在与 Trpv6 结合后，能够更有效地使 Trpv6 结构向活化状态转变，且构象更加紧凑，形成的氢键更多。本研究为高钙结合肽的获取及肽钙螯合物这一新型钙补充剂的构效关系研究提供了相应的理论依据。

参考文献

[1] Sun N, Hu S J, Wang D, et al. Calcium delivery systems assembled using antarctic arill derived heptapeptides: exploration of the assembly mechanism, *in vitro* digestion profile, and calcium absorption behavior [J]. Journal of Agricultural and Food Chemistry. 2022, 70(6): 2018-2028.

[2] Bennett T, Desmond A, Harrington M, et al. The effect of high intakes of casein and casein phosphopeptide on calcium absorption in the rat [J]. British Journal of Nutrition. 2000, 83(6): 673-680.

[3] Zhao M, He H, Guo D, et al. Chitosan oligosaccharides-tripolyphosphate microcapsules as efficient vehicles for desalted duck egg white peptides-calcium: fabrication, entrapment mechanism and in vivo calcium absorption studies [J]. Lwt Food Science and Technology. 2022, 154: 112869.

[4] Si K, Gong T, Ding S, et al. Binding mechanism and bioavailability of a novel phosvitin phosphopeptide (Glu-Asp-Asp-pSer-pSer) calcium complex [J]. Food Chemistry. 2023, 404(Pt A): 134567.

[5] Hou T, Lu Y, Guo D, et al. A pivotal peptide (Val-Ser-Glu-Glu) from duck egg white promotes calcium uptake and structure-activity relationship study [J]. Journal of Functional Foods. 2018, 48: 448-456.

[6] Zhang P, Zheng C B, Chen Z, et al. Editorial: the role of calcium channels in human health and disease [J]. Frontiers in Molecular Biosciences. 2022, 9: 834108.

[7] Chen D, Mu X M, Huang H, et al. Isolation of a calcium-binding peptide from tilapia scale protein hydrolysate and its calcium bioavailability in rats [J]. Journal of Functional Foods. 2014, 6: 575-584.

[8] Bu G, Zhao X, Wang M, et al. Identification of calcium chelating peptides from peanut protein hydrolysate and absorption activity of peptide-calcium complex [J]. Journal of the Science of Food and Agriculture. 2024, 104(11): 6676-6686.

[9] 钱跃威, 徐瀚麟, 吕奇晏, 等. 鳗鱼骨胶原肽钙螯合物的制备及其稳定性和 Caco-2 吸收特性 [J]. 食品科学. 2020, 41(24): 1-8.

[10] Hou H, Wang S, Zhu X, et al. A novel calcium-binding peptide from antarctic krill protein hydrolysates and identification of binding sites of calcium-peptide complex [J]. Food Chemistry. 2018, 243: 389-395.

[11] Lin Y L, Cai X X, Wu X P, et al. Fabrication of snapper fish scales protein hydrolysate-calcium complex and the promotion in calcium cellular uptake [J]. Journal of Functional Foods. 2020, 65: 103717.

[12] Wen L, Jiang Y, Zhou X, et al. Structure identification of soybean peptides and their immunomodulatory activity [J]. Food Chemistry. 2021, 359: 129970.

[13] Ke H L, Ma R J, Liu X Y, et al. Highly effective peptide-calcium chelate prepared from aquatic products processing wastes: stickwater and oyster shells [J]. Lwt Food Science and Technology. 2022, 168: 113947.

[14] Huang W, Lan Y Q, Liao W W, et al. Preparation, characterization and biological activities of egg white peptides-calcium chelate [J]. Lwt Food Science and Technology. 2021, 149: 112035.

[15] Zhu K X, Wang X P, Guo X N. Isolation and characterization of zinc-chelating peptides from wheat germ protein hydrolysates [J]. Journal of Functional Foods. 2015, 12: 23-32.

[16] Tripathi M K, Giri S K. Probiotic functional foods: survival of probiotics during processing and storage [J]. Journal of Functional Foods. 2014, 9: 225-241.

[17] Miquel E, Alegria A, Barberá R, et al. Casein phosphopeptides released by simulated gastrointestinal digestion of infant formulas and their potential role inmineral binding [J]. International Dairy Journal. 2006, 16 (9): 992-1000.

[18] Kheeree N, Kuptawach K, Puthong S, et al. Discovery of calcium-binding peptides derived from defatted lemon basil seeds with enhanced calcium uptake in human intestinal epithelial cells, caco-2 [J]. Scientific Reports. 2022, 12(1): 4659.

[19] Zhang K, Li J W, Hou H, et al. Purification and characterization of a novel calcium-biding decapeptide from pacific cod (gadus macrocephalus) bone: molecular properties and calcium chelating modes [J]. Journal of Functional Foods. 2019, 52: 670-679.

[20] Charoenphun N, Cheirsilp B, Sirinupong N, et al. Calcium-binding peptides derived from tilapia (oreochromis niloticus) protein hydrolysate [J]. European Food Research and Technology. 2012, 236(1): 57-63.

[21] Valente ÉC, Polêto M D, de Oliveira T V, et al. Effects of the cations Li^+, Na^+, K^+, Mg^{2+}, or Ca^{2+} on physicochemical properties of xanthan gum in aqueous medium-a view from computational molecular dynamics calculations [J]. Food Biophysics. 2023, 18(1): 32-47.

[22] Mishra V, Pathak A K, Bandyopadhyay T. Binding of human serum albumin with uranyl ion at various pH: an all atom molecular dynamics study [J]. Journal of Biomolecular Structure and Dynamics. 2023, 41(15): 7318-7328.

[23] Yap P G, Gan C Y. In vivo challenges of anti-diabetic peptide therapeutics: gastrointestinal stability, toxicity and allergenicity [J]. Trends in Food Science & Technology. 2020, 105: 161-175.

[24] Ma K, Su Z Y, Cheng Y H, et al. A new α-amylase inhibitory peptide from gynura medica extract [J]. Food Chemistry. 2024, 438: 137959.

[25] Kellett G L. Alternative perspective on intestinal calcium absorption: proposed complementary actions of ca (v)1. 3 and trpv6 [J]. Nutrition Reviews. 2011, 69(7): 347-370.

[26] Wang L, Cai R, Chen X Z, et al. Molecular insights into the structural and dynamical changes of calcium channel trpv6 induced by its interaction with phosphatidylinositol 4,5-bisphosphate [J]. Journal of Biomolecular Structure and Dynamics. 2023, 41(14): 6559-6568.

[27] Pan F, Li J, Zhao L, et al. A molecular docking and molecular dynamics simulation study on the interaction between cyanidin-3-o-glucoside and major proteins in cow's milk [J]. Journal of Food Biochemistry. 2021, 45(1): e13570.